Paul Readman

Landscape and the Shaping of English National Identity

Storied Ground

传奇的风景

景观与英国民族认同的形成

[英] 保罗·雷德曼 著
卢超 译

创于1897 商务印书馆
The Commercial Press

This is a Simplified Chinese Translation of the following title published
by Cambridge University Press:

Paul Readman

**STORIED GROUND: Landscape and the Shaping of
English National Identity 9781108440882**

献给玛莎·凡德蕾

目　　录

致　　谢

创作本书花了很长时间。本书部分研究基于本人2002年的博士论文，多谢乔恩·哈利、大卫·康纳汀、皮特·曼德勒的指导。三位导师分别在不同的方面对我的思想有重大的影响，本人对三位导师心系万分感激之情。此外，还有很多给予我帮助和指导的学者们，他们多数与伦敦国王学院有关。伦敦国王学院是我十多年来的学术家园。我尤其感激学院准允我2012—2014两学年的科研休假，让我在结束历史系主任的任期时潜心创作。如果没有两年的科研休假，我或许永远无法完成本书的创作。同样地，没有伦敦国王学院历史系同事们的建议、鼓励和友谊支撑，我或许永远不会想着开始创作这么一本书。2007年6月4日星期一傍晚的一次谈话对我产生了深远的影响。那次正式谈话是一位资深同事对我做的年度考核。当时，谈话的主持人是大卫·卡朋特，他是一位中古史学家。当时我向他询问了一个一直困扰我的问题——我是应该写一本关于维多利亚晚期和爱德华时期的爱国主义政治书还是该做一项时间跨度很长的英格兰景观和民族认同的历时研究？这是我当时的两个创作初衷，很清楚两项研究的长处与短处，但是仍难决断。听完我的困惑后，主持人大卫坚定地认为我该创作景观方面的著作，他炽热、坚定的信念驱散了我的摇摆不定。对于大卫·卡朋特那次的劝解和建议，我的感激难以言表，且与日俱增。在此，还要感谢伦敦国王学院其他系同事们的建议、智慧和道德支持；尤其要感谢玛丽·贝利、吉姆·比约克、阿瑟·伯恩斯、劳拉·克莱顿、卫·埃杰顿、拉娜·哈瑞斯、恩·麦克布莱德、尼尔·费海提、蒙·斯雷特、拉·斯托克维尔、亚当·萨克利夫、理查德·维南、阿比盖尔·伍兹以及其他所有的历史系同仁们。能成为这个学院的一名成员，我自感很幸运。高度的学术严肃性与欢乐的同事关系巧妙牢固地结合在一起，成为学院文化的一部分。与伊恩、尼尔、玛丽以及“凯里街七颗星”和“唱赞多广场”奖学金的其他推动者的彻夜讨论，给了我莫大的安慰。

伦敦国王学院的同事和学生对我创作本书过程中的帮助非常大，书中很多观点都是在研究生课程“英格兰的爱国主义和民族认同”中的研讨会上形成。最近，一名毕业生还获得了“民族专题”课题。此外，我还要感谢我的博士生们。现代英国历史阅读组的讨论会及其他活动拓宽了我的历史知识、丰富了我对内容的理解。

除了历史系同事之外，还要感谢伦敦国王学院其他专业的同事。我特别感谢克莱尔·布兰特、大卫·格林、索尼娅·马赛、克莱尔·佩蒂特、马克斯·桑德斯、基思·怀特。同时，也感谢艺术人文系办公室的同事们；诚挚感谢伊恩·布莱特、罗素·古尔伯恩、尼克拉、兰基、凯特琳·题额道以及现在和先前的弗吉尼亚·伍尔夫大厦219房间的其他用户，在过去几年里他们忍受了因我的创作而造成的杂乱和干扰。还要感谢国王学院的行政人员克丽斯·莫特斯黑德，感谢他在恰当的时间鼓励我、激励我，一直到我完成本书的创作。

我在伦敦大学历史研究所参加了现代英国历史研讨会，并且从中受益良多。实际上，本书中提出的一些研究成果在那次研讨会上已经展示过。此外，感谢露德米拉·约尔丹诺娃在这个项目、我的工作和其他事情等很多方面给与的帮助。还有我的老朋友威廉姆·穆里根，我在都柏林、格拉斯哥、伦敦、柏林等多地受到威廉姆谈话的启发和引导。还必须要感谢罗娜·珂兰、马丁·斯查尔，以及他们那只了不起的猫的陪伴，我与他们深刻探讨了历史、文学、电影、音乐等方面的话题（包括关于鲍勃·迪伦和海滩男孩的艺术品德等难以忘怀的争论）。同样地，我还要感谢朱莉·冼珀森、丹·布朗尼，当时嬉皮士文化操控了伦敦市中心的大部分地区，是他们让我在愁云惨淡的现实中看到一线光芒。

我非常感谢马克·弗里曼，很多年来我从他身上学到了很多，不仅仅是历史方面的。马克慷慨的精神、荒诞的意识、对非学术健康追求的热情一直是我学习的楷模，因为有时学界人士会把学术看得过于死板、严肃。此外，马克与我共同完成了艺术和人文研究委员会资助项目（AH/K0003887/1），“过去的补救：1905—2016 英国的历史盛会”，项目成果与我这本书的后期创作有重叠。历史盛况这个主题不同于景观，但是这两个项目涉及的是同源主题，而我从“过去的补救”项目团队成员那里学到了很多。此团队学术严谨，富有专业精神，充满生活情趣，在此要感谢安吉拉·芭媞、保罗·卡顿、吉内斯特拉·费拉罗、路易斯·菲盖拉、琳达·弗莱明、马克·弗里曼、汤姆·休姆、亚历克斯·赫顿、大卫·雷涛、杰弗罗·诺尔、夏洛特·塔普曼、保罗·维奇和米格尔·维埃拉。

还有很多人在其他方面也给了我很大的帮助。感谢萨莉·亚历山大、本·安德森、伊丽莎白·贝振特、尼克拉·毕晓普、罗布·科尔斯、本·考威尔、马修·克莱格、梅勒妮·霍尔、托尼·豪、迈克尔·休姆、安·波尔森、罗兰·奎纳尔特、凯思琳·里克斯、克里斯蒂娜·斯波尔、阿斯特丽德·斯温森、托尼·泰勒、詹姆士·汤普森、罗伯特·惠兰和威廉姆·怀特。我的朋友兼学术合作者北卡罗莱纳大学教堂山分校的查德·布赖恩特一直是我思考和探索的思想源泉，尤其是在更广泛的方法问题上。还要感谢查德的同事，尤其是劳埃德·克莱默、苏珊·潘尼贝克和辛西娅·雷丁。

本书中的第一章是在期刊《历史》(2014.99)中以“悬崖与非悬崖——1750—1914年英国多佛白崖及其民族身份”为题目发表的。为此我很感激约翰·威利和桑森有限公司和历史学会允许我复制使用上述材料。我还要感谢准许我复制使用图片的个人和机构：比尤利房地产档案馆、布里奇曼图片社、大英图书馆、剑桥大学图书馆、克里斯蒂图片社、费茨威廉博物馆、剑桥、盖蒂图片社、汉普郡文化基金、汉普郡档案馆、曼彻斯特美术馆、利物浦国家博物馆、新森林九百年基金、诺森伯兰郡档案馆以及伯恩利的唐利·霍尔美术馆。

本书是受剑桥大学出版社的麦克·沃特森委托而创作的。我很感激他在这个项目漫长的孕育过程中给予我的鼓励和耐心。他定期询问我项目的进展状况是对我创作过程非常有用的一种提醒，提醒我对大学的奖学金和大学的管理都负有一种义务。因此，强化了伊恩·麦克布莱德在我刚刚到达伦敦国王学院时给我的睿智忠告(是我俩在奥德乌奇街上小心翼翼地躲避公共汽车，去吃午饭的路上告诉我的)——“永远留出时间做研究”。在剑桥大学出版社时，玛丽莎·施佛和丽莎·卡特在出版过程中提供的无价帮助；罗伯特·怀特洛克在修订阶段帮忙查阅并修正错误。我也很幸运，媒体把文稿初稿发给了优秀的读者。另外，两位匿名评论者的评论非常有用、慷慨、博学，极大地促进了写作的最后进程，他们的加入使我避免了许多错误和遗漏；强化了我在书中提出的论点和主张。书中存留的错误和不足完全是我个人的责任。

本书的大部分创作都是我在伦敦国王学院的办公室创作完成的，但是本书创作背后需要进行的大部分研究都是在学院图书馆和档案馆里完成，在此感谢大英图书馆、剑桥大学图书馆、博德利图书馆、伦敦参议院图书馆、伦敦国王学院莫恩图书馆、汉普郡档案馆、诺森伯兰郡档案馆、萨里历史中心、坎伯兰档案服务、国民托管组织档案馆、威斯敏斯特市档案馆。还要感谢伦敦国王学院以及伦敦大学伊泽贝尔·索恩利基金的慷慨资助。

当然，我要感激的不只是大学、图书馆、档案馆、学术朋友和同事们，还要感谢我的父母阿妮塔和皮特、我的兄弟本和丹在过去的几年里对我的支持和鼓励。还有位于谢菲尔德市的苏·德鲁（苏姨妈）的家一直是我们放松自我、释放压力的好去处，大家一起闲逛、聊天，喝喝杜松子酒，还可以在峰区徒步旅行（峰区的景观让人流连忘返，本书未涉及）。

最要感激的是玛莎·凡德蕾，她多年矢志不渝的爱和学术支持加搭档的关系在各个方面促进项目的成功完成。玛莎一直鼓励我坚持下去，当写作中的障碍使我萌生放弃的念头时，是玛莎一直让我远离那些惰念，毫无保留地陪伴我，支持我，让我坚信真正有价值的历史学家总是好作家。记得有人说过，历史是一门文学艺术。但是,历史这门学科让它的实践者要经常远离书桌和图书馆(尤其是面对像我这样的项目时)。玛莎鼓励我写作中采用这种态度,并在过去的几年里,陪我徒步探索了许多英格兰风景,本书仅仅提到了其中部分的景观。但是,无论从里士满顺着泰晤士河到旺兹沃,还是沿着峰区石悬崖景点的砥石悬崖散步,探索的过程中,玛莎帮助我缕清了思路,明白自己想表达什么。在此,我仅希望自己的创作不辜负众人对我的帮助和支持。

引　　言

> 景观在人和地点中间搭了一座桥；景观并非只是肉眼可见的表面的、静态的建构，也不是剧院里不起眼的背景衬托。景观蕴含着一种自觉的塑造，感官上和审美上的文化嵌入；总之，景观是传情达意的①。

人们总是会赋予自己周边的世界一定意义，并且这些意义随着时间的推移发生变化。18世纪晚期的欧洲社会里，越来越多的人不再仅仅把地球表层看作是物质材料来源地（比如可供开采的经济源泉），它还承载着审美和道德价值的风景。随着时间的推移，景观融合了人类社会和自然环境的相互作用。虽然，“荒野”地貌依然存在，但是基本上景观并非“天然形成”，而是在人类男男女女的对话交流中被创造出来的概念。如约翰·斯题格所言：

---

① A. W. Spirn, *The language of landscape* (New Haven and London, 1998), pp. 16—18.

> 有时,景观是前所未有、应运而生、一尘不染。南乔
> 治亚群岛、福克兰群岛、凯尔盖朗群岛、克罗泽特群岛、麦
> 加利岛、大象岛、皮特凯恩群岛以及很多其他岛屿被欧洲
> 人发现的时候就已经证明了它们专属于人类。欧洲人不
> 明白、甚至是全人类都不明白的是这些岛屿被发现时都
> 是一片荒野地。但是,典型的景观是成熟的,且常常是年
> 1 深岁久的;有时,景观是古老的、荒野的。荒野似乎是永
> 恒的①。

作为千变万化的人类历史产物,景观吸引了很多的审美和道德回应。不同文化里,因为种种原因,景观的不同特征被赋予不同的价值,且各自的阐释说明也没有一致的看法②。因此,人类对景观的回应是主观的③。但是,就像人类对无数其他事物的回应一样,概述还是可以实现的:虽然景观大部分内容一目了然,但是景观之所以受到重视,归根到底还是由于它那独特的魅力,或是如画般的美景,或是视觉上让人流连忘返的情愫④。

因此,评价任何一个景观美丽与否不能只取决于它的物理特

---

① J. R. Stilgoe, *What is landscape?* (Cambridge, MA, 2015), p. 83.

② Y.-F. Tuan, *Space and place* (Minneapolis, 2008 [1977]), esp. p. 162; and, for the particular point on culture affecting perception, Y.-F. Tuan, *Passing strange and wonderful: Aesthetics, nature, and culture* (Washington, DC, 1993), p. 101.

③ T. W. Adorno, *Aesthetic theory* (London, 1984 [1970]), p. 104; D. W. Meinig (ed.), *The interpretation of ordinary landscapes* (Oxford, 1979), pp. 3, 33—4.

④ D. Lowenthal, 'Finding valued landscapes', *Progress in Human Geography*, 2 (1978), 373—418.

点，因为景观还是人所创造的，外在因素不可避免地起着作用。从康德以来，哲学家们接受了对审美价值的评判要取决于其真实性[1]这一标准。就像伪造艺术品，那些“赝品景观”（罗伯特·艾略特的说法）不可能像“原创”景观那么有吸引力。所以，一处看起来纯天然的山坡景观一旦被人们知道了它以前也曾经被开采过，即便现在景观已经被“修复”到被破坏之前的样子[2]，人们对它的追捧热度也会随之降低。景观价值并不在于它能被感知的物理外貌，而在于景观的其他方面。很多在视觉上不那么引人注目的景观却蕴含着重大的文化意义，这样的例子很多，如河流发源地、名人出生地、曾经的战场和其他历史事件发生地[3]。所以，对景观价值至关重要 2
的是其联想价值，换句话说就是物理环境和人类经历之间的联系和互动创造的价值；这两者共同创造了景观，且为景观的价值提供依据。

在构建和传播景观的联想价值方面，艺术和文学作品起到了尤其重要的媒介作用；而文化商业性以及现代旅游强调的休闲活动的渗入又加强了艺术和文学作品的影响。比如在英格兰，人们可能会想到萨福克郡和埃塞克斯郡的“康斯特布尔镇”，同名艺术

---

① “我们捉弄美丽的情人，在地上种人造花和植物，把巧妙雕刻的小鸟放在树枝上。如果他发现自己被欺骗的话，先前对这些物件的兴趣会立刻消失殆尽。事实是我们的直觉和反思必然会同时产生这样一种想法，即美是大自然的杰作；这是对其产生直接兴趣的唯一基础。”I. Kant，*Critique of judgement*（Oxford，2007 [1790]），pp. 128—9。

② R. Elliot，‘Faking nature’，*Inquiry*，25（1982），81—93. 艾略特的论点延伸到他的 *Faking nature: The ethics of environmental restoration*（London，1997）.

③ Tuan，*Space and place*，pp. 161—2.

家约翰·康斯特布尔的画作让其闻名于世。到19世纪90年代，旅游公司代理人托马斯·库克开始提供当地的长途汽车旅游团[1]。诗人和小说家，"狄更斯土地"、"萨克雷土地"、"沃兹沃斯郡"、"哈代的威塞克斯"、"斯科特土地"、"勃朗特郡"、"乔治·艾略特郡"从19世纪雨后春笋般涌现出来[2]。1881年的《季度评论》里的一篇评论写道：

> 正是英格兰风景及其历史经历给英格兰的诗人、艺术家、小说家提供极大灵感。从多佛的白色悬崖到弗雷斯荒原处处皆可以捕捉到莎士比亚的影子。看到蜿蜒曲折的塞文河就能想到弥尔顿的《科玛斯》("comus")；还有什么比他在《快乐的人》[3]("L'Allegro")里精致优雅地描绘的乡村生活和乡村迷信更好看的呢？

在提高景观魅力上，艺术和文学所扮演的角色正是景观与其过去之间一种更广泛的关联：正如《季刊评论》的评论所写，正是嵌入到景观里的"历史关联"才吸引到诸多英格兰画家和作家的注
3 意。因此，景观都是有故事的，或者说景观是由故事定义的。正如

---

① S. Daniels, *Fields of vision: Landscape imagery and national identity in England and the United States* (Cambridge, 1994), pp. 210—13. 19世纪晚期对康斯特布尔的热情。See Fleming-Williams and L. Parris, *The discovery of Constable* (London, 1984).

② N. J. Watson, *The literary tourist* (Basingstoke, 2006), p. 5.

③ [A. I. Shand], 'Walks in England', *Quarterly Review*, 152 (July 1881), 146.

斯题格说过的："典型的景观是成熟的，年代久远的，有时是远古时代的，部分甚至是史前的。"自近代早期以来（如果不是早期以前的话），社会就懂得了时间给物理地点赋予价值。欧洲（和非欧洲）景观正是因为有了这些关联，才使得那些与过去相关、发生过重大事件、造就过伟大先人的景观格外受到人们的尊敬。许多更能引起共鸣的景观就变成了——用一个比较老生常谈的说法——"记忆之地"——一个能唤醒人们对过去共鸣的凸显地[①]。由于景观和人类历史的关联，很大程度上景观也推动了现如今社会景观维护和保护运动的意识上的转变，景观也因此变成了遗产。

景观成为遗产的过程和当代集体身份的建构是分不开的。18世纪前，正如亚历山大·沃尔沙姆的"变革"时代背景所展示的作品那样[②]，嵌入景观的遗产往往与地方和宗派身份相关。然而，随着时间的推移，尽管景观和地方之间（地方绝不会与风景和民族的更新语言对立）的关联仍然存在，但是人们越来越多地认识到这种遗产具有民族的共同性。就像某个景观对某些人有特殊的意义和价值，因为它让这些人回想起过去在此处经历的事情（比如童年时期的快乐经历）；同样地，民族内的不同集体也会对特定景观赋予不同的意义和价值，因为此景观让该集体想到本集体在此地的过去。景观和历史的关联使之成为了人们自我意识和身份得以维持和庆祝的强有力的工具。在工业化、城市化、突飞猛进的科技和社

---

① P. Nora, *Realms of memory: Rethinking the French past*, 3 vols. (New York, 1996—8).

② A. Walsham, *The reformation of the landscape: Religion, identity, and memory in early modern Britain and Ireland* (Oxford, 2011).

会变化以及其他一些现代化的变化背景下①,景观在此方面扮演的角色越来越重要。

这是值得重视的一点。从定义上来看,民族是领土的实体拥
4 有者,对外声称地球表面的某些领土属于此民族。社会学家迈克尔·毕力格写过民族主义永远不能超越其地理属性,“一个民族的想象必定超越关于某地点直接经验的有界整体的想象”;然而对于哲学家大卫·米勒而言,“民族身份的一个主要方面就是它将一群人和一个特定的地理位置连接了起来……一个民族……必须有一个家园②。”历史学家支持此看法。在最近的关于18世纪晚期欧洲和美洲民族主义调查中,劳埃德·克莱默指出“所有的民族和民族主义者都拥有一个家园或者一片有界区域……因为没有特定的土地作为参照物就很难想象其民族性,就像没有特定人作为参照就很难理解自我一样”③。像克莱默一样的很多学者以及欧洲知识分子如赫尔德、费希特、马齐尼在民族概念构建过程中地理起到了重要的作用。人们把家园想象成连绵不断的未稀释的边界,与其他民族同样未稀释的领域分离开来④。

地理和民族的重叠超越了民族家园领土的定义、主张和政治

---

① 关于现代性体验的相关技术和其他变化的错位效应中一个特别有价值的讨论,另见,S. Kern, *The culture of time and space*, 1880—1918, 2nd edn(Cambridge, MA, 2003).

② M. Billig, *Banal nationalism*(*London*, 1995), p. 74; D. Mille, *On nationality*(Oxford, 1995), p. 24 .

③ L. Kramer, *Nationalism in Europe and America: Politics, cultures, and identities since 1775* (Chapel Hill, NC, 2011), p. 57.

④ *Ibid.*, pp. 58—9.

管理。当然，克莱默的有限空间的确很重要，但是具体地点——景观——也同样重要。当涉及民族的文化形象，而不是其政治形象，景观的确是至关重要的。斯蒂夫·丹尼尔在他开创性的作品《视野》中观察到：“无论是观察一个纪念碑还是景色风貌，景观都能提供视觉上的形状；景观描绘着民族形象[①]。”纵观现代世界，景观，尤其是那些与众不同的景观都可作为民族身份的强有力象征。美国的“狂野西部”、瑞士的阿尔卑斯山和挪威峡湾都是这类典型的例子。最近的一项研究借助法国、美国、爱尔兰和其他一些地方的例子强调了河流景观对塑造民族认同中的重要性；另外一项研究探 5
讨了俄罗斯草原对俄罗斯民族主义情绪的强大影响力。当然这方面的例子还有很多，但是艺术历史学家们在这方面的工作尤其引人注目[②]。

虽然有上述研究，但是民族价值景观历史关联的重要意义还没有得到充分的重视，尤其是考虑到在广泛的民族主义话语方面，对过去的理解具有公认的重要性这一点，就让人觉得很惊讶。民族主义理论家如安东尼·史密斯等都坚持历史在民族主义者的流

---

① Daniels, *Fields of vision*, p. 5.

② T. Cusack, *Riverscapes and national identities* (Syracuse, NY, 2010); C. Ely, *This meager nature: Landscape and national identity in imperial Russia* (DeKalb, IL, 2002); A. R. H. Baker, 'Forging a national identity for France after 1789: The role of landscape symbols', *Geography*, 97 (2012), 22—8; D. Hooson (ed.), Geography and national identity (Oxford, 1994); P. Bishop, An archetypal Constable: *National identity and the geography of nostalgia* (London, 1995).

动性中的重要作用[①]，历史学家对景观在塑造现代民族文化和身份中的角色已经表现出越来越大的兴趣。在英格兰，可以参照在其中一部作品把19世纪时期历史比作恐怖房间的比利·梅尔曼；斯蒂芬妮·巴尔切夫斯基关于罗宾汉和亚瑟王的虚构作品；玛莎·凡德蕾论英格兰历史文化的悠久延续性作品[②]。除此之外，关于记忆和纪念的日益蓬勃发展的作品也加深了我们对过去与当代民族归属感的关联的理解，其中最为引人注目的是第一次世界大战和
6 第二次世界大战的经历[③]。不断的深入调查本身也是一种历史写作。或许是历史学家的职业自恋，他们油然而生地喜欢研究先人的作品。不管出于什么原因，人们普遍关注19世纪和20世纪的历

---

① 本论点是贯穿史密斯全部作品的一个鲜明看法，此看法的简明版本可从Ernest Gellner in the pages of *Nations and Nationalism* : see A. D. Smith, 'Nations and their pasts', *Nations and Nationalism*, 2 (1996), 358—65; and A. D. Smith, 'Memory and modernity: Reflections on Ernest Gellner's theory of nationalism', *Nations and Nationalism*, 2 (1996), 371—88.

② B. Melman, *The culture of history: English uses of the past* 1800—1953 (Oxford, 2006); S. L. Barczewski, *Myth and national identity in nineteenth-century Britain: The legends of King Arthur and Robin Hood* (Oxford, 2000); M. Vandrei, *Queen Boudica and historical culture in Britain since* 1600: *An image of truth* (Oxford, 2018); and M. Vandrei, 'A Victorian invention? Thomas Thornycroft's "Boudicea" group and the idea of historical culture in Britain', *Historical Journal*, 57 (2014), 485—508.

③ The literature on this is vast. See, e. g., J. Winter, *Sites of memory, sites of mourning: The Great War in European cultural history*, 2nd edn (Cambridge, 2014 [1995]); S. Goebel, *The Great War and medieval memory: War, remembrance and medievalism in Britain and Germany, 1914—1940* (Cambridge, 2007); M. Connelly, *we can take it! Britain and the memory of the Second World War* (London, 2004); L. Noakes and J. Pattinson (eds.), *British cultural memory and the Second World War* (London, 2013).

史学家们的作品是如何帮助、结合爱国主义话语和形成对民族的理解的[1]。尤其是以约翰·怀恩·布罗为榜样的英格兰学者和文化历史学家对斯塔布斯·弗里曼和其他维多利亚历史学家的盎格鲁-撒克逊主义有很多看法,民族进步的目的性在他们的作品中得到了体现[2]。在更广泛的背景下,由斯蒂芬·勃格负责的研究项目——“过去的代表:欧洲的民族历史”,引发了人们对民族史学及其民族主义极大的兴趣,尤其是自 2008 年开始创作的《写写民族这点事儿》系列丛书,目前已经出版了 7 卷[3]。虽然这一系列的作品解释了过去与民族间关联的重要性,却没提到二者关联中的景观

---

① See,e. g. ,P. Mandler,*History and national life* (London,2002);T. Lang,*The Victorians and the Stuart heritage* (Cambridge,1995);J. Stapleton,*Sir Arthur Bryant and national history in twentieth-century Britain* (Lanham, MD, 2005). Many of the essays collected in S. Collini,*English pasts*: *Essays in history and culture* (Oxford 1999) and S. Collini,*Common reading*: *Critics*, *historians*, *publics* (Oxford,2008) are also relevant here.

② J. W. Burrow,*a liberal descent*: *Victorian historians and the English past* (Cambridge,1981);C. Parker,*The English historical tradition since 1850* (Edinburgh,1990),esp. Chapter 1;M. Bentley,*Modernizing England's past*: *English historiography in the age of modernism*,1870—1970(Cambridge,2005),esp. Chapters 1—3;G. A. Bremner and J. Conlin (eds.),*Making history*: *Edward Augustus Freeman and Victorian cultural politics* (Oxford,2015).

③ See,e. g. ,S. Berger and C. Lorenz (eds.),*The contested nation*: *Ethnicity*, *class*,*religion*,*and gender in national histories* (Basingstoke,2008);S. Berger and C. Conrad,*The past as history*: *National identity and historical consciousness in modern Europe* (Basingstoke,2015);S. Berger and C. Lorenz (eds.),*Nationalizing the past*: *Historians as nation builders in modern Europe* (Basingstoke,2015).

7 影响[①]。更广义地说，研究民族身份的历史学家的作品，即便是那些强调过去或者是记忆的重要性的作品也都是如此，前面提到的克莱默的研究就是这样一个例子。虽然已经认识到民族的领土本质，但是对景观的关注不如对历史作品和历史语言的关注，多强调在“描述历史的民族意义……展示生者与逝者是如何联系在一起”方面起到的重要作用[②]。

某种程度上，忽视价值景观的爱国力量反映了历史学专家对文本更为普遍的偏袒：拉斐尔·塞缪尔前段时间指出“现代研究状况似乎要完全脱离物质世界”[③]。在塞缪尔自己的关于记忆作品中，遗产和英格兰身份认同如此富有表现力，历史本身也在各种各样的环境中表达自我：它的主题混杂，其蕴含的内容绝对不是一个字词能表达出来的，更不要说“文件记录的过去的时间顺序”或者大学学者们那些深奥又让人捉摸不透的解释了[④]。塞缪尔坚持认为历史存在于小说、生活、民间传统、仪式、艺术、摄影和物质文化中[⑤]；除此之外，历史还深深地镌刻在景观当中——历史确实与赋

---

① 当然也有一些例外，其中最著名的就是《精神家园》的德国思想和它与地方、区域和民族身份的关系. See，e. g.，C. Applegate，*A nation of provincials：The German idea of Heimat*（Berkeley，1990）；A. Confino，*The nation as a local metaphor：Württemberg，imperial Germany and national memory，1871—1918*（Chapel Hill，NC，1997）.

② Kramer，*Nationalism in Europe and America*，Chapter 3，p. 73.

③ R. Samuel，*Theatres of memory*，Vol. i：*Past and present in contemporary culture*（London，1994），p. 269.

④ *Ibid.*，pp. x，443.

⑤ *Ibid.*，esp. pp. 3—48；and see also R. Samuel，*Theatres of memory*，Vol. ii：*Island stories：Unravelling Britain*（London，1998）.

予景观的文化价值密切相关，也与更具体的爱国主义含义密切相关。

历史学家们竟然未能充分认识到这一点尤其让人惊讶，我们从社会学家那里了解到历史常常与价值景观联系在一起，且作为民族象征意义的来源，价值景观展现出了重要影响；从一个更基本的层面来看，民族是存在于空间与时间内的。地理学家们尤其明白，在一个民族的价值景观中，空间与时间强有力地结合在一起。正如简·彭罗斯写道："每个社会的渊源和过去都是有故事的，而这些故事总是在空间中发生，常常与某个特定的地点和/或景观互 8
相联系着①。"现在，的确有相当多的地理学家已经探索了景观和民族认同之间的关系，比如斯蒂芬·丹尼尔、大卫·洛温塔尔、皮特·毕晓普、丹尼斯·科斯格罗夫、大卫·迈特里斯、凯瑟琳·布雷斯和其他一些地理学家②。其中，大卫·洛温塔尔是此领域的先驱人物，他重点强调过去与景观的关联，并且因此而为众人所知。几十年来，在他出版的一系列书籍和文章中，洛温塔尔坚持认为，

---

① J. Penrose, 'Nations, states and homelands: Territory and territoriality in nationalist thought', *Nations and Nationalism*, 8 (2002), 277—97 (p. 282).

② See, e. g., Daniels, *Fields of vision*; D. Cosgrove and S. Daniels (eds.), *The iconography of landscape: Essays on the symbolic representation, design, and use of past environments* (Cambridge, 1988); D. Matless, *Landscape and Englishness* (London, 1998); Bishop, *Archetypal Constable*; D. Leventhal, 'British national identity and the English landscape', *Rural History*, 2 (1991), 205—30; C. Brace, 'Looking back: The Cotswolds and English national identity, *c.* 1890—1950', *Journal of Historical Geography*, 25 (1999), 502—16; C. Brace, 'Finding England everywhere: Regional identity and the construction of national identity, 1890—1940', *Ecumene*, 6 (1998), 90—109.

英格兰人认为他们的景观不仅是美丽的、与众不同的，而且是“让人钦佩的、世代传承的”[①]。洛温塔尔认为英国的景观价值很大程度上是由景观和其民族历史共同作用决定的。这方面，英格兰尤其与众不同：“世界上没有任何地方的景观像英格兰景观这样富有历史的意义[②]。”洛温塔尔在阐明自己的观点时强调了乡村的重要性：很大程度上，英格兰最有价值的景观就是乡村景观。荒芜的自然看不到原始的荒野，反而承载了几百年来人类在此处生活和耕
9 作的痕迹，从而形成了英格兰民族的历史渊源[③]。

现在乡村对构建英格兰民族认同的重要性方面也已经得到了普遍的认可。在克里山·库马尔的普通概观研究《英格兰民族认同的形成》中提到，维多利亚时代晚期，“英格兰的精髓在乡村”，

① Lowenthal，‘British national identity and the English landscape’，p. 215. See also D. Lowenthal and H. E. Prince，‘English landscape tastes’，*Geographical Review*，55（1965），186—222；D. Lowenthal，*the past is a foreign country*（Cambridge，2015［1986］），esp. pp. 104—5，183—4；D. Lowenthal，*The heritage crusade and the spoils of history*（London，1996），esp. pp. 7，185—6.

② D. Lowenthal，‘Landscape as heritage：National scenes and global changes’，in J. M. Fladmark（ed.），*Heritage*：*Conservation*，*interpretation and enterprise*（Aberdeen，1993），pp. 3—15（p. 9）. See also D. Lowenthal，‘European and English landscapes and national symbols’，in Hooson，*Geography and national identity*，pp. 15—38（pp. 20—1）.

③ “让人钟爱的英格兰乡村历史悠久。它的特征是可追溯的文化行为的组合，主要归因于一个中心的前题。弥漫在这片土地上的过去并不是原始的野性，而是充满了令人难忘的人类进程、欲望、决定和品位的历史。”Lowenthal，‘British national identity and the English landscape’，216.

很多其他的学者也都有类似的结论①。在这个角度上，自从赫尔德提倡回归自然和乡村，远离城镇的矫揉做作和腐败风气，这种回归自然的渴望在英格兰变得尤为强烈，具有非常明显的保守形式。植根于乡村的英格兰文化排斥现代化；作品赞美了田园般的南方乡村，那里有风景如画的农舍、绵延起伏着的农田和稳定的社会等级制度（其中土地所有者和牧师位于社会等级的上层）。考虑到现代英格兰男男女女的实际生活经历（富人或穷人、村民或城市居民），虽然很大程度上，乡村田园主义色彩都是海市蜃楼、镜花水月，但是它仍然提供了一种让人难以抗拒的和平和秩序的愿景，并一直渗透在英格兰文化中，真正影响着英格兰精英和普通大众们的态度。一些学者（其中最著名的就是马丁·威纳）认为，这种保守的乡村田园主义阻碍了英格兰的"工业精神"，制约了经济发展，最终毁掉了世界上曾经最强大的世界工厂②。然而，更多的人只是满足于识别和解释这种现象，而不会将它与经济发展联系起来。威纳对于工业革命的观点常常被引用，以解释说明工业革命和英格兰文化间的关系——越来越多的人认为工业革命偏离英格兰文化轨道，"在一块绿色宜人的土地上，黑暗邪恶的磨坊却将当地人的恬静生活碾碎"③，而这种破坏又的确是在各种各样让人难以理 10

① K. Kumar, *The making of English national identity* (Cambridge, 2003), p. 211.

② M. J. Wiener, *English culture and the decline of the industrial spirit, 1850—1980* (Cambridge, 1981).

③ Daniels, *Fields of vision*, pp. 214—15, citing Wiener, *English culture*.

解的情况下发生的，包括借助艺术和文学[①]、建筑和花园设计[②]、乡村音乐和舞蹈的复兴[③]、景观保护历史和国民托管组织（National Trust）[④]，以及花园城市运动。因此，正如斯坦迪什·密查姆所认

---

① See, e. g., P. Street, 'Painting deepest England: The late landscapes of John Linnell and the uses of nostalgia', in C. Shaw and M. Chase (eds.), *The imagined past: History and nostalgia* (Manchester, 1989), pp. 68—80; C. Payne, *Toil and plenty: Images ofthe agricultural landscape in England, 1780—1890* (New Haven and London, 1993). 很多艺术历史学家认为，19 世纪的后半期的英格兰文化概念已经形成，此概念不包括英格兰北方工业文化，强调英格兰"南方"的田园主义；它在文化上是反动和保守的。上述解释中，如威廉·莫里斯所信奉的激进田园主义理论助长了乡村神话的发展，使拥有或曾经拥有这篇土地的阶层文化霸权得以巩固。(Payne, *Toil and plenty*, pp. 40—2)

② A. Helmreich, *The English garden and national identity: The competing styles of garden design, 1870—1914* (Cambridge, 2002); R. Strong, *Country life, 1897—1997* (London, 1996).

③ G. Boyes, *The imagined village: Culture, ideology and the English folk revival* (Manchester, 1993).

④ 对约翰·沃尔顿来说，最早的景观保护主义者运动是由他所称的贵族压迫和保守党高层专制的家长式作风激发；国民托管组织维持着一份极为保守的英格兰构想保护地。J. K. Walton, 'The National Trust: Preservation or provision?', in M. Wheeler (ed.), *Ruskinand the environment* (Manchester, 1995), pp. 158—62; J. K. Walton, ' The National Trust centenary: Official and unofficial histories ', *The Local Historian*, 26 (1996), 80—8 (p. 86). For similar, see for example P. C. Gould, *Early green politics: Back to nature, back to the land, and socialism in Britain 1880—1914* (Brighton, 1988) pp. 88ff.; M. Bunce, *The countryside ideal: Anglo-American images of landscape* (London, 1994), pp. 182—4 and *passim* for a reading of the English countryside ideal as profoundly conservative. See also the journalistic accounts of Paula Weideger and Jeremy Paxman (P. Weideger, *Gilding the acorn: Behind the façade of the National Trust* (London, 1994), esp. p. 36; J. Paxman, *The English*, 2nd edn (London, 1999)). In Paxman's view, the original purpose of the National Trust was 'to protect those picturesque areas of countryside the landed gentry didn't want for their field sports' (p. 152).

为的，花园城市的提议（面临着社会阶层划分的现实和社会阶层冲突的威胁）寻求回归到“一个保守的英格兰”，那个家长式作风的、非民主的、工业前时期①，如此，英格兰特色被赋予了一种神秘的乡村气质，取代了残酷的现实；人人都住在舒适的村庄里。那 11
里，人人都过着健康的生活，维护着自家的花园。人们接受了自己在由某个精英统治的等级制度中的社会地位，且相信精英能理解既受其统治又受其服务的村民们②。

但是，在此之前这样的解释并没有多大的市场。在一场激烈的反驳中，皮特·曼德勒认为很多学者认可的田园英格兰特性实际上是边缘文化，与其说是主流观点的代表，不如说是对主流趋势的抗议。到 1900 年，大约四分之三的人口居住在城镇，英格兰变成了一个“适应了城市生活的国家”③。统治阶层的文化是“激

① S. Meacham, *Regaining paradise: Englishness and the early garden city movement* (New Haven and London, 1998), pp. 2, 183. On the whole, Meacham's conclusions have been well received. See, for instance, S. Heathorn, 'An English paradise to regain? Ebenezer Howard, the Town and Country Planning Association and English ruralism', *Rural History*, (2000), 113—28. 就像西索恩评价的，密查姆的作品展示了霍华德帮助开始的运动是如何将英国乡村生活理想化的。乡村漫山遍野的绿色、古色古香的农舍和慈善大度的家长式地主都把前工业时代的过去浪漫化了：一个看似更简单、更美好的过去，它代表了所有值得称赞的“英格兰”（第 119 页）。For a more critical review, see P. Mandler, '*Visions of merrie Letchworth*', *Times Literary Supplement*, 18 February 2000, p. 21.

② Meacham, *Regaining paradise*, p. 183; and see also, e. g., pp. 68—9.

③ P. Mandler, 'Against "Englishness": English culture and the limits to rural nostalgia, 1850—1940', *Transactions of the Royal Historical Society*, 6th series, 7 (1997), 155-75 (p. 160).

进的城市化和唯物质论的”[1]，然而诸如乡村音乐复兴的现象反映了“一些波西米亚人和准乡绅的价值观”，和英格兰的特权集团甚至和中上阶层的普通家庭的价值观没有任何关系[2]。像国民托管组织这样的保护主义者组织，会员人数也很少，代表不了什么利益，也“得不到政府的信任，并且还常常被说成是油滑虚浮之流”[3]。对于这种批评还有很多。就像曼德勒说的那样，抗议性言论并没有从英格兰乡村风格的话语中消失殆尽，比如在桂冠诗人阿尔弗雷德·奥斯汀（1835—1913）的写作中就有很多相关表述，赞美“安闲舒适的乡村”，“志骄意满的领地”，“青枝绿叶的尖顶农舍”，“烟雾缭绕的林地”和“每个山谷都会受到爱戴的权威”[4]。致力于乡村景观和文化保护的组织也是如此，如在第一次世界大战之前，“公地保护协会”、“国民托管组织”、“湖区保护协会”、“英格兰乡村歌曲和舞蹈协会”有接近成为拥有大量会员的一切。即便如此，19 世纪和 20 世纪早期，与土地、景观和乡村相关的参与活动
12 的规模和种类都极其昂贵，不可能被视为边缘文化。很明显，相关活动不仅仅是艺术和文学，还包括植物学、地质学、园艺学、古文物研究学、遗产旅游学、摄影业、骑车俱乐部、漫游和登山等各方面的

① P. Mandler, ‘Against “Englishness”: English culture and the limits to rural nostalgia, 1850—1940’, *Transactions of the Royal Historical Society*, 6th series, 7 (1997), 155-75(p. 170).

② *Ibid.*, p. 169.

③ *Ibid.*, p. 170.

④ A. Austin, ‘Why I am a Conservative’, *National Review*, 6 (December 1885), 564—5.

活动①。以景观保护为例，虽然在制度上表达了这种冲动的组织可能没有大量的会员规模，但这并不是机构领导者们的主要目的，他们的重点是获得公众人物的支持，从而借机影响公众舆论②。在这一点上，他们获得了巨大的成功：从 1865 年到 1897 年，大伦敦区域和其周围超过 13 平方英里的空地得以保护（还不包括埃平森林保护下的 5531 英亩）；与此同时，首都以外的地方性城镇也至少有

① See, for example, D. Gervais, *Literary Englands: Versions of Englishness in modern writing* (Cambridge, 1993); C. Wood, *Paradise lost: Paintings of English country life and landscape 1850—1914* (London, 1988); P. Howard, 'Painters' preferred places', *Journal of Historical Geography*, 11 (1985), 138—54; *P. Howard*, *Landscapes: The artists' vision* (London, 1991); A. Secord, 'Science in the pub: Artisan botanists in nineteenth-century Lancashire', *History of Science*, 32 (1994), 269—315; D. E. Allen, *The naturalist in Britain: A social history*, 2nd edn (*Princeton*, 1994 [*London*, 1976]), 67—70; Watson, *Literary tourist*; *P. Readman*, 'The place of the past in English culture, *c*. 1890—1914', *Past & Present*, 186 (2005), 147—99; J. Taylor, *A dream of England: Landscape, photography and the tourist's imagination* (Manchester, 1995); H. Taylor, *A claim on the countryside: A history of the British outdoor movement* (London, 1997); C. Bryant, A. Burns and P. Readman (eds.), *Walking histories, 1800—1914* (Basingstoke, 2016); J. Marsh, *Back to the land: The pastoral impulse in England, from 1880 to 1914* (London, 1982); J. Burchardt, *Paradise lost: Rural idyll and social change in England since 1800* (London, 2002); Helmreich, *English garden*; M. Tebbutt, 'Rambling and manly identity in Derbyshire's Dark Peak, 1880s—1920s', *Historical Journal*, 49 (2006), 1125—53; R. W. Clark, *The Victorian mountaineers* (London, 1953); S. Thompson, *Unjustifiable risk? The story of British climbing* (Milnthorpe, 2010).

② P. Readman, 'Preserving the English landscape, 1870—1914', *Cultural and Social History*, 5 (2008), 197—218.

13 1.5万英亩的土地得到了保护①。很大程度上，中产阶级组织的各种运动和其初衷是一致的，工人阶级不断上涨的自主意识让他们一致同意并持续不断地积极参与对公共场所和道路权利的抗争活动中②。

尽管景观与乡村的关联被一定程度地夸大，但是景观仍然是英格兰文化生活的中心元素（尽管如此，如曼德勒所展示的那样，景观越来越生疏和思古的表现并不能代表普遍存在的态度）。现代英格兰的环境生活呈现出越来越强烈的城市化和工业化进程，但是这个进程却只会进一步提升非城市化和非工业化的文化意义，正如雷蒙德·威廉姆斯在很多年前指出的那样：

> 英格兰的过去、情感和文学作品中很多都与乡村生活的经历有关，且其中很多生活舒适的想法设计也都与乡村生活经历相关……从19世纪晚期，这两个方面一直

---

① R. Hunter, 'The movements for the enclosure and preservation of open lands', *Journal of the Royal Statistical Society*, 60 (1897), 400—2. For Epping Forest, see E. Baigent, 'A "Splendid pleasure ground [for] the elevation and refinement of the people of London": Geographical aspects of the history of Epping Forest', in E. Baigent and R. J. Mayhew (eds.), *English Geographies 1600—1950: Historical essays on English customs, cultures, and communities in honor of Jack Langton* (Oxford, 2009), pp. 104—26.

② Readman, 'Preserving'; P. Readman, 'Octavia Hill and the English landscape', in E. Baigent and B. Cowell (eds.), '*Nobler imaginings and mightier struggles*': *Octavia Hill, social activism and the remaking of British society* (London, 2016), pp. 163—84; E. Baigent, 'Octavia Hill, nature and open space: Crowning success or campaigning "utterly without result"', in Baigent and Cowell, '*Nobler imaginings*', pp. 141—61.

> 延续下去，并且得到不断强化。乡村经济的相对重要性和乡村思想的文化重要性之间似乎存在一种负相关①。

因此，从19世纪中期以来，当大多数英格兰人还住在城镇时，英格兰乡村特色话语对现代性体验是不可或缺的，描述与过去连续性的话语则构成了一种很重要的手段。在社会、经济和技术发生重大变革的时代，人们对民族认同的理解借助上述话语这个重要手段便具有了一种可识别、有历史依据的特点。尽管在部分的表现形式中，英格兰特色的乡村风味或许是建立在虚构之上的，但是无意间还是掩饰了隐藏在如画风景且有玫瑰装饰下的农舍背后的一种卑劣，产生了一种强有力的现实世界效果，它们在很多方面的影响都是一目了然的，包括景观保护和开放空间，“回归土地”和土地改革方案、旅游业、娱乐业、艺术和建筑中变化的风向，当然还 14
有基于真实情况或基于虚构下的乡村写作②。但是，我们不能因为其广泛的普及就认为英格兰文化是反现代的，认为英格兰文化中充斥着反动、保守—怀旧的思想心态。相反，作为概念化的民族遗产和大范围的意识形态两方面，乡村景观都是包容的(尤其是那些在肤色上公开宣称进步的人)。此外，乡村景观对英格兰的现代化体验也是兼容并包，甚至是赞同鼓励的。

这是本书试图主要阐述的中心论点之一。本书尝试展现爱国主义与乡村景观两者之间在意识形态上的异质性，重点强调英格

---

① R. Williams, *The country and the city* (London, 1973), p. 248.

② 相关作品见Pxxvii注①，P. Readman, *Land and nation in England: Patriotism, national identity and the politics of land, 1880—1914* (Woodbridge, 2008).

兰现代性的多元意义。正如马丁·唐顿和伯纳德·里格尔指出的那样，19 世纪和 20 世纪早期，英格兰对社会、经济、技术和文化变化的反应并没有映射出过去与现在尖锐断层的认同。正如马丁和伯纳德两人所注意到的，现在与过去截然不同的观点绝不是解释现代性时间关系的唯一方式①。实际上，很大程度上重点不在于极端化的转变或决裂，而在于持续的发展：在文化和政治两方面，过去、现在和未来的持续性观点是英格兰现代化体验的一个重要因素②。这种根源于过去的现代性，从历史的角度看，在于景观尤其是乡村景观的文化互动中尤其明显（这是一个更古老的前工业化英格兰的强烈特色）。这种互动形式多样，但是整体来看是一种欲望的强烈表达，即与民族的过去维持着一种延续性。英格兰的乡村因为其美学品质，视觉独特而被大家赞赏；毫无疑问，这在民族认同的构建中起到了重要作用。但是民族主义者认为，在英格兰乡村景观的重要意义上，更重要的一点是景观的物理特征通过与过去的关联被赋予了一种强有力的联想价值，被看作是长时间以来民族历史传承的见证者。

19 世纪英格兰现代化体验的背景下，景观的民族重要意义并不受限于"自然"环境或乡村的讨论。对景观进行"自然"和"非自

---

① B. Rieger and M. Daunton, 'Introduction', in M. Daunton and B. Rieger (eds.), *Meanings of modernity: Britain from the late-Victorian era to World War II* (Oxford and New York, 2001), pp. 1—21 (p. 5).

② *Ibid.*, esp. pp. 8ff. On this theme, see also G. K. Behlmer and F. M. Leventhal (eds.), *Singular continuities: Tradition, nostalgia, and identity in modern British culture* (Stanford, 2000), esp. introduction; and Readman, 'Place of the past'.

然"的尖锐二分法是错误的[1]。本书超越了现有学术研究的重点，充分考虑了乡村的重要性，同时坚定地认为其他景观也在英格兰民族认同的建构中扮演了关键角色。借用库玛公式，"英格兰本质特性"可在家乡的乡村里找到，也可以在其他地方找到，既有城市也有乡村背景，从诺森伯兰郡边境荒凉的荒原到曼彻斯特及其周边肮脏、可怕、彻头彻尾的人造工业景观。这里公式的公分母是依附在这些环境上的关联值，尤其是那些感受到过去的存在。即使在城市里感受到的这种存在没有在乡村感受到的那么强烈，它仍然以某种力量存在着：就像琳达·尼德展示的那样，即便是在维多利亚时代中期伦敦飞速发展的背景下——新的街道和建筑、贫民窟清理计划和地下社会——"现代化"依然受制于过去，被过去的形象困扰着[2]。很长时间以来，人们一直认为英格兰南部的田园风光才是英格兰文化的真实写照——包括所有那些巧克力盒状的小型茅草农舍、连绵起伏的玉米地和稀奇怪诞的乡村教堂。当然，这些理想化的概念影响力很大，也都强有力地支持了英格兰文化中的一些概念。实际上，与英格兰民族认同相关联的地点更加多样化，更加符合一系列的意识形态立场，因此无论复杂程度如何，作为一种民族主义话语的载体，它都要比这样一幅不完整的画面所 16

---

[1] 如威廉·乔治·霍斯金斯很久以前强调的那样，"并没有很多英格兰地区，即便是在那些比较偏僻、人迹罕至之地，能够侥幸逃过被人们以某种微妙的方式改变，即使我们在第一次见到这些地方时想象着它们是如何地自然。"G. Hoskins，*The making of the English landscape*（London，2005 [1955]），p. 3.

[2] L. Nead，*Victorian Babylon：People，streets and images in Victorian London*（New Haven and London，2000），p. 32.

暗示的要有效得多。

许多关于景观和民族认同的研究都集中在当代或20世纪。与此相反，本书的时间关注重点是19世纪——更具体地说，应该从18世纪的最后几十年到第一次世界大战爆发前夕。虽然这毫无疑问是一种老套的观察方法，但是依然值得指出在这段时期——被称之为漫长的19世纪时期——是一个经历伟大而变革的时代。工业化、民主化（无论如何，皇室和贵族在政治上的统治影响力越来越少），报业的增长和新交流技术的发展——便士邮政（penny post）、火车、电报——在文化、社会和经济方面产生了深远的影响，其中最重要的就是对民族认同建设的推动。被本尼迪克特·安德森称之为"印刷资本主义"传播、人口急剧流动和现代化等其他进程都史无前例地使得英格兰民族社会的想象成为可能①。就是在这段时期形成了英格兰文化的现代理解，且广泛地分布在社会的各个阶层。一个英格兰民族的概念化可能在18世纪末期就已经存在了：可以肯定的是，我们有理由将英格兰民族性的起源追溯到中世纪时期②。但是即便如此，一些受过教育、知识分子的少数人可能已经发现了一个英格兰民族的存在，且概括了英格兰人的共

① See B. Anderson, *Imagined communities: Reflections on the origin and spread of nationalism* (London, 2006 [1991]).

② See, e.g., A. Hastings, *The construction of nationhood: Ethnicity, religion and nationalism* (Cambridge, 1997), esp. Chapters 1—2; J. Gillingham, 'Henry of Huntingdon and the twelfth-century revival of the English nation', in J. Gillingham (ed.), *The English in the twelfth century: Imperialism, national identity, and political values* (Woodbridge, 2000), pp. 123—44; R. R. Davies, 'The peoples of Britain and Ireland 1100—1400, i: identities', *Transactions of the Royal Historical Society*, 6th series, 4(1994), 1—20.

性——贝德或亨利·亨廷顿就是其中的代表人物——不可否认的是，后启蒙现代性的一个显著特征就是人们对英格兰认同的广泛支持。在相对大多数人接受共同的民族认同之前，民族这个概念 17
几乎很难站住脚[①]。但是，这并不是说民族主义者意识形态没有借鉴中世纪和早期现代神话、传统和历史，就像史密斯所说的那样，而是一种坚持：

> 民族就像民族主义一样都是现代的，即便民族里的成员们认为他们是古老的；即便民族在某种程度上是由前现代文化和记忆创造出来的。民族并不是一直都在。在古代和中世纪世界里，有可能短暂出现过现代民族，但是总体上看，民族都是现代的[②]。

和欧洲其他地方一样，18 世纪晚期出现了现代大不列颠的民族认同，包括英格兰民族认同。在英格兰，景观是这个进程中的核心和重要的部分，尤其是英格兰景观和它的过去以及民族的想象持续性相关联。丹尼尔最具影响力的一句话——具体的地点而不是整体的领土在“塑造这个民族的想象共同体”[③]。上述这一结论是通过一系列详细的、对象不同的个案研究发展而来的：多佛的白崖、诺森伯兰郡的边陲、湖区、新森林区、曼彻斯特城市和泰晤士

---

① See W. Connor, 'When is a nation?', *Ethnic and Racial Studies*, 13 (1990), 92—103.

② Smith, 'Memory and modernity', 385.

③ Daniels, *Fields of vision*, p. 5.

河。集合到一起，这些案例研究阐释了18世纪晚期到20世纪早期，英格兰景观和英格兰民族身份之间关系的深度和意义。

本书的第一部分探索了民族认同和英格兰两个边境景观之间的关系。在一系列背景下，边境和边陲线在身份构建、证实和定义上起到了重要的作用；这一点对不列颠群岛也不例外，民族领土始终建于边境地区。某种程度上，由于这一点，他们经常成为民族主
18 义者话语和思想公开表达的焦点。第一章重点阐述的多佛白崖就是这样的一种景观。虽然在18世纪晚期之前，悬崖并没有吸引很重要的文化评价，但是它们随后与历史上建构的民族家园及其防御概念密切相关：悬崖景观象征着几百年来民族绵延不断的正直品质。此外，与白崖连在一起的爱国情绪给了大不列颠人和英格兰人一种归属感，解释了英格兰景观的英格兰特性不仅能支撑英格兰的民族认同感，还能支撑更广义层次上的大不列颠的民族认同感。

第二章重点阐述了英格兰和大不列颠身份关系的相互依赖在英格兰与苏格兰边境的景观体现得更为明显。英格兰和苏格兰两个民族之间跨越边境的仇恨历史在此地的景观留下不可磨灭的印记。在那些洒满鲜血的战场上，荒废的城堡和崇尚武力的民谣文化都在说明着此处充斥着社会之间的冲突和分裂。然而，提到的种种关联反倒表达出了一个鲜明的英格兰特色。这种特色被广泛地传播到两个民族边境两侧的联合主义—民族主义的话语当中。它们还支持了一种完全不同于英格兰南方郡（此处的文化常常被认为占据主导地位）的英格兰风格。诺森伯兰郡边境狂风肆虐的荒原和荒凉偏僻的山谷与南方的乡村田园格格不入，但是这种景

观却是英格兰地形学特色中的重要组成因素——比人们常常理解的更加多样和多元。

景观、过去和民族认同之间强烈的关系有着重要的意义。或许最显著的是，由于景观和过去的紧密联系让人们越来越重视景观，这可能是景观保护运动背后一个主要的因素。关于景观保护，早期法律上的表达是“共同保护协会”(1865)的成立、国民托管组织(1894)的成立，以及其他大量小型组织的形成。随着政治体制越来越民主化，一种友好的新思想出现了。首先，由于景观和英格兰过去的关联；第二，由于景观被看作是整个民族及其民族里的所有人都享受正当权利的一份遗产，越来越多的人把景观理解成“民族 19
财产”。

本书第二部分的两章探讨了发展这种理解的两个关键地点，重点讨论了景观保护运动的发展。第三章考察了对湖区景观及其关联的历史事件，展示了这些事件是如何推动保护主义者付诸行动的。如果不是严格意义上，那么就是从道德上的民族所有权观念下，对景观价值的预测。景观保护的爱国主义和景观里公众/民族利益的其他概念形成了冲突。第四章提到了一处景观——新森林区——的个例研究，此处景观发展着类似的冲突。这里，对森林的理解是皇家土地——因为木材作为一种资源(国家税收)，被认为是民族的价值，这种看法和森林普通居民以及那些认为森林是一处历史文化景观且具有极大友好价值之地的人的利益相互冲突。第四章还总结了维多利亚晚期和爱德华时代发展起来的、支持保护运动的爱国主义思想的特点，尽管它面向过去，却表现出一种独特的英格兰现代性，被镌刻在新森林的景观中。沉浸在过去并不是对工业精神的否定，反倒是对当代社会、文化、技术变革经验的一种积极的、兼容并包的反应。

但是，19 世纪景观爱国主义所担心的现代性在田园的个案研究或者主要田园地区的研究中并不明显。本书的第三部分“南国之外景观”寻求通过强调民族身份和城市乡村景观间非常重要的联系，扩展现有关于景观和民族的学术研究重点。如第五章所示，这种关联甚至能在曼彻斯特——工业革命的让人震惊的城市——这样的工业城市发现并庆祝。尽管如此，它仍然是人们关注“英格兰状况”和工业化的消极影响的焦点，“棉都”——像新森林和湖区——是英格兰人地理的一个完整要素。的确，与曼彻斯特相关
20 的爱国主义语言的独断专行揭示了英格兰人在漫长的 19 世纪发展过程中，现代英格兰特色在多大程度上具有地方性和区域性根源。它们遍布英格兰并不仅仅局限在英格兰南部。但是，这并不是说英格兰南部景观在构建民族认同中不重要。即便在英格兰南部，英格兰本质也不仅仅体现在风景如画的乡村和起伏的农田间。第六章讨论了泰晤士河及其内陆地区的一项研究，承认了更加古老、宁静和英格兰的乡村魅力，其在于上游河流的景色——宁静的偏僻乡村、乡村式的农舍和磨坊，处处弥漫着宁静的氛围。然而，对泰晤士河爱国主义的欣赏并不会局限于这几处风景。一直以来，泰晤士河和整个民族长时间的商业繁荣相关联，也和伦敦本身的历史相关联：泰晤士河从源头至入海，将乡村与城市、过去、现在和
21 未来紧紧联系在了一起。

第一部分　边境景观

第一章
多佛白崖

长期以来，英格兰的民族认同与海洋有着千丝万缕的联系。19 世纪的历史学家如爱德华·奥古斯都·弗里曼、詹姆斯·安东尼·弗鲁德和约翰·罗伯特·斯利把不列颠群岛的居民自豪地称为海之居民，对这些历史学家们来说，大海就是他们的“天然家园”；然而罗伯特·路易斯·史蒂文森把海洋描述成“人们接近和预测最伟大胜利和最凶恶危险的场所”。在抒情歌曲中，我们习惯对外宣称我们对大海的所属权①。海洋就是英格兰——海洋承载着多重角色：维持英格兰世界工厂贸易，提供英格兰冒险探索和殖民扩张渠道。此外，海洋还为英格兰皇家海军提供快乐的海上猎场，孕育了英格兰的民族特色②。虽然海洋可能在某些方面（尤其

---

① J. A. Froude, *Oceana*, new edn (London, 1886), p. 16; E. A. Freeman, 'Latest theories on the origin of the English', *Contemporary Review*, 57 (January 1890), 36—51 (p. 45); R. L. Stevenson, 'The English admirals', in '*Virginibus puerisque*' *and other papers* (London, 1881), p. 193. See also J. R. Seeley, *The expansion of England* (London, 1883).

② See C. F. Behrman, *Victorian myths of the sea* (Athens, OH, 1977).

是在帝国主义的对外扩张方面)增强了英格兰对外开放意识,但是英格兰民族的海洋认同还蕴含着另一面,且被很多人认为更为重要,即英格兰与海洋的关系促进了英格兰孤立的民族岛屿意识,一种以英格兰"天然家园"为核心的爱国意识。

这种爱国意识的一个主要凸显地点就是英吉利海峡。1870
25 年,英国首相威廉·格拉德斯通将其描述为上帝旨意的睿智妙语①。它的存在表明,民族的领土完整是自然秩序的一部分,甚至可能是神赋予的。然而,英吉利海峡并非仅仅是将英国和欧洲大陆分割开的一条护国河。英吉利海峡的文化影响更加深远、含蓄,从很多文化作品中可以明显感知英吉利海峡最突出的景观特性。白崖位于英吉利海峡最狭窄的位置,距离法国仅有 20 英里,在晴天、光线充足的条件下,在法国边境清晰可见。白崖四周包裹着强烈的爱国情感。《约翰·海伍德的多佛的插图指南》(*John Heywood's illustrated guide to Dover*)——1894 年出版的价格低廉但却很受欢迎的一本指南书——中对这一情感的影响形成一定的理解。看到海峡沿岸海滨城镇的竞争状况,约翰总结多佛及其周边地区都是独一无二的:

> 一抵达多佛,对比海军部码头上俯瞰到的景色和其他地方的景色,人们不得不承认,沿海地区没有一个城镇能像历史悠久、悬崖守卫、有皇室城堡的多佛如此适合与

① [W. E. Gladstone], 'Germany, France, and England', *Edinburgh Review*, 132 (October 1870), 554—93 (p. 588).

> 另一国家的领土如此近距离地面对面接壤，如此适合成为英国领土。开阔、威严、壮观的悬崖和城堡让来访者们相信它们完全配得上长久以来所享有的荣誉，二者很荣幸能担当起英国权力的重要承载者。任何一个英格兰人都会带着骄傲和满足的心情——历史的骄傲，历史的力量和美丽……即使付出任何代价都要追求“和平的人”，站在多佛城堡和悬崖的视野内，内心油然而生一种骄傲和威严①。

“古色古香、风景如画、穷兵黩武、风光旖旎”②，多佛和白崖象征着英格兰民族和历史，是特别值得关注的爱国自豪感萌生之地。

多佛白崖如何代表英格兰民族特色中的独立思想的呢？虽然 26
《约翰·海伍德的多佛的插图指南》里充斥着慷慨激昂的语言，但是这些想法——虽然它们仍然能与侵略扩张主义相容——已经与帝国的归属感明显脱节。然而，它们又与英格兰认同紧密相连，鼎力支持更广泛意义上的英格兰民族认同。多佛白崖被认为是过去的历史见证，象征了民族家园的绵延不绝，是防御、反抗和跨越19世纪的有力象征。进一步说，多佛白崖的远近闻名与其说是归因于白色悬崖的物理地貌，不如说是它强大的民族主义象征特性。毕竟，在天然的物理地貌中，英格兰多佛白崖和法国最北端的白鼻海角之间（位于英吉利海峡另一面）有很多的相似处。

---

① John Heywood, *John Heywood's illustrated guide to Dover* (London[1894]), pp. 9—10.

② *Ibid.*, p. 12.

18世纪中期以前的当代话语中，多佛白崖仅吸引了寥寥无几的注意力。毋庸置疑，多佛白崖是重要的地标景观，早在1546年意大利制作的英格兰地图中就标有其位置。除了托勒密的《地理学》之外，不列颠群岛的第一张雕刻地图就是以白色悬崖的自然描绘为特色整合而成的一个总体设计[①]，是白色悬崖的缩小版。在文字记载中，转瞬即逝的历史典故在很多作品中都很常见，其中有很多都是关于多佛或者肯特郡的。1610年在英格兰出版的《大不列颠》（*Britannia*），记录了英国的“地理描述”，威廉·卡姆登在书中提到“强大、高耸陡峭的悬崖山脊；西塞罗把悬崖称作‘摩尔华丽号’，意寓宏伟的悬崖造就了巨大的码头（Sampier），但是对此并没有详述[②]。虽然悬崖似乎已生成了视觉印象，但是在积极价值塑造方面没有吸引太多的注意。在18世纪20年代的作品中，丹尼尔·笛福认为“多佛海岸并没有什么引人注目之处”[③]。通常情况下，多佛城
27 镇尤其是其城堡得到的评论更多（当然，并非所有的评论都是认可或赞许的，多佛素有“昂贵但令人不快的旅游胜地”之美誉）[④]。

但是，从笛福年代开始，对多佛海岸的态度在悄然发生变化。之前，多数评论家都认为多佛的海及其海岸会让人心生不悦，如高山一样高耸的悬崖更容易激起人们的恐惧感，而不会产生愉悦感。

---

① E. Lynam, *The map of the British Isles of 1546* (Jenkintown, PA, 1934), pp. 1—3.

② W. Camden, *Britannia* (London, 1610[1586]), p. 344.

③ D. Defoe, *A tour thro' the whole island of Great Britain*, 2 vols. (London, 1968[1724—6]), Vol. i, p. 123.

④ 笛福对多佛海岸线的轻蔑评论一直延伸到这个小镇，认为这个城镇以及城镇里“陈旧、无用、凋零”的城堡都“没什么可值得一提的”（同上，第122页）。

悬崖提醒游客这里危险，应该避之不及之处，而不是令人产生憧憬，更别妄想大家会为之赞许了。但是从18世纪中期之后，白崖神圣崇高的景观越来越具有吸引力，人们对海岸景观的兴趣也越来越浓厚，尤其是那些天然狂野或者多岩石之地。的确，在阿兰·科尔本看来，此时“英吉利海峡的白色悬崖”慢慢涌现成为一个“风景如画热爱者的理想猎场”，被众多艺术家诸如保罗·桑比、亚历山大·科普斯、威廉·丹尼尔①大加赞扬。这种态度的转变并不像人们认为的那样突然或者那么早，尤其是涉及像多佛白崖这样裸露在外的白垩地貌时，科尔本风景如画的解释或许有点过于简化了。威廉·吉尔平被认为是风景画著名代表人物之一，他从福尔斯顿路出发，在多佛城堡青翠的山景中发现了很多值得欣赏的地点，但是却唯独觉得白崖“令人不快”、“不尽人意”。它由“一个个空洞、刺眼、无论从形状上还是颜色上都几乎找不到任何美感的表面构成”②。吉尔平还批评多佛外围的另一个著名海角的“莎士比亚悬崖”(Shakespeare's Cliff)，此处因与莎士比亚《李尔王》中的情节相关，故名。热爱风景的吉尔平很欣赏自然界的天然不对称性和多样性，而多佛悬崖那单调的白色、像墙壁一样的自然特征对于吉尔平来说是毫无美感的。唯独那些裸露在外的白垩被植杯覆盖这点才会让吉尔平觉得此处还有点审美价值。吉尔平觉得任何景观都

---

① A. Corbin, *The lure of the sea: The discovery of the seaside 1750—1840* (London, 1995[1988]), pp. 121—8, 140—5 (p. 143).

② W. Gilpin, *Observations on the coasts of Hampshire, Sussex, and Kent, relative chiefly to picturesque beauty: Made in the summer of the year 1774* (London, 1804), pp. 77—8.

28 会被“白垩损毁殆尽”①。

然而，无论吉尔平对这个风景如画时代的整体影响如何，他对白崖的浅陋、贫乏的看法并没有造成太长远的影响。18 世纪晚期和 19 世纪早期的旅游者记录了对多佛悬崖景观的失望：1796 年，从斯堪的纳维亚回家的路上，玛丽·沃斯通·克拉夫特“纳闷怎么会有人称此处为宏伟；游览了瑞典和挪威之后，此处对我来说显得那么地微不足道”②。然而，这样的失望主要出于当时人们对悬崖峭壁的想象——本该给人留下深刻印象的景象常常让人失望，而单调或丑陋的却不会。比沃斯通·克拉夫特更典型的评论是称赞多佛“高耸的白色悬崖引人注目的外貌”③。安·拉德克里夫在 1794 年前往荷兰和德国的旅行中也有过类似的赞美，称莎士比亚悬崖“因其承载的永恒名字而崇高”④。1818 年，从瓦尔默沿海向北行进，多佛海岸已经被其称赞为人们所能想到的最引人注目的景观之一⑤。

19 世纪初，这种称赞虽然不均衡，但却是坚定性的。随着时间

---

① W. Gilpin, *Observations on the coasts of Hampshire, Sussex, and Kent, relative chiefly to picturesque beauty: Made in the summer of the year 1774* (London, 1804), pp. 45, 85, 92.

② M. Wollstonecraft, *Letters written during a short residence in Sweden, Norway, and Denmark* (London, 1796), letter xxv, p. 262.

③ J. Aiken, *England delineated; or, A geographical description of every county in England and Wales*, 2nd edn (London, 1790), p. 268.

④ A. Radcliffe, *A journey made in the summer of 1794, through Holland and the western frontier of Germany, with a return down the Rhine: To which are added observations during a tour to the lakes of Lancashire, Westmoreland, and Cumberland*, 2 vols., 2nd edn (London, 1795), Vol. ii, p. 174.

⑤ L. Fussell, *A journey round the coast of Kent* (London, 1818), pp. 142—3.

的推移，这种传播的范围也越来越广泛。维多利亚时代交通条件
改善，旅游业流行，大大增加了亲自去观赏多佛白崖的英格兰游客
人数。19 世纪早中期，多佛因为其特殊的地理地貌（图 1）享受了昙
花一现的青睐。1847 年《女士报纸》将它称赞为“惊人垂直的悬 29
崖”①。跨海峡交通的改善是多佛白崖受欢迎的关键因素之一②。
（最主要的原因是从海上观赏多佛悬崖是最佳地点：“只有从海上
看多佛，才能看到真正的多佛。”正如拜伦的《唐璜》中所说，唐璜望
见“英格兰的美之初现，/那峭壁，亲爱的多佛”！③）

图 1　W. 韦斯托尔，《海滩视角下的多佛》，E. 弗朗西斯雕刻，约 1830 年。图片由 The Print Collector/ Print Collector/ Getty Images 提供。

---

① *Lady's Newspaper*, 28 August 1847, p. 207.

② 1863 年，多佛－加莱路线的旅客数量为 123 025 人；19 世纪 90 年代每年累计有 300 000 人次；1910 年多佛－加莱、多佛－奥斯坦德两条路线的总旅客数量为 590 000 人。J. B. Jones, *Annals of Dover* (Dover, 1916), pp. 159—60, 167.

③ A. D. Lewis, *The Kent coast* (London, 1911), pp. 266—7.

除了交通条件改善和旅游业发展带来的影响之外，图片制作技术进步迅猛，使得白崖在民族遗产中占有一席之地①。从19世纪30年代开始，雕版技术的革新使得大规模的平版印刷成为可能。因此，对白崖等景观的艺术描述比先前更加容易实现——价格也更容易被人接受——约瑟夫·马洛德·特纳的作品尤其以这种方式引起广大观赏者的共鸣②。19世纪晚期，照片和其他的
30 图像再现手段促进了商品的发展和传播进程。比如，1881年12月，肯辛顿美术协会(Kensington Fine Art Association)展示了一幅H.希利尔油画的油印复制品《月光下的多佛码头和港口》(*Dover pier and harbour by moonlight*)，作品描绘了白色悬崖守护下的多佛夜间港口。当时，在全英格兰各报纸上宣传——不仅仅是南方各郡的报纸，还有如《曼彻斯特时报》这样的出版物——"这幅画被宣传为是所有英格兰人都喜欢的作品。由于人们对这个历史悠久的古城有着浓厚的兴趣，所以旅客们都喜欢在著名的城堡和悬崖边观赏古城，就连莎士比亚也用经久不衰的语言描述了这座古城"③。

19世纪多佛悬崖照片的普及以及其民族主义化象征可以简单

---

① For these technologies, see D. Brett, *The construction of heritage* (Cork, 1996), esp. 65—8.

② See E. Helsinger, 'Turner and the representation of England', in W. J. T. Mitchell (ed.), *Landscape and power* (Chicago, 1994), pp. 103—25 (esp. pp. 105—6).

③ *Manchester Times*, 31 December 1881. See also, e. g., *Northampton Mercury*, 31 December 1881; *Sheffield Daily Telegraph*, 7 January 1882; *Manchester Courier and Lancashire General Advertiser*, 7 January 1882.

地理解为对景观审美情趣的变化。这或许是因为景观文化匹配维多利亚时代主流风景理念，但景观本身的影响力并没那么强大。为了解释自18世纪中期以来白崖将近200年的吸引力和重要意义，有必要去考虑其他一些因素。那些奉承把悬崖地理风貌描述成“惊人”（经常被用来描述白崖的词汇）的现象背后，除了受狭隘的美学理念影响之外，还隐藏着其他一些潜移默化的影响，尤其是那些与景观关联价值有关的影响。我们接下来要说的就是这种关联价值。

首先，历史上白崖和民族认同关联以及本民族给人的古老感觉，这些角度都并不新颖。“阿尔比恩”是几个世纪以来英格兰或大不列颠的雅称（尤其是在卡姆登的《大不列颠》中有所提及）[①]。“阿尔比恩”来自于拉丁词汇 albus，意思是白色，所以某种程度上南部海岸的白色悬崖已经定型了英格兰民族的特色。如此，19世纪和20世纪早期见证了这种关联的显著强化和突显。一本描述多佛悬崖“魅力”的指南中提到，“在这一带海岸的白色悬崖上，流行幻象见证了某种说不清道不明的东西，代表了‘阿尔比恩’的荣耀。”还有一些人认为这些古怪的白色悬崖甚至可能比 31
狮子还要更标准地代表英格兰。几百年前，“英格兰国旗飘扬在海岸之前，‘阿尔比恩’就已经是英格兰的一个名字了，至少在欧洲是这样”[②]。1908年，艺术历史学家、收藏家威廉·乔治·罗林

① Camden, *Britannia*, p. 1.

② *A guide-book and itinerary of Dover* (Dover, 1896), p. 30; A. G. Bradley, *England's outpost: The country of the Kentish Cinque Ports* (London, [1921]), pp. 317—18.

森认为特纳的《多佛海峡》(*Straits of Dover*)(图 2)描绘出了"一个非常典型的英格兰式场景,在一个阳光普照、风浪汹涌的日子里,人们从海上抵达多佛时所看到的场景"[①]。而在英格兰和威尔士,《多佛海峡》诞生于艺术家们当时仍然非常热爱的风景如画的时代。

图 2 J. M. W. 特纳,《多佛海峡》,威廉·米勒雕刻,1828 年。图片由 Culture Club/ Getty Images 提供。

从特纳《多佛海峡》这幅画中可以看出,悬崖、海洋和民族性之
32 间的发展关联是与英国——英格兰——与当代文化话语中其"岛

① W. G. Rawlinson, *The engraved work of J. M. W. Turner*, 2 vols. (London, 1908), Vol. i, pp. 125—6.

国”概念化的加强是一致的①。1558年,加莱最终向法国投降,奠定了这样一种观点:英吉利海峡就是边界。这种看法由于启蒙思想的传播得到了进一步的支持,即民族的地位是由诸如海洋、河流和山脉等的自然边界所恰当界定的②。到19世纪,随着皇家海军实力增强日益成为英格兰人自我庆祝的源泉,海洋岛国特性和伟大民族之间的关联就显而易见了③。众所周知,英国与欧洲大陆的天然地理分离是一件值得庆祝的事情,再加上日益可靠的地质知识,对于长期以来的强大英格兰民族主义是自然或天意注定的这一观点的传播和认可如虎添翼。1801年,著名演员、作曲家和作家查尔斯·迪布丁一想到这个民族已经“被地震或洪水”与欧洲大陆分开就感到很高兴,因为“显而易见,无论这次自然分离给了英格兰怎

---

① 对这一现象相对学术上的忽视是值得注意的。田园景观和英格兰特色之间的关系已经被广泛讨论过,但是现如今依然如此——正如简·鲁格指出的那样——相对而言,人们很少关注海岸景观与民族身份话语之间的关系。J. Rüger, *The great naval game*: *Britain and Germany in the age of empire* (Cambridge, 2007), pp. 170—4.. 这种讨论的确存在过,但是常常非常简单,或者非常笼统:R. Colls, *Identity of England* (Oxford, 2002), pp. 237—42; K. Lunn and A. Day, 'Britain as island: National identity and the sea', in H. Brocklehurst and R. Phillips (eds.), *History, nationhood and the question of Britain* (Basingstoke, 2004), pp. 124—36; R. S. Peckham, 'The uncertain state of islands: National identity and the discourse of islands in nineteenth-century Britain and Greece', *Journal of Historical Geography*, 29 (2003), 499—515.

② See P. Readman, C. Radding and C. Bryant, 'Introduction: Borderlands in a global perspective', in P. Readman, C. Radding and C. Bryant (eds.), *Borderlands in world history*, 1700—1914 (Basingstoke, 2014), pp. 7—8.

③ Behrman, *Victorian myths of the sea*. See also G. Quilley, '"All ocean is her own": The image of the sea and the identity of the maritime nation in eighteenth-century British art', in G. Cubitt (ed.), *Imagining nations* (Manchester, 1998), pp. 132—52.

样孤立的处境,都同时奠定了英格兰民族荣耀的基石”①。这一看法在过去一个世纪乃至更长的时间里被多次提及,尤其是在针对年轻人的教育书籍中②。的确,这一观点的影响力之大和持久性之
33 长在很大程度上解释了为什么在英吉利海峡海底修建隧道的提议遭到了那么强烈的反对。19 世纪 80 年代和 90 年代的早期努力由于遭到强烈反对而以失败告终。借用爱德华·奥古斯都·弗里曼(英吉利海峡隧道的著名反抗者)的话,他认为修建隧道会让英格兰居民“不再是岛民,反而变成了欧洲大陆的居民”③。

这种英国专属的“处女座”的爱国情节——正如保守党政治家伦道夫·丘吉尔勋爵在 1888 年 6 月反对英吉利海峡隧道立法时所说的那样——使得隧道应该从白崖开始还是靠近白崖开始,从一开始就变得针锋相对(的确,爱德华·沃特金爵士在 19 世纪 80 年代和 90 年代提出计划,要求在莎士比亚悬崖附近修建海底隧道,这

---

① C. Dibdin, *Observations on a tour through almost the whole of England*, 2 vols. (London, 1801), Vol. i, p. 21.

② 1858 年的一份儿童出版物庆祝了这样的日子:那一天,“大海冲破了海面,发出了一声巨响”,大不列颠成为了世界上“独一无二的国家”。I. Wilson, *Our native land* (London, 1858), p. 72.

③ E. A. Freeman, ‘Alter orbis’, *Contemporary Review*, 41 (June 1882), 1042. 这与两次世界大战之间后期的尝试如出一辙,即使是在 1975 年,工党内阁大臣芭芭拉·卡萨承认“托尼·克洛斯兰搁置了当时正在考虑的计划,这一决定让她松了一口气,因为她的感情是建立在一种朴实的感觉上的,即岛屿就是岛屿,不应该被侵犯”。(K. Wilson, *Channel tunnel visions* 1850—1945: *Dreams and nightmares* (London, 1994), 188—92; B. Castle, *The Castle diaries* 1964—1976 (London, 1990), p. 545).

一计划是 19 世纪 80 年代初开始的探索性海底隧道修建尝试[1])。悬崖慢慢成为形单影只的一个强有力的海洋民族认同象征,这个海洋认同和英国在欧洲的地位相比,较少受到帝国海外扩张的影响,更少受到大陆强国如法国这样的历史竞争对手的影响。而修建隧道导致的威胁要颠覆的就是这种海洋认同。从 19 世纪开始,很大程度上,悬崖开始慢慢成为一个与欧洲大陆分离、形成独立岛国的英国的转喻。对于一个岛屿王国的居民来说,悬崖只是一个与众不同的景观。

白崖的民族主义象征不仅反映了英格兰民族的岛国特性,还会让人联想到不列颠群岛在抵抗他国军事威胁时候付出的努力。多佛和英格兰防御之间的关联年深日久。13 世纪的中世纪时期,当时的僧侣、历史学家马修·帕里斯对这座城市的描述——多佛是不列颠帝国的“锁与钥匙”[2]——被大量引用。作为多佛年代久远的防御工事——伟大的多佛城堡——在这方面起到了很大的作用。毋庸置疑,城堡同时还是防御和抵抗的强有力的象征,这些几 34
乎都无法与城堡的驻扎地悬崖分开,换句话说高耸的悬崖赋予了城堡一种形象力量。特纳的《莎士比亚悬崖视角下的多佛》(*Dover from Shakespeare's Cliff*)(图 3)是关于本场景的经典展现,描绘

① For Randolph Churchill, see *Hansard*, 3rd series, 327 (27 June 1888), 1500. For the history of the channel tunnel, see Wilson, *Channel tunnel*.

② See, for example, Camden, *Britannia*, p. 344; *Handbook for travellers in Kent*, 5th edn/(London, 1892), p. 50; F. M. Hueffer[Ford Madox Ford], *The Cinque Ports: A historical and descriptive record* (Edinburgh, 1900), p. 242; *The Dover official guide and souvenir* (Dover, 1930), p. 13.

了现代操练防御工事的炮火(防御法国),其中中世纪城堡的背景清晰可见。

图3 J. M. W. 特纳,《莎士比亚悬崖视角下的多佛》,出自 *Drawings made principally*。W. B. 库克,乔治·库克等雕刻,伦敦,1826年。经 Syndics of Cambridge University Library:LE. 2. 39 许可转载。

实际上,不管有没有城堡,多佛悬崖本身已经是民族防御的有力象征,无论从实际意义还是比喻意义的角度看,多佛悬崖都担当着防御壁垒的作用。作为“天然的坚不可摧的防御工具”,早在19
35 世纪和20世纪的出版物中就已经将它们描述成“白色的壁垒”①。裘力斯·恺撒抵达肯特郡海岸时,全副武装的英国人蜂拥在白色的悬崖峭壁上,这一景象迫使恺撒只能另寻其他着陆点,这个故事被传颂了许久。同时白崖还是最自然的心理防御壁垒。1878年,

---

① *Dover*: *The gateway to England* (Dover, 1931), p. 6; *A guide-book and itinerary of Dover* (Dover, 1896), p. 30; *A pictorial and descriptive guide to Dover*, 6th edn (London, [1924—5]), p. ix; S. T. Davies, *Dover* (London, 1869), p. 3.

《布莱克的肯特郡指南》(*Black's guide to Kent*)称赞多佛"有着闪闪发光的白垩墙壁,雄伟而坚不可摧",是"英国力量的不二象征"[1]。

白崖的象征意义——作为抵抗外国敌人入侵漫长历史的纪念碑——常常由于艺术描绘被夸大,过度强调了白崖作为防御壁垒的作用。特纳的作品就是一个很好的例子。约瑟夫·马洛德·特纳是在1792年第一次参观多佛,后来几年又回来过几次。多佛及其周边地区是他后来地形水彩画中的常见主题[2],描绘了中西部高地的防御工事和一名面向大海在练习射击的士兵,其中《莎士比亚悬崖视角下的多佛》就是这样的一个作品,作品中的悬崖比实际高度要高出很多,特纳的《多佛城堡》(*Dover Castle*)(1822)也是如此[3]。在其绘画作品《多佛》(*Dover*)(约1825)中,特纳的艺术创作让约翰·罗斯金开始反对他的作品,因为约翰觉得特纳的作品让"多佛悬崖失去了其真正的地理风貌,特纳的绘画使多佛悬崖脚下的城镇高度比实际高度低了三倍"[4]。

悬崖被描绘成高耸的天然堡垒,这反映了人们对其军事意义的认知。18世纪末和19世纪初,城市周围的高地被广泛加固强化(众所周知,威廉·科贝特著名的抱怨就是针对花大价钱把一座"伟大的白垩丘陵变成一个蜂巢",仅仅是为了"把英格兰人藏起

---

① *Black's guide to Kent* (Edinburgh,1878),p. 213.

② E. Joll,M. Butlin and L. Herrmann (eds.),*The Oxford companion to J. M. W. Turner* (Oxford,2001),p. 79.

③ E. Shanes,*Turner's rivers,harbours and coasts* (London,1981),pp. 28—9,33—4,and Plates 46,67.

④ J. Ruskin,*The harbours of England* (Orpington,1895),pp. 63—4.

来，不让法国人发现”所花费的巨额开支)①。但是，广义上它也反映了对外来侵略威胁的普遍焦虑，拿破仑战争就是一次很重要的
36 经历。然而，这种焦虑和担忧一直持续到1815年之后的维多利亚时代甚至更久。1851年路易斯·拿破仑的政变后随之而来的是一系列的侵略恐慌。法国的复兴计划引发了英格兰的担忧，也致使英格兰南部海岸线进一步强化加固。1859年，志愿部队的建立就是20世纪地方上组织的保卫领土军队和警卫队的前身②。1870年法国被普鲁斯打败——英格兰的焦虑并没有因此烟消云散，部分原因是英格兰对法国的不信任早已根深蒂固(围绕早期海峡隧道提案的各种争议)，但是英格兰的主要焦虑还是来自于刚毅独断的德意志帝国再次引发了英格兰人被其侵略的恐慌，这种焦虑可以在一些发行物的公开谴责中找到见证，早期的谴责如乔治·汤姆肯·崔斯尼的《道廷之役》(*Battle of Dorking*)(1871)，后期的如威廉·勒克斯的《每日邮报》连载了《1910年入侵》(*Daily Mai-serialised Invasion of* 1910)③。

尽管出版物里隐含一定的仇外情绪和哗众取宠的心理，但是这些维多利亚时代和爱德华时代的焦虑也并不是完全没有道理，因此并没有被当代观点完全抛弃。技术进步让侵略发生的可能性

① W. Cobbett, *Rural rides*, ed. I. Dyck (Harmondsworth, 2001[1830]), pp. 156—8 (pp. 157, 158).

② See H. Cunningham, *The Volunteer Force: A social and political history, 1859—1908* (London, 1975).

③ For invasion-scare literature, see I. F. Clarke, *Voices prophesying war 1763—1984* (London, 1966).

在与日俱增。蒸汽动力的发明意味着船只可以比以前更快的速度航行，而这就同时构成了突然袭击的威胁——或者“闪电突袭”——的可能性越来越大。此外，蒸汽船还意味着船舶航行可以不再受潮汐和风向的影响：天气的不可预测性再也无法挫败任何一个刚毅坚定的进攻者，正如传说中，1588 年恶劣的天气吓跑了西班牙无敌舰队那样。1845 年，帕梅尔斯勋爵在下议院宣告“海峡不再是一道天然防御壁垒。蒸汽动力使以前军事力量无法航行的海峡现在也可以自由地通行”[1]。当然，这种说法可能有些夸大，但是英格兰人还是能感受到这种随时被突袭的潜在威胁。一个世纪过去，船舶的速度越来越快、越来越灵活，这种焦虑和恐惧也随之空前地加剧了。

航空技术的发展让事情愈加糟糕起来。1783 年，蒙哥菲耶兄弟气球升空开启了空中攻击的预兆，更别提 1785 年 1 月第一个气球成功地横穿过英吉利海峡。但是在接下来的 100 年左右的时间 37
里，这种阴魂不散的流言仍然徘徊在危言耸听的文字与话语中。然而，有翼飞行和驱动飞行使情况发生了戏剧性的变化。很明显，它们都是具有更大军事潜力的科技产品。在 1908 年《空中战争》(*War in the air*)中，H. G. 威尔斯观察到“随着飞行机器的出现，战争性质也随之发生了改变。战争不再是‘前线’事件，而是变成了‘区域’事件；无论是战败者还是战胜者，没有任何一方能逃脱掉战争的巨大伤害”[2]。第二年，路易斯 · 布莱里奥戏剧性地证实了威

① *Hansard*, 3rd series, 82 (30 July 1845), 1223—4.

② Cited in Clarke, *Voices prophesying war*, pp. 100—1.

尔斯的先见之明。路易斯驾驶着他的单翼飞机成功穿越了英吉利海峡，于1909年7月25日着陆在多佛悬崖附近——《每日快报》对这一壮举的回应是“英格兰已经不再是一个孤立岛国了”①。在这种情况下，第一次世界大战的经历对模糊战场边界的作用相对较小，即便德国对英格兰南部和东部进行了突袭（造成的伤亡相对较少）。战争结束时，在多佛举行的仪式上，陆军元帅道格拉斯·海格伯爵受到了热烈的欢迎。而海格伯爵着陆地点的形象意义无论是对当代评论家和还是元帅个人来说都是一目了然的。元帅在安全着陆的演讲中，把多佛称为“英格兰东边的守护大门和狭窄海域的守护者”②。

如果白崖是民族安全和民族抵抗的象征物，反抗欧洲大陆这个对手的差异符号，那么白崖理所当然地成为民族家园和重返家园的象征，尤其是在英格兰民族认同构建中“家”这个想法很重要，正如一小学教科书的作者认为的那样，“英格兰人的主要特征就是他们对‘家’的热爱”③。守护英格兰的“历史门户”，白崖形成了几百年来进出英格兰民族的港口，成就了一个多佛城市，且这个城市在16世纪被威廉·卡姆登认为是所有“通往最阴森恐怖的必经
38 地”。此地“被一项古代特别法令规定，从此处，没有人能从真正的朝圣之旅中走出来，唯应乘船到此”④。多佛港口应对的交通从18

① B. A. Elliot, *Blériot: Herald of an age* (Stroud, 2000), pp. 125—6.

② *Manchester Guardian*, 20 December 1918, p. 7; J. B. Firth, *Dover and the Great War* (Dover, [1920]), pp. 118—21.

③ S. Heathorn, *For home, country, and race: Constructing gender, class and Englishness in the elementary school, 1880—1914* (Toronto, 2000), p. 151.

④ Camden, *Britannia*, p. 344.

世纪中期以来逐年递增，1818 年，加莱开通了定期的蒸汽邮报服务；1844 年，多佛铁路的修建极大地便利了通往欧洲大陆的交通。这些发展以及国际贸易和旅游业的增长意味着到 19 世纪 90 年代，在多佛—加莱路线的旅客总数已经每年达到 30 万人，这个数字在 20 世纪还在逐年递增。

随着越来越多的游客因为重返家园或离开家园多佛而亲自见证了白崖，白崖和家园的关联自然就更加强烈。当然，对于不列颠群岛的居民来说，“家园”的意义各不相同，尤其在英语语境中“家园”可以代表很多不同的意思，如房子、邻居、村庄、乡村、城镇、城市、国家和民族①。然而任何情况下的“家园”都离不开旅行，或者更抽象地说，离不开空间的移动。或隐性或显性，所有人都会用空间角度来定义他们与个人家园的关系：一个人在家、离开家、靠近家，等等②。据此追踪下去，随时可以看到多佛白崖(对于那些家不可避免地散乱在英格兰各地的人们来说，此处常常被评论为显著的地标性建筑)是如何演变成为更大幅度上民族家园的强有力象征；具体地说，“家园”被具体概念化为一个岛屿(部分)，且与海洋有着千丝万缕的联系。在这一过程中，它充当了乡村化、更加关注家园内在含义的理想化的外在补充；“家园”很大程度上都是以田

---

① 相反，在罗马语里，“家”更多的被用来当做“房子”的同义词。See D. E. Sopher, 'The landscape of home', in Meinig, *Interpretation of ordinary landscapes*, pp. 130—1.

② 就如地理学家说的那样，“没有旅行，就不能真正理解家的概念”。J. D. Porteous, 'Home: The territorial core', *Geographical Review*, 66(1976), 383—90 (p. 387).

园诗般的乡村及其农舍为中心意象的[1]。

39 因此，毫不奇怪的是，作为“这片与世隔绝家园”[2]的象征，白崖的说法弥漫在19世纪和20世纪早期的语言中，诗歌和小说在嫁接两者之间起到了重要的作用。流行歌曲中也常常用悬崖的形象作为“老英格兰”的象征物，在移民、海员和海外作战的士兵和归国旅行者们心中唤起共鸣[3]。白崖也是旅游指南的主要内容之一。对于从国外归来的疲惫旅客来说，白崖就是英格兰整个民族的代表。作为家园的象征，白崖的气度恢宏恰到好处；作为民族家园的理想化标志，白崖弥补了，有时甚至蕴含了更加具体化和更加个人化的民族概念。在1904年的一首歌中，W. A. 麦肯齐歌唱到，对于回家的旅客，他们的母亲或妻子“依傍在白崖旁沉睡的村庄”让人想起“那些最美丽最罕见的景象/在英格兰高大的白崖上，在英吉利海峡泛起的泡沫上闪烁着光环”[4]。

英国人还把悬崖情感带到了世界各地，这种悬崖意识深深扎根在民族的集体意识中。19世纪70年代顺着刚果河航行时，亨

---

① Heathorn, *For home, country, and race*, pp. 141—51.

② *Bow Bells*, 25 (November 1876), 490.

③ Examples of musical scores held in the British Library include G. Linley and W. Neuland, *The white cliffs of England* (1833); J. F. Duke, *Farewell white cliffs of old England* (1899); A. Johnstone and W. A. Mackenzie, *The white cliffs of England* (1904); P. Edgar and H. E. Pether, *The white cliffs of England (are the white cliffs of home)* (1916).

④ “依偎在白崖旁沉睡的村庄，英格兰某隅/一位妈妈或一位低声哭泣的妻子坐在那里等待着。/啊！我们听到了她们爱的呼唤，我们看到了全部/让我们眼前一亮的最美丽和最罕见的景象中，/在英格兰高大的白崖上，英吉利海峡泛起的泡沫中闪烁着光环，/我们深爱的家人向近家的流浪者表示着欢迎。”Johnstone and Mackenzie, *White cliffs*.

利·斯坦利遇到了一个 2500 码宽的水滨(他将其命名为斯坦利湖),水滨右侧"耸立着一长排悬崖,白色,闪闪发光,就像多佛的悬崖一样。弗兰克(弗兰克·约翰·波科克,肯特郡一位海员的儿子)甚至一度惊呼那是英格兰的一部分"。这些探险家们试着将这座偶遇的悬崖命名为"多佛悬崖",做了一些必要的调整后在欧洲的其他地方复制,使殖民地被疏远的景观本土化,使其成为帝国的景观①。

图 4　阿尔伯特·亨利·佩恩,《多佛》,约 1850 年。莎士比亚悬崖视角下的景象,雕版印刷。图片由 Society Picture Library/ Getty Images 提供。

白崖的民族主义力量在很大程度上要归功于它们与民族历史 40
的关联。正如安东尼·大卫·史密斯认为的那样,家园被想象成历

① H. M. Stanley, *Through the dark continent*, 2 vols. (New York, 1988[London, 1878]), Vol. ii, pp. 254—5.

史领土，是民族先辈和民族遗产领土的景观[1]。几个世纪以来，作为家园强有力的象征，多佛白崖和民族的过去、变迁、价值都密切相连；这在白崖和威廉·莎士比亚的关系中可见一斑。在《李尔王》的第四幕，失明的格洛斯特要求埃德加把他带到悬崖边，“悬崖高昂却垂下的头在密闭的深渊里恐惧地张望着”[2]。这是格洛斯特曾经设想自杀之地（埃德加最终并没有把他带到此处），是都铎王朝和斯图亚特王朝的著名地标。多佛镇西南隅最显眼的海岬因为
41 和莎士比亚的渊源被命名为“莎士比亚悬崖”。多年的水土流失褪减了白崖当年的高度，而这只会让文学评论家更喜欢评论白崖，认为和吟游诗人的描述相比，白崖在高度和险峻程度上都大打折扣[3]。事实上，莎士比亚悬崖的自然特征只是它吸引力中很小的一部分。尽管埃德加并没有真的把格洛斯特带到此处，但是此处和莎士比亚《李尔王》的文学关联才是最重要的。它提供了一种方式，借此，受过教育的大都市人和其他郡的当地人都可以宣称对这一景观及其蕴含意义的所有权，即便是那些对多佛未必有欣赏伟大文学作品能力的当地人来说亦是如此。1848 年是革命之年，《伦敦日报》的一篇文章反映了这一现象：一边是以自己名字命名的“迟钝无知”的海岸警卫队队员，“他们既不思考也不理解莎士比亚

---

① A. D. Smith, *Myths and memories of the nation* (Oxford, 1999), pp. 149—59.

② W. Shakespeare, *The tragedy of King Lear*, in W. Shakespeare, *The complete works: Compact edition*, ed. S. Wells and G. Taylor (Oxford, 1988), ACTIV, Scene 1 (p. 964), and ACTIV, Scene 5 (pp. 966—7).

③ See, for example, Aiken, *England*, p. 276.

的任何事情”;另一边是诚心诚意的“陌生人……每天一步步艰难地攀登上那些陡峭的山坡,经常想起悲惨的情景,期待从那令人头晕目眩的高处看到广阔而壮丽的风景,虽然内心时不时也在担忧跋涉地过程中会不会‘一头栽下去’”。然而,这些情怀都可以被解读为一种防御反应。随着莎士比亚影响的与日俱增,不仅仅对那些受过高等教育的社会精英阶层,对广大公众亦是如此①。19 世纪中期开始,随着莎士比亚狂热的骤增和蔓延,英国的旅游指南或多佛及其周边的评论几乎都会将多佛与《李尔王》或多或少的关联起来②。对于普通游客和鉴赏家来说,这样的关联对于景观的吸引力和重要性都是至关重要的。虽然白崖本身具有纯粹的视觉冲击:“莎士比亚悬崖本身或许很美丽,但是在这样一个岛屿上,没有什么比引起地理学家和旅游者的特别兴趣更引人注目的事情了。尤 42
其是在白崖的西海岸上,如果不是因为莎士比亚这样的天才光环的加持,这样的岩石风景才不会这么闻名③。”

莎士比亚笔下的白崖只是与民族历史和传承更广泛关联的一个方面;民族防御和反抗侵略之间关联被人们谈论多年。然而,悬崖被认为是更广泛意义上的民族故事的见证。在古罗马的城堡顶上矗立着一座罗马的瞭望塔(被普遍地认为是这个国家最古老的

① For radical bardolatry, see A. Taylor, ‘Shakespeare and radicalism: The uses and abuses of Shakespeare in nineteenth-century popular politics’, *Historical Journal*, 45 (2002), 357—79.

② For good examples, see *Black's guide to Kent*, pp. 207—9; M. Walcott, *A guide to the coast of Kent* (London, 1859), pp. 14, 88; Heywood, *Illustrated guide*, pp. 7—9.

③ *Saturday Magazine*, 10 (April 1837), 138.

建筑)，悬崖使“创造了欧洲历史的一系列图画栩栩如生，惟妙惟肖”①。从爱德华一世到维多利亚女王，从1295年的修道士尤斯塔斯领导下的法国战败，到西班牙的无敌舰队和很多其他的战事白崖都曾见证过。19世纪70年代的一本指南上记载道，“无论多么壮丽的历史景色，多么值得纪念的节日，都曾被悬崖墙壁俯视②！”优雅的文字突显了悬崖是如何“与英国历史方方面面密切关联在一起的”③。

白崖不仅是民族历史的见证者，还是古老的民族遗产组成部分以及令人欣慰的延续性标志。多佛的海军部的人造码头在减少自然侵蚀方面做了很多工作。旅游指南声称，自然力量形成的白崖白垩的高度似乎并不受岁月的侵蚀打磨，也不受“时间老人”④最猛烈的冲击——这也说明了白崖粗犷的自然岩石概貌强化了它们抵抗外来威胁的固有内在关联。悬崖是几个世纪以来民族身份(和民族毅力)明亮且不变的标志。当年罗马人入侵时，悬崖是白色的，如今依然是白色的，它们是1000多年来民族绵绵不绝的强有力象征：

> 我们看到古代不列颠人在多佛悬崖上列队作战，虽
> 43 然与今天的多佛人有很大不同，但是与20世纪的多佛人
> 一样真实、具有爱国情怀。从最早时期，多佛边缘就是一

① *The Dover official guide and souvenir* (Dover, 1930), p. 9.

② *Black's guide to Kent*, p. 213.

③ Heywood, *Illustrated guide*, pp. 6—7, 10—12 (p. 10).

④ Davies, *Dover*, p. 2.

> 个迷人的海湾，虽然撒克逊人、诺曼人和英格兰人的行为曾略微改变它的特色，但是多佛城镇和港口依然依傍在高大的白色悬崖之间，人口又增加了4万人，它的自然面貌几乎没有什么变化①。

无论人类历史怎样的起落沉浮，白崖一直被看作是英格兰民族坚毅力持续存在的证明。

多佛白崖在史密斯称之为“记忆的领土扩张”中扮演了重要的角色，作为英格兰持续存在的见证人，象征着民族家园的连绵不断②。随着19世纪晚期城市化和科技发展愈来愈快，整个欧洲社会生活的节奏普遍加快③，多佛悬崖在见证者和象征者两方面的作用在19世纪晚期日益凸显。虽然发展激起了极大的兴奋和显而易见的好处，但是它们也引起了人们对民族衰落的恐慌，增加个人的新的压力和焦虑。在这种背景下，以白崖为代表的延续性有助于加强民族认同，而这种认同的基础似乎日益受到都市—工业化时代混乱影响的冲击。雷蒙德·威廉姆斯认为，一个社会通常对自然环境及其景观的文化价值与该社会的城市—工业化发展直接关联：日益理想化的土地、景观和乡村是19世纪和20世纪现代化经验的产物，反之则不然④。英格兰也不例外。在(真实的和感知到

---

① Jones, *Annals of Dover*, pp. 430—1; also Heywood, *Illustrated guide*, pp. 5—6.

② A. D. Smith, *Chosen peoples: Sacred sources of national identity* (Oxford, 2003), pp. 134ff; and Smith, *Myths*, esp. pp. 150—2.

③ For this context, see Kern, *Culture of time and space*.

④ Williams, *Country and the city*, p. 248.

44 的)经济、社会和文化的快速变化下,白崖这样的景观让人安心,即使当代世界发生了翻天覆地的变化,遭遇了各种挑战,家园依然安在。正像白崖所代表的那样,家园是与世隔绝的——它四面环海。尽管布莱里奥预示,与世隔绝是英格兰民族认同的重要组成部分,而把白崖想象成民族景观提供了令人信服的证据。最终,这个民族的景观不可避免地与大海相连,但是它关注的是岛国而不是海外帝国。的确,也许历史学家们夸大了海洋、帝国和英格兰人认同之间的关联[1],但是至少对不列颠群岛的人(对帝国的一些居民来说,可能会是另外一个故事[2])来说的确是这样。在整个现代时期,英国大部分的皇家海军都驻扎在本国海域。具有讽刺意义的是,维多利亚时代和爱德华时代晚期逐渐升温的关于海军对帝国防御至关重要的观点,几乎与海军在欧洲的集中密切相关[3]。白崖作为一种基于孤立的认同标志的持续性的勇气是与之相对应的文化。

各种理想化和普遍化的英格兰乡村景观也发挥着这一作用,其中一个例子就是"英格兰南部"乡村作为宁静乡村、翠绿田野和

① For some suggestive remarks on this, see S. Conway, 'Empire, Europe and British naval power', in D. Cannadine (ed.), *Empire, the sea and global history* (Basingstoke, 2007), pp. 22—40.

② 澳大利亚政治家和战后首相罗伯特·戈登·孟席斯(1894—1978)就是这样的一个代表。孟席斯"理想化的英格兰"和其景观、文化和体质——尤其是白崖——把这点和另一种理解结合了起来,即"简单来看澳大利亚人就是世界上另一个地区的英国人",这对一个更大的帝国的统一是不可或缺的。See J. Brett, *Robert Menzies' forgotten people*, 2nd edn (Carlton, 2007), pp. 114—23, 190—2 (pp. 190, 192).

③ P. P. O'Brien, 'The titan refreshed: Imperial overstretch and the British Navy before the First World War', *Past & Present*, 172 (2001), 146—69.

连绵起伏低地[1]的标志性景观和其强大的象征意义。但是，这一意
义也由特定的、个体的景观来完成，如同在欧洲其他很多国家一
样，重要的是英国民族认同是由其地方特征、地方和民族爱国主义
精神构成，在现代大部分时间里它们处于一种共生和相互支持的
关系[2]。当然，特殊性可能会成为当地人的骄傲。在多佛这个例子 45
中，多佛镇爱惜多佛悬崖，并清楚地意识到悬崖的象征意义。正是
基于此，世纪之交时期，在当地的一份请愿书推动下的市政府会采
取强制措施撤下了张挂在港口上方的悬崖上的“贵格燕麦片”的巨
大广告牌。当地舆论谴责了那块显眼的广告牌，从海上能清清楚
楚看得到，这是对多佛健康、声誉和如画风景的侮辱，也是对多佛
悠久传统和历史特色的羞辱[3]。对地方的冒犯也同样是对其民族
群体的冒犯：多佛当地人的爱国主义被激发是基于“老阿尔比恩”
历史前线被扭曲为“北方佬燕麦片”[4]打广告之处，这种行为让当地
人出离愤怒。在白崖这个案例上（不像其他一些价值景观），民族 46
认同在前，它控制并约束着地方利益。或许是因为典型的民族景
观，悬崖勾勒和描绘了家园的映像，强调了英格兰的岛国特性。

---

① A. Howkins, 'The discovery of rural England', in R. Colls and P. Dodd (eds.), *Englishness: Politics and culture* 1880—1920, 2nd edn (London, 2014 [1986]), pp. 85—111.

② Readman, 'Place of the past', pp. 176—9. 德国或许可作为最有价值的比较对象，see esp. Confino, *Nation as a local metaphor*.

③ *A Beautiful World*, 9 (1900—3), pp. 9—10, 18; *Dover Observer*, 24 August 1901, p. 7.

④ *Dover Observer*, 7 September 1901, p. 7; *Dover and County Chronicle*, 12 October 1901, p. 3.

图 5　多佛悬崖上的一幅广告牌，出自克拉伦斯·莫兰的《商业广告》，伦敦，1905 年。经 Syndics of Cambridge University Library：misc. 7. 90. 1529 许可转载。

从某种程度上说，以白崖为代表的民族是英格兰人所特有的，几乎可以肯定的是，相比于威尔士人或苏格兰人，白崖对于英格兰居民尤其是英格兰南部的居民来说是更有意义的家园标志。这在一定程度上是地理地貌的一个简单功能。白崖位于英格兰东南角，面向英吉利海峡。白崖由白垩构成，它与英格兰景观尤其是南部低地有很强的关联。1914 年出版的一本关于肯特海岸的书甚至（极其不正确地）宣称“我们英格兰垄断了世界上的所有白垩”[1]。尽管在白崖和英格兰特色间有这种感觉上的联系，但是作为更大

① C. G. Harper, *The Kentish coast* (London, 1914), pp. 271—2.

范围上英国家园的标志，它们的重要性还是不该被小觑。作为进
出欧洲大陆的重要通道，多佛港长期以来一直占据重要地位，发挥
了重要的作用。从 18 世纪开始，大不列颠群岛各地居民在家就能
辨认出白崖。1772 年，一位约克人描述道，从加莱城墙上只要瞥见
多佛白崖一眼，我内心就“有一种心满意足的感觉；就是那些离开
过故土、即将重返故土的人才能有的感觉”[①]。50 年后，一位来自英
格兰北方乡村的人——《利兹通讯》老板的儿子——把白崖描述成
“通往我们乐土的巨大壁垒”，屹立在此欢迎着重返家园的游子们；
100 年过后，诺丁汉出生的亚瑟·梅认为白色悬崖是“远离家园的
英格兰人所期望看到的最愉快的景象”[②]。尽管如此，苏格兰居民
大都寄托于其他民族景观，因为那些对苏格兰人而言具有更大的
吸引力。此外，白崖看上去还会让苏格兰人感觉到必须向英格兰
人表达爱国主义情感的压迫。经过两年的大陆旅行后，1765 年，作
家托拜厄斯·斯莫利特抵达布洛涅——一名英格兰和苏格兰的爱 47
国者，尽管他不是多佛的热衷者，但当他看到白崖时还是感到了无
比的喜悦，这个景象使他想起了他如此“依恋故乡”的种种原因[③]。
阿盖尔公爵的女儿——1814 年 7 月离开多佛前往法国——在她的

① C. Cayley, *A Tour thorough*[*sic*] *Holland, Flanders, and part of France: In the year 1772* (Leeds, 1773), p. 104.

② E. Baines, jun., 'Letters from the continent (no. 1)', *Leeds Mercury*, 5 January 1833; A. Mee, *Kent* (London, 1936), p. 144.

③ Letter xli from Boulogne, 13 June 1765, in T. Smollett, *Travels through France and Italy* (Oxford, 1981[1766]), p. 327. For Smollett's views on Dover, see *ibid.*, pp. 4—6; for his 'sympathetic Britishness', see E. Gottlieb, *Feeling British: Sympathy and national identity in Scottish and English writing, 1707—1832* (Lewisburg, PA, 2007), pp. 61—98.

日记中“记录了多佛的景象是如何唤起每个英国人心中的自豪感的”①。第一次世界大战的大屠杀之后，苏格兰将军黑格“将白崖誉为重返家园的标志，其意义受到人们的赞扬，甚至称其为最鼓舞人心的行为，这本身就回报了我们履行对国王和国家职责时所有的付出”②。

类似的关于白崖的个人观点与其图像在艺术作品、平版印刷、摄影和电影中的传播和消费紧密相连，这有助于进一步巩固悬崖在民族地形学中的地位，有助于这些地形形象和民族记忆的属地

48 化。白崖擎托着一种英格兰观念，它与一种更广泛意义上，但仍然闭塞的英国意识密切相连。肯特郡的内陆景观是英格兰所独有的，被誉为“英格兰花园”，是典型的乡村爱国者和顽固自由人士的

① ‘Diary of Lady Charlotte Susan Maria Campbell Bury, July, 1814’, in *Diary illustrative of the times of George the fourth interspersed with original letters from Queen Caroline*, Vol. ii (Philadelphia, PA, 1838), p. 18.

② *Manchester Guardian*, 20 December 1918, p. 7. 即使是在 21 世纪，在流行的观念中，悬崖依然与英国和英国特色有着密切的联系。民族托管组织 2012 年组织的“多佛白崖的吸引力”活动赢得了公众极大的热情和爱国热情，这就已经很好地说明了这一点——在全球经济衰退的情况下——此活动依然仅仅用了 133 天从 16 500 人当中募捐了 1200 万英镑，这笔钱用于购买 0.8 英里长的海岸线。对捐助者在网页上呼吁发布的数百条表示支持的信息进行分析后发现，把悬崖描述为英国人的人和把白崖描述为英格兰的人一样多。“利安、马克、艾丹捐款是因为我们为自己是英国人而感到骄傲，白崖只说‘英国人’!”斯特拉·伍德捐款因为它们是“大不列颠的标志性建筑”；卡特·怀特的慷慨大方源于它们是“真正的英国瑰宝”。对另一个捐款者(GE)，“这是一个将每一个人都与英国联系在一起的地区”。www.nationaltrust.org.uk/get-involved/donate/current-appeals/white-cliffs-of-dover-appeal/? id=318; www.nationatrust.org.uk/get-involved/donate/current-appeals/white-cliffs-of-dover-appeal/? id=253; www.nationaltrust.org.uk/get-involved/donate.how-you've-helped/white-cliffs-of-dover-appeal/(从 2012 年 12 月 14 日都可参考).

自然栖息地。海岸线被赋予不同的民族意义——其英格兰特色和英国的岛国共同经历是分不开的。白崖作为历史家园的象征延续了几个世纪，基于此，这种与世隔绝又带有英国色彩的英格兰风格被证明生命力异常强大和持久。它的起源与18世纪末和19世纪初更广泛的英国特色起源相关。与这一更广泛现象一样，与革命和拿破仑统治下法国之间的冲突是关键的催化剂①。在英吉利海峡对岸的敌人发生战争的背景下，这片悬崖遭遇了入侵时的现实威胁。事实证明，这片悬崖非常有效地描绘了英国以及英格兰家园是如何抵御来自另一个大陆的威胁的。

最终，白崖证明了在帝国时代民族认同概念是有力量的，这种认同概念是以这个历史悠久的岛国为中心，而不包括最近在欧洲获得的领土。对英国常驻居民来说，这些悬崖都只是简单地与大英帝国使命相关，因为18世纪到20世纪中叶，人们对帝国使命的理解各持不同意见。这就是说，悬崖承载的以岛屿为中心的爱国主义先锋，与帝国主义的策略和帝国主义计划并不矛盾。在冒险家、战士和移民的记忆印象中，白崖的指称应该一直包括殖民地边界。但是在白崖的典型含义上，白崖的内涵在性质上是孤立的，其引发的关联是向内的，而不是向外的。

从视觉上来看，多佛白崖是一个相对不太常见的特色景观。几个世纪以来，关于白崖独特性的高调宣传一直在人们耳畔回响。1914年，查尔斯·G.哈珀相信，在这广阔的世界上，“没有任何东西

① See L. Colley, *Britons: Forging the nation, 1707—1837*, 2nd edn (New Haven and London, 2009[1994]).

49 能与‘阿尔比恩白崖’上那些‘筑有堡垒的白垩高地’相媲美”①。人们经常听到比英吉利海峡对岸风景更优美的宣言，19 世纪 20 年代，一位超级爱国作家认为，多佛海岸线的“美”与“力量”，配上它“浪漫”、“高傲”的悬崖，可以让“一个第一次抵达多佛的陌生人，在将他面前的美景与加莱对岸的美景相比较之后，油然而生地认为他脚下的是一片迷人的土地”②。而其他人的看法则大不相同。林奈的使徒之一，博物学家佩尔·卡尔姆就是这样一个早期的人物。1747 年，他受瑞典政府委托，前往北美执行一项植物调查任务。卡尔姆从交易的肯特港口出发，在白崖以北几英里处很快就发现自身身陷海峡那片以惊涛骇浪著称的水域。卡尔姆乘坐的那艘船在法国和英格兰海岸之间来回颠簸，奋力地想向南和向西行驶。在此次磨难中，卡尔姆从博学家的角度作了观察。他写道：“两岸土地具有相同的风貌，所以一个曾经看过英格兰海岸的人应该在此处可能看到的法国海岸，如果不知道这个情况的话，他一定会相信这就是英格兰海岸……和英格兰丘陵③。”

在接下来的两个世纪里，许多英格兰人对白崖的看法不同主要是因为他们秉持不同的爱国主义思想。多佛白崖被看作民族家园的标志性象征，部分原因在于它们的地理外貌，因为要成为任何一种被普遍认可的地标，景观首先需要在视觉上让人印象深刻。比这更为重要的是与景观联系在一起的历史事件。值得回顾的

---

① Harper, *Kentish coast*, pp. 271—2.

② T. Lowndes, *Tracts in poems and verse* (*Dover*, 1825), pp. 14—15.

③ [P. Kalm], *Kalm's account of his visit to England on his way to America in* 1748 (London and New York, 1892), p. 455.

是，对任何景观价值的判断——甚至是审美判断——绝不仅仅依
赖于物理特征。因此，对于英格兰人来说，白崖的自然风貌足以确
立它们的地标性地位，提出更合理的独特性主张，但是单凭这一
点，还不足以说明景观承载的爱国主义情感。如果不是这样的话，50
苏塞克斯海岸“七姐妹”悬崖——可能在视觉上比多佛悬崖更让人
过目难忘——本可以在民族认同的建构中扮演更重要的角色。对
于多佛白崖的民族主义意义的任何解释都必须充分考虑外生因素
所起的决定性作用。悬崖与国防、归国与故土、民族文化的历史联
系——伴随着岛屿的过去和经历——比孤立地看待它们的自然概
貌更为重要。只有考虑景观的关联价值，我们才能充分认识景观
在民族认同构建中的作用和意义。51

第二章
诺森伯兰边境

20 世纪中后期造林计划实施之前，诺森伯兰北部大部分地区的特点是一望无际的荒原、萧条冷落的河谷、羊群点缀的光秃秃的草地和微风吹拂过的灰蒙蒙的丘陵。土旷人稀、赤地千里，很大程度上一片荒芜，展现出一种冷峻又朴素的地理风貌。这与南方各郡理想中的喜悦舒畅、怡情悦性的乡村生活形成了鲜明的对照。南方乡村有连绵起伏的玉米地、乡村农舍和鲜花围绕的花园（图 6）。的确，诺森伯兰边境的偏僻荒凉和一望便知不宜居的自然环境决定了它不适合成为一个价值景观，只需要把它与古色古香的乡村和连绵起伏的农田做一下对照便一目了然——更别提湖区里丘陵的高低重叠、怀伊山谷和康沃尔海岸如画风景和诗情画意的吸引力了。然而，这样的评价是错误的。虽然北泰恩河谷（North Tynedale）、考克特代尔（Coquetdale）和雷德斯代尔（Redesdale）的偏远山谷并没有格拉斯米尔（Grasmere）或新森林（New Forest）地区那样有吸引力，但是诺森伯兰郡边境地区的吸引力要大得多，远比第一印象蕴含着更重要的文化内涵。如多佛白崖的边境景观一样，诺森伯兰郡边境在很多不同方面展现了英格兰和英国民族认同的浑然一体。尽管诺森伯兰边境的自然环境很艰苦，但是英格兰和苏格兰边境承载了重要的文化景观：这是一个与过去有着千丝万缕关联的景观，在多样的英格兰特色中，强劲有力地展现了具备特定英格 52
兰特色的统一。

图 6　诺森伯兰郡考克特代尔的一条小溪，远处为西蒙赛德，约 1910 年。图片来自 Northumberland Archives：NRO 01449/ 537。

从 19 世纪下半叶开始，诺森伯兰边境作为一种文化景观的地位越来越高，已经发展成为一个旅游景点。1826 年 4 月，《文学公报》评论了每年有大批游客吸引到此处参观的现象[①]。旅游指南和游记的出版也证明了此处的旅游吸引力。早期的例子包括约翰・梅

① *Literary Gazette*, 483 (April 1826), 248.

53 森的《边境旅游》(*The border tour*),发表在1826年第二版上;史蒂芬·奥利沃的《漫步在诺森伯兰》(*Rambles in Northumberland*)(1835)[1];沃尔特·怀特的《诺森伯兰与边境》(*Northumberland and the border*)(1859);1864年,莫里出版社出版了的达勒姆和诺森伯兰的一系列手册[2],这是一个重要的里程碑。此后,旅游文献的数量显著增加,随着廉价书的出版——包括威廉·汤姆林森的《诺森伯兰综合指南》(*Comprehensive guide of the county of Northumberland*)——诺森伯兰的吸引力逐日递增[3]。

对景观风景不断变化的审美可以解释诺森伯兰一路攀升的吸引力。地旷人稀的荒原和寸草不生的圆形山坡对18世纪末和19世纪初尤其是那些受到风景如画美学影响的人来说没有什么吸引力。1778年,古物学家威廉·亨廷森可能对罗斯伯里和伍勒等地附近乡村发现的历史遗迹很感兴趣,但他认为这一带的自然风景实际上非常"阴郁荒凉"[4];理查德·华纳牧师在世纪之交游历英格兰北部和苏格兰时,对诺森伯兰的乡村不屑一顾,"裸露在外,毫无

---

① [J. Mason], *The border tour throughout the most important and interesting places in the counties of Northumberland, Berwick, Roxburgh and Selkirk*, 3rd edn (Edinburgh, 1833[1826]); S. Oliver, *Rambles in Northumberland, and on the Scottish border* (London, 1835).

② W. White, *Northumberland and the border* (London, 1859); J. Murray (publisher), *A handbook for travellers in Durham and Northumberland*, 3rd edn (London, 1890[1864]).

③ W. W. Tomlinson, *Comprehensive guide to the county of Northumberland*, 10th edn (London, 1923[1889]). See also, e. g., *Dawson's illustrated guide to the borderland* (Berwick-on-Tweed, 1885).

④ W. Hutchinson, *A view of Northumberland*, 2 vols. (Newcastle-upon-Tyne, 1778), Vol. i, pp. 179—80, 227, 240.

美丽而言”,这种不悦与诺森伯兰令人不快的气候极其匹配。特威德河畔贝里克(Berwick-on-Tweed)附近,他发现丘陵“整齐又崎岖”,山谷“宽阔无植被”,所见风景“并没有怡人风光该有的必要的特征——高大的树木、茂盛的灌木”[①]。然而,后来的评价就没这么苛刻了。19 世纪的最后几十年,由于种种原因一直被认为是“贫瘠”或“荒凉”的土地重新又受到了重视。辽阔无垠,以及由此带来的自由和狂野越来越吸引人的注意,至少对于提倡在开阔的乡村 54 漫步的人群来说[②],其中最著名的就是乔治·麦考利·特里维廉。当然,从某种程度上,对原始、开放景观的观点和态度与日益提高的公地美化价值、公地保护协会基础上建立的制度性表达,以及协会和协会支持者所参与的活动有关[③];还与更为普遍的、反映在当代景观艺术中的高地和荒原风景美学关注有关——达特穆尔高原就是另一个例子。正如皮特·霍华德展示的那样,维多利亚晚期和爱德华时期,画家的兴趣点既包括“阴郁的荒野”也包括“质朴美

---

① R. Warner, *A tour through the northern counties of England, and the borders of Scotland*, 2 vols. (Bath, 1802), Vol. ii, pp. 10-12, 42-3.

② See G. M. Trevelyan, 'Walking', in G. M. Trevelyan (ed.), '*Clio, a muse*', *and other essays literary and pedestrian* (London, 1913), pp. 56—81;尤其是他对诺森伯兰边境的欣赏, See G. M. Trevelyan, 'The Middle Marches', *Independent Review*, 5 (1905), 336—51.

③ Readman, 'Preserving'; Readman, 'Octavia Hill'; M. J. D. Roberts, 'Gladstonian liberalism and environment protection, 1865—76', *English Historical Review*, 128 (2013), 292—322.

丽的农舍、村庄和农场”①。对于一些艺术家和其公开发表的作品来说，荒野展现了一种纯粹的视觉吸引力；对有些人来说，荒野题材的吸引力恰恰反映了荒野对社会问题的渲染——“沉闷荒凉的风景可以为描绘农业萧条时期农村贫瘠和艰辛劳动提供恰当的背景”②。

最后一点很重要。许多像诺森伯兰北部这样的地方可能已经在纯粹的视觉上得到修复，但它们作为硬朗而朴素的景观的表征仍然会旷日长久，尽管它们越来越受欢迎且具有文化意义。正如1888年汤姆林森在他的指南书中所认可的，雷德斯代尔很可能看上去是“一片荒凉而单调的荒原”，一片贫瘠、树木不生，会让一些游客满怀失望——虽然也有人会为这里广袤无垠的开阔空间所带来的复兴和自由激动不已。但是，汤姆林森写道，关于上述观点可能存在分歧，它们都会——或者应该会——被游客心目中的景观
55 所激发的联想击败，就像“野生石楠花和蕨类植物”……恰到好处地构成了雷德斯代尔的黑暗历史的背景，“在很大程度上这要归功于它对游客的吸引力。它对世仇和突袭的悲惨回忆，数也数不过来”③。雷德斯代尔那片荒凉破败、让人望而生畏的荒野，成为融合

① P. J. Howard, 'Changing taste in landscape art: An analysis based on works exhibited at the Royal Academy, 1769－1980, and depictions of Devonshire landscape', Ph. D. dissertation (University of Exeter, 1983), p. 500. See also Howard, Landscapes ; and Howard, 'Painters' preferred places'. 关于达特穆尔高原，see M. Kelly, *Quartz and feldspar. Dartmoor: A British landscape in modern times* (London, 2016).

② See H. D. Rodee, 'The "dreary landscape" as a background to scenes of rural poverty in Victorian paintings', *Art Journal*, 36 (1977), 307—13.

③ Tomlinson, *Comprehensive guide*, pp. 296—7.

了历史、浪漫和冲突的场所，产生了一种令人愉悦的忧郁情调，荒野的关联价值使之成为一种具有巨大影响力的文化景观。

雷德斯代尔的状况也是诺森伯兰北、中部地区的更为普遍的情况。整个地区——从罗马墙到苏格兰边境——都可以被看作是过去历史的再现，尤其是那段旷日持久的战争历史，充斥着暴力袭击和民族仇恨。在《诺森伯兰的浪漫》(*Romance of Northumberland*)(1908)中，阿瑟·格兰维尔·布莱德利总结道："借助自然风貌，诺森伯兰展示了其风暴般的过去。虽然有很多是古老的，但是几乎每一点，无论是完整的还是零碎的都透露着过去战争的气息①。"

当然，这些地区战争气息最凝重的当属城堡、高塔和其他防御建筑。诺森伯兰乡间处处都可见这样的防御建筑，在沃尔特·斯科特爵士的《边境文物》(*Border antiquities*)(1814)和卡德瓦拉德·贝茨的《诺森伯兰郡北部的魅力》(*Border holds of Northumberland*)(1891)等文献中都记载了几个世纪以来该地区高强度和持久的冲突。贵族修建城堡，如宏伟的安尼克(诺森伯兰公爵席位继承人)；先前磅礴大气而现在几乎只剩半残骸的沃克沃斯(图7)；贵族或神职人员建造的皮尔塔(pele towers)；历史学家、后来的伦敦主教曼德尔·克莱格顿，1875年作为恩布尔顿牧师时居住的地方；小企业主建造堡垒型农舍(bastle-houses)，大门离地几英尺以阻止抢劫者闯入。牛棚甚至也被加固②，导致建筑风格延续了军事

---

① A. G. Bradley, *The romance of Northumberland* (London, 1908), p. 13.

② C. J. Bates, *The border holds of Northumberland*, Vol. i (Newcastle-upon-Tyne, 1891).

建筑上的简易，南方的许多山墙、风景如画的木屋“在这里根本不存在”。就像克莱格顿解释的那样，

> 目前，诺森伯兰的景观特点讲述了一个不断抗争的
> 56 故事。诺森伯兰北部的乡村和城镇往往给陌生人留下一种冷清、寸草不生的荒凉感。这里没有古色古香、风景如画的房屋；这里的建筑严谨、简易、牢固。即使在少数几座自诩有建筑之美的古代教堂里，也找不到多少装饰的痕迹。正是因为几个世纪以来，诺森伯兰居民在自己的土地上只是暂时扎营而并非长久居住[①]。

被写进建筑历史的环境记载经常与自然景观不可分割地交织在一起，就像坐落在特威德河岸的诺勒姆城堡一样。沃尔特·斯科特爵士的史诗作品《玛密恩》(*Marmion*)使诺勒姆城堡成为传世建筑，特纳和兰瑟尔共同为其绘制了画作。在此，与苏格兰人发生过多次的战斗和冲突。这些历史关联意味着到 19 世纪末，诺勒姆
57 城堡对于文化遗产意识的游客来说已经成为一个心之向往的重要旅游之地。到 1889 年，随着这类游客数量的一路攀升，在城堡广场还开了一家茶馆[②]。然而，在缺乏纪念冲突的建筑景观中，动荡不安的过去是无所不在的，其中战场就是很显而易见的部分。布兰

---

① M. Creighton, *The story of some English shires* (London, 1897), pp. 13 ff. (p. 22).

② 'Norham Castle', *Monthly Chronicle of North-Country Lore and Legend*, April, 1889, pp. 151—4.

图 7 约翰·格雷格,《诺森伯兰的沃克沃斯城堡》,雕版印刷。出自沃尔特·斯科特爵士的《英格兰和苏格兰的边境古迹》,第 2 卷,(伦敦,1814)。图片由 Print Collector/ Getty Images 提供。

克斯顿附近的弗洛登战场正是类似记忆场所的杰出范例。1513 年,随着苏格兰詹姆斯四世及其贵族战死沙场,英格兰胜利了。这片原本不受欢迎的荒野和农田吸引了大量游客,并在 19 世纪和 20 世纪吸引了大量的文学、历史学者的关注。现在,关于弗洛登战场的历史关联就更多了。然而,过去的感觉仍然弥漫在不引人注目的风景中:它无处不在。1887 年,有作家认为"诺森伯兰边境上荒凉的野地被认为是英格兰的'鸡窝',每一座山丘、每一个山谷、每一条溪流,都在讲述着往昔的故事;在英格兰人和苏格兰人为数不多的几次碰面中,他们会互相攻击"[①]。同期,还流传着另一

① F. Abell, 'A tramp in Northumberland', *London Society*, 51 (February 1887), 161.

种思想："这个国家的每一英亩土地都有一些历史的、传奇的和浪漫的关联[1]。"切维厄特丘陵尤其如此。大片山地地处偏远，无人居住，切维厄特丘陵被认为景观价值不大；尤其是在英格兰境内，人们一看到这片巨大的圆形高地——就像特威德河——就想起它是分割苏格兰和英格兰的"自然屏障"。作为边界地标，它见证了几个世纪以来的盎格鲁-苏格兰人之间的冲突。从贝尔福德或伍勒抬头望向低矮的切维厄特褐色的丘陵中[2]，望着一群群黝黑的切维厄特人，不能不想起"切维蔡斯民谣"("Ballad of Chevy Chase")和奥特本战役；接近苏格兰只有通过"无法超越的孤独"的卡特酒吧，"我们不敢独自行走，因为激烈的争吵和边境的哭喊会随着狂风从皮尔镇和卡特镇飘来"[3]。就像威廉·豪伊特在19世纪40年代所
58 指出的，尽管现代化带来了种种变化——比如拆除古老碉堡[4]——但是，切维厄特丘陵景观却不能简单历史化："丘陵和河流的艺术移不走山川"，"在现代这些肥沃的地区，还都保留着许多地旷人稀的荒野；在那里，传统依然以其连绵不断的顽强力量扎根、发展；在这里，英格兰人与苏格兰人作战；在这里，道格拉斯和珀西倒下了[5]。"

---

① 'Some famous border fights', *Temple Bar*, 93 (November 1891), 387.

② [A. I. Shand], 'The borders and their ballads', *Blackwood's Edinburgh Magazine*, 131(April 1882), 469.

③ P. A. Graham, *Highways and byways in Northumbria* (London, 1920), pp. 278—9.

④ 1460年由大贵族居住的37座城堡，到了19世纪60年代仅有大概四分之一的城堡保持完整：'From the Tyne to the Tweed', *Gentleman's Magazine*, July 1861, 21.

⑤ W. Howitt, *Visits to remarkable places* (London, 1840), pp. 506—7.

因此，人们把这里想象成一片被鲜血浸染的土地，一个在人工建筑和自然环境中经历了几个世纪的冲突的地方。荒野特色至少在较偏远的地区是很有帮助的。正如一位评论家在 1891 年所说，在“诺森伯兰西部战线下那片辽阔、荒凉、鲜为人知的土地上，虽然部分地区现在可能享有较高的耕作水平，但大部分仍然保留原始状态；这在很大程度上回应了 500 年前傅华萨的描述，傅华萨称其为“一个野蛮的、原始的乡村、遍地都是沙漠和高山；一个穷得可怜的乡村，什么都没有[1]”。某种程度上这种描述让其呈现一片恐怖的景象，使人联想到荒凉荒原上的黑暗、血腥，联想到孤立无援、狂风中的城堡及地牢（在苏格兰边境，那些令人生畏的、被毁坏的修道院尤其容易唤起人们这方面的联想：这里是邪恶的苏里斯勋爵本应该把自己卖给魔鬼的地方）[2]。这里，战争、暴力、草菅人命已经成为一种惯常的生活方式。正如 1778 年亨廷森的《诺森伯兰风景》(*View of Northumberland*)中评论的，“野蛮的美国人从未设计出比玷污这些边界更令人震惊的野蛮行径”。“这是两个民族共同的废墟”，这里是一片饱经劫掠、饱受蹂躏的惨景，城镇和村庄被暴怒的人群夷为平地，“英雄人物挺身而出，以最野蛮的方式传播着荒凉，换取野蛮人的回报：相互残杀、毁灭是这两个民族的 59
特点”[3]。

---

① ‘Some famous border fights’,386.

② 到了 20 世纪 30 年代，城堡依然被描述成“边界地区最古怪的地方”，让人不寒而栗的是，它让人想起了残酷的过去：“这座邪恶的城堡看上去荒凉、阴森恐怖、目中无人、孤立无援。没有常青藤攀爬在高墙之上，亦没有任何树木，没有盛开的鲜花来减轻它的荒芜。看上去善良的植物好像都拒绝原谅和或忘记”：P. Brown, *The second Friday book of north country sketches*(Newcastle-upon-Tyne, 1935), pp. 49—50.

③ Hutchinson, *View of Northumberland*, Vol. ii, pp. 67, 99—101.

亨廷森是一位品味高雅又极其敏感的人。从他的评论中，我们感受到启蒙运动对未开化边界的野蛮行径表现了极大的憎恶。然而，万年颤栗是一种更为复杂的反应，昔日的血腥暴力如今正散发着一种黑暗哥特式的吸引力。正如比利·梅尔曼的作品所展示的，维多利亚时代的人们以各种各样的方式想象着过去，快乐的安慰或平静的怀旧绝对不是那个时代的主流①。过往动荡不安，有时甚至因为它的令人不安而受到重视。的确，就像伦敦塔和杜莎夫人蜡像馆，本身可能是非常可怕，让人恐惧。诺森伯兰边界景观与此类似。“如果没有罪恶和恐惧，历史会是个什么样子?”《圣詹姆斯杂志》19世纪60年代发表的一篇关于切维厄特丘陵的文章中，曾有人提问。

> 真相似乎就存在于每个人身上；对无法无天的人和胆大妄为的人有一种直觉上的同情，对犯罪表示默许，这其实就是共谋。我担心大多数人在历史上记录的每一起谋杀和暴力行为发生后，都必须不得不被视为附属品，这可以从征服开始。杜莎夫人是一个传奇：在我们每个人心中都有一个可怕的密室！什么使得切维厄特丘陵和山谷有如此大的吸引力？而事实上，这个切维厄特丘陵地区是三个民族中最臭名昭著、最无法无天的一个，几乎每一个山谷、每一块岩石、每一片废墟都记录着某些人实施的暴力和暴行②。

---

① Melman, *Culture of history*.

② ‘A knapsack and fishing－rod tour on the Cheviots’, *St James’s Magazine*, February, 1862, 301—2.

人们所感知到的边境过去的苦难与和现在的平富形成了令人
愉快的对照，从而推动了民族进步目的论（更后期）的发展，它也和
19 世纪浪漫和中古史学家的情感有关。在诺森伯兰边界，这些情
感或许在民谣文学中体现得最为明显，其中景观和其民族人群相 60
关联，也得益于这种文学的巨大普及。诺森伯兰人，历史学家乔
治·麦考利·特里维廉毫不怀疑，为什么“我们的文化和商业社
会”开始迷恋边境的原始景观和它“割喉式”的历史。其实答案很
简单：“边境人创作了边境民谣[①]。”这些民谣都是边境口述文化的
真实产物，准确地定位在边境风景之中，讲述了英勇冒险的大胆事
迹、勇敢悲壮的死亡、伟大的战斗和伟大的爱情，所有这些故事都
是在跨境冲突和家族宿仇的背景下产生的。尽管民谣传统更多与
苏格兰的切维厄特丘陵联系在一起，但是它同样根植于诺森伯兰
郡边境的乡村，并在整个 18 世纪和 19 世纪由四处游荡的小贩、修
补匠和风笛手延续下来（比如以恶作剧出名的吉米·艾伦）。民谣
和曲调让人想起“祖先暴力却又令人钦佩的事迹”[②]，这真实地存在
于民俗文化中，存在于分散在诺森伯兰北部景观上的那些偏僻孤
立的村庄、农舍和牧羊人小屋的日常琐碎生活中。18 世纪 50 年代

---

① Trevelyan, 'Middle Marches', 346. For Trevelyan on ballads, see also G. M. Trevelyan, *A layman's love of letters* (London, 1954), pp. 85ff.

② *A historical and descriptive view of the county of Northumberland*, 2 vols. (Newcastleupon-Tyne, 1811), Vol. i, p. 230. For Allan (1734—1810), see J. Thompson, *A new, improved, and authentic life of James Allan* (London, 1828)，关于他的 19 世纪晚期持续的文化存在，see R. Welford, 'James Allan, piper and adventurer', *Monthly Chronicle of North-Country Lore and Legend*, 4 (June1887), 145—6.

和60年代，在埃尔特林厄姆附近的彻里伯恩的泰恩河畔长大的木口木刻之父托马斯·比维克回忆到，

> 冬天的夜晚经常听传统的故事和民谣，都是关于在边境战争中取得重大胜利、表现勇敢、品质高尚的杰出人物的故事。我以前特别喜欢关于先辈们的故事。[1]

这种口述逐渐转化为书面记录。托马斯·珀西主教的《古代英格兰诗歌遗风》(*Reliques of ancient English poetry*)(1765)收纳
61 了大量的诺森伯兰郡民谣(著名的“切维蔡斯民谣”是1711年约瑟夫·艾迪森的《旁观者》中认为的“英格兰平民最喜爱的民谣”)[2]。它极大地激发了大众和精英对民谣文学的兴趣，并且被多次再版[3]。沃尔特·斯科特爵士在吸引人们注意边境独特的风景和文化方面贡献最大——既有诺森伯兰边境的也有苏格兰边境的[4]。毫无疑问斯科特本人就受到了景观很大的影响，1791年，他住在诺森伯兰伍勒附近的一个农舍里，和他的叔叔罗伯特·斯科特一起

---

① T. Bewick, *A memoir*, ed. I. Bain (Oxford, 1979[London, 1862]), p. 8.

② T. Percy, *Reliques of ancient English poetry: Consisting of old heroic ballads, songs, and other pieces of our earlier poets, (chiefly of the lyric kind) together with some few of a later date* (London, 1765); Trevelyan, *Layman's love of letters*, p. 86; *Spectator*, 21 May 1711.

③ J. Reed, *The border ballads* (Stocksfield, 1991) pp. 2—3, 124—8.

④ “事实上，沃尔特·斯科特爵士到来之前，没有一篇是真正关于诺森伯兰的散文，也没有一篇关于在诺森伯兰生活经历的散文”：W. 鲁迪克，“沃尔特·斯科特爵士的诺森伯兰”，in J. H. Alexander and D. Hewitt (eds.), *Scott and his influence* (Aberdeen, 1983), pp. 22—30 (p. 22).

度假，这段经历对他日后的性格形成非常重要。在他给威廉·克拉克的书信中，他置身于能想象到的最狂野、最浪漫的自然环境中：

> 更令我满意的是，这里是因昔日丰功伟绩而闻名遐迩的地方之一，每座山上都有一座塔、一座营地或一座石碑；没有其他地点能让你比这里更接近战场：弗洛登、奥特本、切维蔡斯、福特城堡、奇林汉姆城堡、科普兰城堡等许多著名战役，都是在一个上午罗盘所指示的行驶范围之内[①]。

边境景观丰富的历史联想启发了斯科特的写作——尤其是《玛密恩》，关于弗洛登战役的史诗非常受欢迎[②]。此外，还有著名的小说《罗布·罗伊》(*Rob Roy*)，前半部分以诺森伯兰为背景，对科凯特岛高地的偏远山谷风情甚至当地的乡村建筑进行了准确、
引人入胜的描述[③]。然而，除了对这些虚构作品的贡献之外，边境 62
的传奇景观也激发了斯科特的实地考察。1792 年，与他叔叔一起从利德代尔等地的农民和牧羊人那里收集民谣等民俗材料(给他提供信息的人当中最有名的就是“艾特里克牧羊人”詹姆斯·霍

① Letter to William Clerk, 26 August 1791, in W. Scott, *The letters of Sir Walter Scott 1787—1807*, ed. H. J. C. Grierson, 12 vols. (London, 1932), Vol. I, pp. 18—19.

② W. Scott, *Marmion*: *A tale of Flodden Field* (Edinburgh, 1808).

③ Ruddick, 'Scott's Northumberland', pp. 27—8.

格)，集结出版了《苏格兰边境民谣集》(*Minstrelsy of the Scottish border*)(1802—1803)[①]。虽然口音还是在苏格兰边境地区的，但是民谣在国境线两边的流行文化中很常见，尤其是关注边境冲突、暴力突袭和劫掠者事件和主题的。此外，民谣流传于边境两侧地区中，纪念的事迹通常是在英格兰土地上发生。比如，弗洛登战役、奥特本战役、霍弥尔顿战役在苏格兰的贝里克郡和罗克斯堡郡的边境民谣中传颂，但是实际上这些战争的发生地都在诺森伯兰。

在珀西和斯科特的推动下，边境民谣在 19 世纪的文化中占据了重要的地位。他们塑造了人们在荒凉的荒原惨死的场景，呈现了一幅幅血腥的历史情景，许多场景与杜莎夫人蜡像馆的恐怖屋如出一辙：在"切维蔡斯民谣"的抨击版中，托马斯·威德林顿爵士在奥特本战役中双腿被砍断后，一直用自己的残肢战斗到最后[②]。但是民谣的血腥描述因强调宏达的戏剧性、人类(生命、死亡和爱情)的悲剧性、战场内外表现出来的英勇、荣耀的品质而得以缓和；某种程度上，他们都等同于古希腊诗歌。诗人艾尔佛莱德·诺伊斯在介绍 1908 年版的斯科特的《苏格兰边境民谣集》时，发现民谣

---

① W. Scott, *Minstrelsy of the Scottish border*: *Consisting of historical and romantic ballads*, *collected in the southern counties of Scotland*, 3 vols. (Kelso, 1802—3); Mark Girard, *Return to Camelot*: *Chivalry and the English gentleman* (New Haven and London, 1981), p. 34; J. Sutherland, *The life of Walter Scott* (Oxford, 1995), pp. 46—7, 69—87.

② "For Witherington needs must I wayle/as one in doleful dumps, /For when his legs were smitten of, /he fought upon his stumpes": Reed, *Border ballads*, p. 125.

中“我们感受到浓郁的荷马史诗般的风格”[1]。不管大家效忠的是英格兰还是苏格兰，他们所歌唱的事迹都带有英雄主义色彩。导游手册和地形学文献照例把民谣中的战斗描绘成英勇的斗争，突显双方的勇敢和武士精神[2]。 63

民谣强调战斗中士兵的正面素质，尽管他们在战斗中可能表现得野蛮残忍，容易受到破坏性情绪的伤害，但是他们的行为都遵循道德准则，这种准则与维多利亚和爱德华时代的骑士思想相关联，后者被认为是中世纪社会的特征[3]。在民谣和相关评论中，战斗中的战士通常被描绘成忠于朋友，尊重女性，很少故意或肆意残忍；他们被描绘成荣耀而高贵的人，后一种品质由于边境两边大家庭后代的参与而得到进一步强化——珀西家族、道格拉斯家族以及和他们类似的大家族——当然，还需要考虑到边境地区是两个民族的共同战场，以及两个民族的最高领导人[4]。此外，这些高贵品质至少在19世纪的边境两边都是存在的。英格兰和苏格兰在这一点很相似——即便是对于那些可能被认为是民族主义评论家或

---

① W. Scott, *The minstrelsy of the Scottish border*, ed. A. Noyes (London, 1908), p. xi.

② See, e. g., J. F. Terry, *Northumberland yesterday and today* (Newcastle-upon-Tyne, 1913), pp. 179—84, 187 ff.

③ For which, see Girouard, *Return to Camelot*.

④ See, e. g., [Shand], 'Borders and their ballads'; 'Some famous border fights', esp. 385—6; 'History and poetry of the Scottish border', *Blackwood's Magazine*, 153 (June 1893), 866; E. Bogg, *A thousand miles of wandering in the border country* (Newcastle-upon-Tyne and York, 1898), p. 197; Graham, *Highways and byways in Northumbria*, pp. 282—4.

有党派评论家[1]也是如此。这样，边境景观历史从亨廷顿和 18 世纪其他评论家所认定的残酷、荒凉的杀戮之地改转变成一幅充满传奇色彩的浪漫风景画——当然，其中少不了恐慌和悲剧，但是依然和高贵的思想、行为、勇敢和荣誉密切相关。这种观点很好地体现在安德鲁·朗和约翰·朗合著的《边境的高速路和小路》(*Highways and byways in the border*)(1913)开篇的句子中："'边境'是
64 一个神奇的词汇，在这条边境线的两边，上演着英格兰人和苏格兰人不断变化的胜败经历。两边都是被施了魔法的土地，充满了对历史战争和虚幻故事的回忆、对突袭和重建的回忆，对很久以前的爱情和战斗的回忆[2]。"

民谣以及由其激发的现代诗歌的流行重建了边境的历史和风景，这种重建修复是永久性的。1887 年，在伦敦举行的一场水彩画展览开幕式上，绘制了斯科特的边境民谣中的一些场景。《星期六评论》注意到，沃尔特·斯科特持续受到欢迎，他的作品赋予景观生命。"他所描绘的每一个地点——无论是修道院、庄园、老庄园、护岸田庄、荒地、战场、平原还是山口——都已经因斯科特的描写变成无数崇拜者不朽的朝圣地[3]。"当然，随着时间的推移，斯科特作为作家的声望逐渐消退，但至少在 19 世纪 90 年代之前，他所产

[1] See, e. g. , M. A. B. Hamilton, 'The border ballads', *National Review*, 5 (May 1885), 349.

[2] A. Lang and J. Lang, *Highways and byways in the border* (London, 1913), p. 1.

[3] 'Borderland scenery exhibition', *Saturday Review*, 23 April 1887, p. 586.

生的影响是如此重大[1]。他对边境景观和历史的重新解读,对边境的塑造产生了巨大影响。斯科特将广大游客和更广泛的文化情感带入了 20 世纪。1893 年,一位评论家断言,多亏有斯科特,“边境区域才变成了一片迷人的土地……无论是哪里的英语,山丘、峡谷和溪流的名字都成了家喻户晓的词汇”[2]。

对苏格兰和英格兰双方所表现出的高贵品质的强调,揭示了所谓的英国议程——与斯科特的个人特点完全匹配,在阐述格雷姆·莫顿所说的“统一民族主义”时,他扮演的角色被历史学家广泛评论[3]。事实上,19 世纪,苏格兰和英格兰的边境被重新定义为统一景观(Unionist landscape)。或许,统一景观印象中最常被印证的地点是弗洛登战场。作为 1513 年血腥战争的发生地,弗洛登战场的确是一个充满恐怖和悲剧的地方。但是在 19 世纪,弗洛登战场还尚未成为两个动荡不安的统一民族之间冲突分裂的里程 65
碑,此地是一片弥漫着浪漫和勇气的土地。当然,斯科特的《玛密恩》起到了很重要的作用。它的深远影响有助于保护战场仍然作为一个重要的文化历史地标——事实上,的确有越来越多的游客来这里参观,很明显游客们的兴趣只是受大众杂志和精英杂志,更

① D. Hewitt, ‘Scott, Sir Walter (1771—1832)’, *Oxford dictionary of national biography*(Oxford,2004).

② ‘History and poetry of the Scottish border’,865.

③ G. Morton,*Unionist-nationalism*:*Governing urban Scotland*,*1830—1860*(East Linton,1999);C. Kidd,‘The canon of patriotic landmarks in Scottish history’,*Scotlands*,1 (1994),1—17.

不用说旅游指南了，对这一地点的报道所激发的[1]。作为附近的福特村村长，内维尔非常恰当地评价了游客对这个地方的兴趣，正如他在1896年写道：

> 沃尔特·斯科特爵士创造了奇迹，把一种浪漫气息移植到战斗场景中。这里以前是悲怆的、悲伤的，在苏格兰人的心中能够激起人们在听《森林之花》产生的哀怨。现在两个民族之间的仇恨已经平息，时间也已经治愈了那些深深的创伤；历史也解释了古代战争的错误。弗洛登战场有玛密恩、德威尔顿和克莱尔女士的故事要讲，对西比尔·格雷之井的探索通常和那些研究战场的人一样热切[2]。

《玛密恩》和与之相关的过去的解读使得弗洛登景观被当作神话历史，其中包含的恐怖和血腥被民谣的浪漫和魅力所抵消。时间距离的增加起到了一定的作用，尤其是当被许多纯文学和虚构

---

① See, e. g., G. Eyre-Todd, 'Flodden's fatal field', *Gentleman's Magazine*, 268 (February 1890), 171—6; A. G. Bradley, 'Flodden field', *Macmillan's Magazine*, 24 (October 1907), 951—9; W. S. Dalgleish, 'Flodden or Branxton?', *Good Words*, 34 (December 1893), 669—77; Revd Canon Butler, 'Flodden field and the vale of till', *Leisure Hour*, November 1882, 677—81. 比阿特丽克斯·波特就是对弗洛登着迷的人之一，1894年夏天，她在冷溪市附近度假时，多次前往战场参观。L. Linder (ed.), *The journal of Beatrix Potter 1881—1897*, new edn (London, 1989), pp. 329, 334, 341, 344, 349—50, 352, 355, 360.

② H. M. Neville, *Under a border tower: Sketches and memories of Ford Castle, Northumberland* (Newcastle-upon-Tyne, 1896), p. 258.

文学模糊放大时。(这场战争及其背景是诗歌、戏剧和散文的主体,其质量各不相同,最糟糕的可能是艾尔弗莱德·奥斯汀的诗歌 66 戏剧《弗洛登战场》(*Flodden Field*),它于1903年6月在伦敦女王剧院演出。)[1]然而,与此相关,还有另外一个因素:战场不断变化着的视觉风貌。1513年,弗洛登还是一片未开化的荒野,为展开悲伤性的悲剧设置了一个恰当的凄凉环境。但是与王冠的结合——尤其是18世纪后期农业的进步——使这里和诺森伯兰其他地方的景观发生了巨大的变化,改变了乡村作家理查德·希斯所谓的“近乎自然的状态”[2]。和平、技术创新和圈地使这片荒凉的土地变成了牧场,有的地方变成了连绵起伏的玉米地。亨廷森等早期批评家曾直截了当地赞赏了这一点,庆祝过去那些长久又残酷的冲突最终被农业和繁荣所取代,这在很大程度上要归功于统一的影响[3]。然而,后来的解读更加复杂。维多利亚早期的作家威廉·豪伊特认为,统一对弗洛登景观产生了革命性的影响。回顾自己参观战场的经历,威廉发表了《参观著名的地点》(*Visits to remarkable*

① A. Austin, *Flodden field* (London, 1903).“如果把弗洛登战场称为一个强队,那是一种过分夸张的说法”,这是《泰晤士报》的理性判断,9 June 1903, p. 9。

② R. Heath, ‘Northumbrian hinds and Cheviot shepherds’ [1871], R. Heath, *The English peasant* (London, 1893), pp. 207—15.

③ 他问道:“大不列颠联合国给这片土地带来了什么样的祝福呢?”“居民的残暴被压制了……文明,还有山谷里很多美丽的笑声,溪水被用于机械劳动,以帮助制造业;每条小河和海湾都挤满了船只;那座阴暗的塔,从每一个显赫之处都紧皱眉头蔑视着,在尘土中沉默,而一座宫殿却在用它所有的财富与和平来接待它主人的后裔。沙漠平原被屠杀玷污了,被掠夺和暴力所追踪,以前是一片荒凉的广阔景象。现在,此处不断长高的森林、封闭的农场、村庄和小村庄都在财富的威胁下得到了处理。”Hutchinson, *View of Northumberland*, Vol. i, pp. 130—4.

places)，把场地作为“统一效果的具体体现”，“那里的名字确实很幽暗凄凉”，

> 我们惊奇地发现，诗人们的“黑暗弗洛登”依然如此美丽、如此文雅；一片富饶的玉米地和舒适的农场……不同级别的掠夺者和士兵过去常常在苔藓地和荒地上驰骋，现在那些地方变成了最肥沃的草地和最美丽的田野。
> 67 过去两个民族之间的道路——被战火和刀剑蹂躏、被鲜血浸透的荒芜之地只剩下可怕的回忆——现在变成了一个花园。

豪伊特总结到，两个民族现在已经融合为一体，与双方展现出的如此英勇的景象非常相称[①]。

然而，这片贫瘠土地的统一也带来了危险。尤其，随着时间的推移，犁地以及现代农业的所有益处可能会改变人们对这片土地的认识，从而抹杀了人们与历史和文学之间的联系。而正是这些联系提醒着人们发生在这片土地上的血腥又浪漫的过去。豪伊特对此很敏感，他甚至担心“进步”的步伐在弗洛登进行得太过，危及了历史著作和《玛密恩》中所描述的战场上遗留下来的有形痕迹，他还拒绝有遗产观念的访客访问网站。詹姆斯四世在战前考察军队部署的那座山，山上采石是一个令人担忧的问题，另一个问题是

---

① Howitt, *Visits to remarkable places*, pp. 189—90.

迄今为止仍可自由通行的荒野被圈地[1]。后期的批评家则更为直率,一位19世纪80年代的英格兰游客表示,“这个民族的面貌已经发生了巨大的变化,以至于人们几乎不能描绘出370年前英格兰和苏格兰勇士们的景象[2]。”

这种与过去失联的威胁导致了一种纪念反应,迫使战场为明确的统一民族主义服务。1907年,贝里克郡的博物学家俱乐部双方人数几乎相等,谈论了在弗洛登战场建立纪念碑纪念战争的提议。这个提议是弗朗西斯·诺曼的主意,他是海军军官、特威德河畔贝里克市的前市长、著名的历史学家。该提议被采纳,在盎格鲁-苏格兰委员会的指导下展开筹款活动。盎格鲁-苏格兰委员会由诗人、作家、苏格兰边境地区的凯尔索人乔治·道格拉斯爵士负责管理[3]。最终,这里用阿伯丁花岗岩建造了巨大十字架——据说詹 68
姆斯国王就是在布兰克斯顿荒原的派珀山上摔倒——1910年9月27日十字架完工,至少有1000人围观其揭幕。纪念碑北侧的一个简单的牌匾上面写着:“弗洛登/1513/献给两个民族的勇士们。”这一题词成功地表达了组织者的统一民族主义心态:这是一场势均力敌的战斗,双方士兵在激烈的战斗中表现出了可媲美的英勇。因此,英格兰人和苏格兰人应该联合起来,共同纪念两个民族祖先

---

① Howitt, *Visits to remarkable places*, pp. 191—3.

② Abell, ‘Tramp in Northumberland’, 167.

③ P. Usherwood, J. Beach and C. Morris, *Public sculpture of north-east England* (Liverpool, 2000), pp. 21—2; *History of the Berwickshire Naturalists' Club*, 20. (1906—8), 273—4, 307; ‘The Flodden memorial’, *History of the Berwickshire Naturalists' Club*, 21 (1909—11), 165—8.

的英勇，保护弗洛登景观——现在已经发生了很大的变化——与这个共同遗产之间的关联。在揭幕仪式的讲话中，乔治·道格拉斯表达了联合纪念的主题，强调了昔日的对手联合走到了一起——今天，“我们的双手共同创造了一项事业——我们的心在一起”①。这座纪念碑被用于纪念英格兰和苏格兰之间年深久远的对抗，两个伟大民族之间的对抗，但是这已经成为过去——统一和平带来的益处让两个民族之间的对抗黯然失色。大家都说它达到了目的。1916 年，一本旅游指南把该纪念碑推荐给游客，称之为“是对过去勇敢的辉煌与现在统一的纪念”②。它也融合了边境两地免租的当地礼仪传统。正如诺森伯兰作家南希·瑞德利在 20 世纪 60 年代报道的那样，每年 8 月，人们在十字架前放上花圈，配合冷溪市(Coldstream)的市民周，与此相关的布道和演讲会在布兰克斯顿山举行，借此向很久以前在弗洛登战场战斗过并牺牲了的苏格兰人和英格兰人致敬③。

以这种方式，弗洛登景观被重新定义为服务于统一民族主义的目标。文化突出了自边界冲突停止以来所取得的进展，但与过去的联系，这些有可能被割断的改善依然通过纪念的形式维持。保留被改变的地貌的历史关联，使过去的冲突与目前的和平形成
69 鲜明对照，弗洛登成为了英国民族进步的景观之一。对于整个诺森伯兰边界景观来说，情况也是如此，历史关联的保留是否能通过

① ‘The Flodden memorial’, 167.

② E. Morris, *Northumberland* (London, 1916), p. 162.

③ N. Ridley, *Portrait of Northumberland*, 4th edn (London, 1973[1965]), pp. 128—9.

纪念、历史和古物文献、文学等不同方法的结合来实现。其他战场也展现了乡村繁荣的和平景象，也提供了体会苔藓丛生的浪漫过去的机会。奥特本就是这样的一个例子，这是一个像弗洛登一样的地方，现在已经被农业改良过了——包括圈地——但是它和历史的关联保留了下来，主要是因为位于战场附近的一座纪念碑（珀西十字架——比布兰克斯顿山的十字架时间还要久远）[①]。

在诺森伯兰的很多其他地方，现代化给人的印象仍然不如弗洛登或奥特本那么强烈：城堡和其他防御建筑大量留存，许多荒原和丘陵——就像卡特酒吧一样，是通往苏格兰的古老路线，也是无数冲突的原发地——并没有被犁耕或圈地所染指[②]。但是即便如此，很多城堡和皮尔塔还是被摧毁了，这不仅突出了它们独特的如画风景的魅力，也凸显了过去一去不复返的不可重现性。边境冲突的日子早已一去不复返，它们属于受民谣和斯科特启发下的传说史。因此，充满想象的重建或修复并不会重塑旧日仇恨的危险，反而提供了一个愉快的机会，让人们在切实的进步和改善中，对历史的连续性进行浪漫的遐想和反思。19 世纪 90 年代内维尔写道，毫不怀疑诺森伯兰的景观整体的影响力，它充满了“浪漫”和历史关联的魅力。到处都是被摧毁的城堡、塔楼、古老的礼拜堂、战场以及广袤的荒原和丘陵，景观可以通过富有想象力的重建恢复它的“人气”，骑士品质、世仇、战争等历史风暴都再次跃然纸上。通过这种方式接触景观，内维尔说，

---

① Abell, ‘Tramp in Northumberland’, 163.

② [Shand], ‘Borders and their ballads’, 468—9.

> 在实际生活的日子里，我们会比我们想象的更真实、
> 70 更愉快地看待现在。当我们环顾四周时，一开始总想知道：我们现代人生活的浪漫在哪里呢？尽管看到的都是确凿的事实，但是我们还是会调整我们的视线使之与我们所看到的相匹配。在边境居民的生活和生活方式上，还会有一些甜蜜。总之，我们可以得出这样的结论：古代的骑士、武士、女士、男女修道士并没有完全垄断和耗尽生活中所有的浪漫。如今，在只有一间房间的农舍和萝卜田地里呈现的英雄和美德可能与昔日高塔和战场上的英雄和美德不失毫厘[①]。

边境景观的历史关联保证了浪漫过去的延续性。它蕴含的民族冲突已经成功地为统一民族主义目的重新塑造，以至于有时很难辨别边境的界线，或者说，很难识别边境两边地形的差异。某种程度上，诺森伯兰边境与苏格兰、英格兰有着共同的历史渊源。在这片土地上，任何人都很难自信满满地宣称对其拥有绝对所有权。这种不确定性在特威德河畔贝里克尤其明显。19 世纪末 20 世纪初的旅行家在这个小镇上发现了苏格兰和英格兰英语混杂使用的“混合方言”，就像托拜厄斯·斯莫利特在 18 世纪 60 年代所使用的语言一样[②]。边境线将以其名字命名的郡分开，其地理位置不符合逻辑，即在切维厄特丘陵作为边境之前，特威德河是东部区域的国

---

① Neville, *Under a border tower*, pp. 272—4.

② Bradley, *Romance of Northumberland*, pp. 134—5; Cf. T. Smollett, *The present state of all nations*, 8 vols. (London, [1768]—69), Vol. ii, p. 274.

界线。这种逻辑根深蒂固，在阿瑟·格兰维尔·布莱德利年轻时的误解中可见一斑：当布莱德利乘坐火车经过横跨贝里克的特威德河上的罗伯特·史蒂芬森设计的皇家边境大桥——1850 年通车，作为《联合法案》最后一项[1]而备受瞩目——时，他说“我到苏格 71
兰了”。苏格兰人的思想尤其容易受到对贝里克景观误读的影响。后来，布莱德利在同一座桥上旅行时，无意中听到一个苏格兰人对他的朋友说，“又要回到苏格兰了！”这句话引起了诺曼司令（弗洛登纪念碑的著名人物）的谴责。诺曼司令当时碰巧坐在同一辆马车上，给“那些要回家的苏格兰人上了一堂终生难忘的地理课”[2]。然而，尽管诺曼是正确的，但是事实证明，贝里克仅仅是一个极其不确定的英格兰的城镇，这种印象几乎是不可能消除的[3]。也有人认为，它呈现了阿瑟·梅后来所说的一种独特“且粗犷的个性氛围”，某种程度上独立于两个民族[4]。很少有人用英格兰人的排他性或同质性定性它的特征。

诺森伯兰边界的其他地区也是如此。史蒂芬·奥利弗在 1835 年写了一篇关于基尔德周围乡村荒原的文章，认为“每个王国的准确边界都‘病入膏肓’”[5]，75 年后，布莱德利访问统一地区时也发出

---

① *The Times*, 31 August 1850; *Newcastle Courant*, 30 August 1850; S. Smiles, *Lives of the engineers. The locomotive: George and Robert Stephenson*, new edn (London, 1879), pp. 310—12; A. G. Bradley, *When squires and farmers thrived* (London, 1927), pp. 63—4.

② Bradley, *When squires and farmers thrived*, pp. 63—4.

③ *Ibid.*, p. 65.

④ A. Mee (ed.), *The king's England. Northumberland: England's farthest north* (London, 1952), pp. 5, 40—1.

⑤ Oliver, *Rambles*, p. 163.

了同样的感慨[1]。此外，即使地形看起来确实呈现出一条明确界定的边界线，就像特威德畔河贝克里情况一样，景观体验常常模糊了国家的边界。苏格兰作家艾格尼斯·赫伯特在 20 世纪 20 年代探访冷溪时，提到：

> 离开冷溪时，我努力寻找着一条分界线。最终也没有发现任何一条分界线。我到底在期待什么呢？原以为苏格兰一定会与存在感极强的诺森伯兰不同。但实际上并没有，两者之间的区别并不明显！在路边吃草的羊群
> 72 都是低地地区舒适、喂养良好的动物……还有那一堆堆又小又圆的干草堆[2]。

并不是说所有边境景观的解读都回避了差异。特纳的《特威德河畔的诺勒姆城堡》(*Norham Castle on the River Tweed*)(约 1822—1823)中的界线远远没有"病入膏肓"，在这幅画作中，特纳似乎在发表一份明确的英格兰民族主义声明。正如大卫·希尔指出的，从画中可以很明显地看出河的哪一边是英格兰，哪一边是苏格兰。很明显，英格兰这一边比苏格兰那一边更先进、更繁荣、更有统治地位、更有优越性。希尔评论道，特纳"似乎有意让我们记住这是最显著的边界特征，因为左边的人穿格子呢……英格兰这一边是气势恢宏的诺勒姆城堡，另一侧只是破旧的小茅屋。英格兰

① Bradley, *Romance of Northumberland*, p. 293.

② A. H. Cooper and A. Herbert, *Northumberland* (London, 1923), pp. 3—4.

图 8 J. M. W. 特纳,《特威德河畔的诺勒姆城堡》,约 1822—1823 年,纸本水彩。复制于 W. G. 劳林森,A. J. 芬贝里,《特纳的水彩画》(伦敦,1909)。图片由 Print Collector/ Getty Images 提供。

人用帆船工作,苏格兰人则用划艇。英格兰这一侧有牛。英格兰和苏格兰的财富对比很明显,这种鲜明的对照成为冲突的根源,两 73
个民族的冲突又促使了城堡的修建”[①]。

但是整体上看,随着时间的推移,这种对边境景观的解读越来越稀少,尤其当苏格兰人和苏格兰人融入到了英国共同特性的主导意识形态中[②]。特纳的画作把特威德河北岸的景观和其居民描

---

① D. Hill, *Turner in the north: A tour through Derbyshire, Yorkshire, Durham, Northumberland, the Scottish borders, the Lake District, Lancashire and Lincolnshire* (New Haven and London, 1996), pp. 88—92.

② Colley, *Britons*, remains the classic account of this process.

绘成异类和低等人群，但是到了19世纪初期，持这种看法的只是少数人。对于英格兰的爱国者来说，除了多佛白崖之外，他们能够越来越多地发现在不列颠群岛外的"他者"文化①。

那么这对诺森伯兰边界景观和英格兰特性之间的关系又意味着什么呢？一种解释是，接近苏格兰的地理位置淡化了而不是激化了英格兰民族主义者的情绪：豪伊特所称的边界线的融合使得这片土地失去了民族性，也许至少在某些人看来，这片土地更像是苏格兰人的而不是英格兰人的②。一位赫特福德人玛图恩创作的《诺森伯兰小指南》，1916年出版第一版，描述了与该国景观的一次邂逅，"人们在任何地方都能接触到喀里多尼亚人的性格"。在这荒凉多丘陵的边境小镇上，苏格兰人的特性特别明显。"荒原是苏格兰的荒原，溪流是苏格兰的溪流；人造木材、沼泽地里的黄果树、丘陵地带的小村庄，所有这些都莫名地让人联想起在别处观察到的或感觉到的东西。"《指南》总结道，"这里的景观本质上是苏格兰的③。"然而，这不是一个常规的观点。虽然人们可能已经认识到苏格兰对该景观的各种影响，但是北诺森伯兰景观通常还是被看作是英格兰人的。事实上，对英格兰特性的自信并不难找到：距离苏格兰只有40英里左右的赫克瑟姆对一句以"英格兰的心脏"为特色

---

① Colley, *Britons*, remains the classic account of this process. , and see also L. Colley, 'Britishness and otherness: An argument', *Journal of British Studies*, 31 (1992), 309—29.

② Howitt, *Visits to remarkable places*, pp. 189—90.

③ Morris, *Northumberland*, pp. 4—6.

的城市格言感到高兴[①]。可以看出，诺森伯兰边境的英格兰特性是 74 与众不同的，这与豪金斯等人在“南方田园话语”中提出的观点形成了鲜明对比[②]。英格兰的边境景观与一种特定区域和民族归属感联系在一起，这种归属感让人对笼统的概括产生怀疑——假设的、口头的、非口头的——怀疑英格兰民族认同的单一性特点。多年来，我们一直认同英国是一个“多重身份联盟”的观点[③]，英格兰认同的多样性也该得到同样充分的承认，诺森伯兰边境相关的含义和解读在这方面很有启发性。

在英格兰的边境语境中，景观既被看作身份的代表，也被视为身份塑造背后的因素，后者很重要。几个世纪以来，北诺森伯兰的口音广受议论——尤其是莎士比亚的《亨利四世第二部》(*Henry IV*，*Part II*)，珀西夫人说起她死去的丈夫霍茨波，诺森伯兰伯爵之子时描述道：“说话粗鲁，他所在的生活环境导致了这个缺点，/变成了勇士们的地方口音[④]。”这种口音尤其值得注意的是对字母“r”非常规的发音，或者说这个字母不发音。诺森伯兰人发颤动小舌(或舌尖)的 r 音。19 世纪 50 年代，赫克瑟姆工人对游客称赞他的醋栗时的反应，可以很恰当地反映这一情况：“是的，the

---

① A. B. Hind, in Northumberland County History Committee, *A History of Northumberland*, 15 vols. (Newcastle-upon-Tyne, 1893—1940), Vol. iii [1896]: *Hexhamshire*, Part i, p. 19.

② Howkins, ‘Discovery of rural England’.

③ L. Brockliss and D. Eastwood (eds.), *A union of multiple identities: The British Islesc. 1750—c. 1850* (Manchester, 1997).

④ W. Shakespeare, *Henry IV*, *Part II*, Act II, Scene 3.

bawies aw fine this yeaw①。”18 世纪和 19 世纪初的评论家，对这种口音进行了尖锐的批评，认为这种发颤动小舌的 r 音是一种未开化的语言缺陷：18 世纪 20 年代的笛福和 18 世纪 60 年代的斯莫利特把这种发音方式称为是一种“陈规陋习”，后者称这个声音好似“白嘴鸦的叫声”②。正如笛福等人认为的，这种发颤动小舌（或舌尖）的 r 音是这个地区居民的骄傲，也是这个社区所有阶层
75 人的骄傲，不区分贫者与富者，这种现象直到很久以后才有所改变③。

发颤动小舌（或舌尖）r 音无论是被贬低还是被视为骄傲，它都是诺森伯兰边界特殊环境和景观的产物，语言学对这一现象研究的结论是一致的④。当然，这一地区的与世隔绝和通讯不畅有利于它的沿用，在 20 世纪后期这种发音逐渐消失正是它偏远特性的减

---

① W. White, *Northumberland and the border* (London, 1859), p. 60, “‘他们在窑里少什么？’我向奥温顿的一个女士打听；虽然她想说烧砖（brick），但是说成了‘B-hick’。”

② Defoe, *Tour*, Vol. ii, p. 662; Smollett, *Present state of all nations*, Vol. ii, p. 266.

③ Defoe, *Tour*, Vol. ii, p. 662. 芭芭拉·查尔顿嫁到贝灵汉附近赫斯利赛德庄园的查尔顿，1839 年当奶奶抵达她的新家时，83 岁的凯瑟琳·芬威克的口音让她大吃一惊，凯瑟琳是她丈夫的曾姑母。芭芭拉回忆道，凯瑟琳是一位衣着讲究，“相貌清秀”的女士；但是，“让我吃惊的是，她说的却是粗犷的诺森伯兰语”，这是我第一次听到那种古怪、唱歌一样的口音；第一次见识一位打扮得像公爵夫人，说话口音却像厨娘的状况，对我来说是一个很奇怪的经历。但是没过多久，我就慢慢爱上了莎士比亚在《亨利四世》中让人印象深刻的发颤动小舌（或舌尖）的 r 音。B. Charlton, *Recollections of a Northumbrian lady 1815—1866* (Stocksfield, 1989 [1949]), p. 123.

④ C. Pahlsson, *The Northumbrian burr: A sociolinguistic study* (Lund, 1972).

少和可及性日益增加的结果。发颤动小舌(或舌尖)r音并没有出现在工业化和城市化的南部区域。在泰恩河畔纽卡斯尔举行的选举请愿活动中,两名法官很难辨认来自边境的证人的方言①。沿切维厄特丘陵和特威德河划分②的北部边境地区,苏格兰一侧未发现发颤动小舌(或舌尖)r音,但是一越苏格兰边境,颤音r就很常见。正如安德森·格雷厄姆在1920年所报道的,在苏格兰边境的拉迪柯克(Ladykirk)地区,一位来自诺勒姆的乡村旅行者与苏格兰浓重的口音相得一见③,都发颤动小舌(或舌尖)r音。作为北诺森伯兰的一个显著特色,且与其景观密切相关,发颤动小舌(或舌尖)r音是归属与区别的重要标志。正如语言学研究指出的,它的强有力和持久性,以及它与地域的密切联系,很可能是一种表达的渴望——有意识地或无意识地——在边境地区保持着认同上的差异④。北诺森伯兰还存在其他特征,就像发颤动小舌(或舌尖)r音一样,与景观密切相关。当地人的性格特点是其中之一。许多评 76
论家都认为,边境的自然环境对边境居民的性格塑造起到了至关重要的作用。早期的作家往往对荒凉的荒原风光不感兴趣,其寓意也是显而易见的——粗犷的环境产生粗鲁的人,他们在过去几

① Revd J. Christie, *Northumberland: Its history, its features, and its people* (Carlisle, Newcastle-upon-Tyne and London, 1893), pp. 125—6.

② Pahlsson, *Northumbrian burr*, p. 24.

③ Graham, *Highways and byways in Northumbria*, p. 43.

④ K. Wales, *Northern English: A social and cultural history* (Cambridge, 2006), pp. 100—2, 170 (p. 100); Pahlsson, *Northumbrian burr*.

个世纪的贪婪习惯很大程度上是地形的作用①。这片荒野从未被开垦，远离名声和民族权力，承载了民族和宗族之间的仇恨，这些都助长了草菅人命的普遍现象，从生活在这片地区的人身上依然还能找到这种目无法纪的痕迹。1811 年的《诺森伯兰的历史和描述观点》认为，该城镇边境地区的居民与其他地方的居民在性格上依然有着很大不同。他们的举止类似于他们所生活的粗犷的乡村，“粗鲁无礼且淳朴”。虽然他们与世隔绝，住在偏僻的村庄和山坡上的农舍里，但是依然保留着“先辈的庸俗观念和地域偏见”②。

随着时间的推移，态度发生了转变。再次回忆起历史景观使人想起那些血腥而浪漫的过去，让该地区今天的居民能够继承民谣中英雄的美德。现在看来，这片贫瘠的土地造就了一群吃苦耐劳、刚毅正直的人——他们的性格特点在过去主张了不法和无赖行为——现在引导人们采取更健康的行为模式。霍华德·皮斯惟妙惟肖地捕捉到了这种健康特性，1899 年，他把诺森伯兰边境描述成“一个光头的吉卜赛姑娘，阳光和狂风吹得她满脸雀斑，靠精打细算维持日子，她和南方的夫人形成鲜明的对比。南方夫人生活在平静、安稳田园里，她的严厉是一种美德，是她所处历史环境的产物”。皮斯解释道，“北方人的血液中仍然流淌着‘突袭’和‘战斗’的精神。”然而，和过去一样，边境的孩童仍然在荒原和凛冽寒风中
77 成长。“艰难和散养”是古老的北泰恩河的口号。战斗本能可能还

① E. Mackenzie, *A historical and descriptive view of the county of Northumberland*, 2nd edn (Newcastle-upon-Tyne, 1825), p. 57.

② *A historical and descriptive view* (1811), Vol. i, p. 230.

没有完全消失[1]，在过去可能是劫掠成性的士兵现在成为了英国军队中的一员，诺森伯兰军团在布尔战争中的表现经常被大家称赞[2]。

人们感受到诺森伯兰边境的独特景观保留了一种独特的说话模式（发颤动小舌（或舌尖）的 r 音）和独特的性格特点——后者现在已被驯化，比过去更加动荡不安的时候得到了更好的利用，这就维护了一种区域身份认同，如英格兰特性一直被其军事历史的荣耀所笼罩。在微风吹拂的荒原和被摧毁的城堡搭成的传奇景观中，这里有一种内在的美。这与在南部各郡发现的大不相同——布莱德利称之为“布兰科郡”（‘Blankshire’）——那里，弥漫着一种清澈驯化的英格兰人特质，散发着“一种岁月静好的气质”[3]。诺森伯兰郡边境景观的文化可以证明，爱国主义话语是如何将英格兰人的特性无处不在地传遍狂风肆虐中的诺森伯兰郡边境，以及古色古味的科茨沃尔德村庄的[4]。更重要的是，它还说明了区域身份在支持更广泛的爱国归属观念方面起到的重要作用。强烈的诺森伯兰或边境民族认同与英格兰人的活力特性并不矛盾——事实上，它起到了支撑的作用。

---

① 现在，男子气概在诺森波兰郡牧羊人家庭中被视为珍贵的品格。在切维厄特丘陵和科凯特岛之间的地区，不久以前，一个年轻人向一个名叫亨德雷的姑娘求爱，希望能娶她，“让他成为我们的一分子”，当大家考虑这个求婚时，妈妈的评价是：“他是一位伟大的战士。”J. Hardy (ed.), *The Denham tracts* (London, 1892), Vol. 1, pp. 27—8.

② H. Pease, *Northumbria's Decameron* (London, 1927), pp. 110, 173—4.

③ Bradley, *Romance of Northumberland*, pp. 291—2.

④ Cf. Brace, ‘Finding England everywhere’; and Brace, ‘Looking back’.

当然，对诺森伯兰人独特认同的爱国主义庆祝方式可以追溯到几个世纪以前，但其现代形式要归功于18世纪末和19世纪初期对该地区古文物兴趣的增长，受1778年亨廷森首次发表的《诺森伯
78 兰风景》的启发发展而来，这种兴趣的增长对刺激其发展起到了重要的作用[①]。事实上，这种兴趣更多地来自内部，而非外部，来自北方工业地区不断增加的专业人士和中产阶级，以及当地牧师和绅士，比如1813年泰恩河畔纽卡斯尔古文物协会成立，约翰·霍奇森的六卷本巨著《诺森伯兰郡历史》(*History of Northumberland*)的第一卷于1820年面世[②]。对罗马城墙考古的极大迷恋和地方精英人士的审美情趣的变化也可窥见一斑。或许后者值得进一步评论，主要是因为它可以方便地通过对该地区流行的建筑风格来追踪研究。

居住在诺森伯兰的许多贵族、绅士和企业家家庭，尤其是北部地区的家庭，通过房屋的建筑表达与边境遗产的关联和联系。人们始终强烈渴望与想象中的中世纪军队的过去保持一致。某些情况下，古老的房子、城堡和墙皮脱落的塔楼与新建筑混搭在一起，而不是被拆除、替换或者直接重建。比如巴尔莫尔，一座塔楼的旧墙被糅合到新的建筑设计——贝尔赛庄园中，一座保留下来的中世纪的城堡与一个广阔的新庄园连接在一起[③]。有些建筑师，比如

---

① R. Sweet, '"Truly historical ground": Antiquarianism in the north', in R. Colls (ed.), *Northumbria: History and identity 547—2000* (Chichester, 2007), pp. 104—25.

② J. Hodgson, *A history of Northumberland, in three parts* (Newcastle-upon-Tyne, 1820—58). 即将出版的第一卷实际上是本系列的第五卷。

③ N. Pevsner and I. Richmond, *Northumberland* (New Haven and London, 2002), pp. 158—9; F. Graham, *The old halls, houses and inns of Northumberland* (Newcastle-upon-Tyne, 1977), pp. 22—3, 30—3.

纽卡斯尔的约翰·多布森在修复老皮尔塔时，注重改善这些密封不好、不切实际的中世纪建筑使之适合宜居又保留住它们的历史特征。在奇普蔡斯城堡，多布森把 18 世纪安装的格鲁吉亚式窗扇换成了更适用的竖框和横梁①。多布森和其他的一些建筑师也负责建造具有城堡风格的现代住宅，有意唤起人们对边境过去及其历史景观的回忆，其中建于 1836 年至 1842 年的靠近赫克瑟姆的波弗德城堡便是其中之一，这是一座有高塔的“不对称的哥特风”城堡(图 9)②。 79

图 9　诺森伯兰科布里奇波弗德城堡风光，诺森伯兰历史办公室(20 世纪早期)。图片来自 Northumberland Archives:NRO05176/6。

---

① M. J. Dobson, *Memoir of John Dobson* (London, 1885), pp. 31—2; Pevsner and Richmond, *Northumberland*, p. 231.

② M. Girouard, *The Victorian country house* (New Haven and London, 1979), pp. 396—7.

哥特风格是北诺森伯兰景观园林家族建筑的一个突出特点。毛尔当特·克鲁克甚至将“诺森伯兰郡哥特式”列为18世纪和19世纪建筑风格的亚种。因此，它在郡中普遍存在是很容易解释的。哥特式建筑表达了浪漫主义中世纪的过去，反映了对边境遗产的主流解读，提供了与历史景观的联系。如克鲁克注意到的，“城堡和皮尔塔的视觉传统延伸到了愚蠢、引人注目的建筑和
80 哥特式废墟上①。”早期的建筑往往是复杂且充满幻想的，如特威泽尔城堡②、福伯里塔③、阿尼克的布里兹利塔④和阿尼克城堡。（图10）哥特风的阿尼克城堡——珀西家族古老的建筑——是1786年由诺森伯兰第一代公爵及其夫人伊丽莎白完成的，庄园的管理方式让人想起他们的先辈，表现出一种需要与英雄一致的气概⑤。

---

① J. M. Crook, 'Northumbrian Gothick', *Journal of the Royal Society of Arts*, 121 (April 1973), 271—83 (p. 272).

② T. Faulkner and P. Lowery, *Lost houses of Newcastle and Northumberland* (York, 1996), pp. 63—4.

③ Crook, 'Northumbrian Gothick', p. 273; Pevsner and Richmond, *Northumberland*, pp. 286—7.

④ J. Macaulay, *The Gothic revival 1745—1845* (Glasgow and London, 1975), pp. 78—80.

⑤ 作为中世纪城堡、废墟和崎岖山景的崇拜者，公爵夫人伊丽莎白在日记中记录了1770年8月坎伯兰公爵访问阿尼克时受到接待的情况。首先是21响礼炮欢迎，公爵举行了欢迎宴会，宴会上有177道菜，不包括甜点。这次宴会上，诺森伯兰郡的主人在阿尼克城堡表现出的热情好客使人们对古代贵族的生活情况和权力有了一个清晰的印象，也使人们重新想起了他们的祖先诺森伯兰早期的伯爵们。J. Greig (ed.), *The diaries of a duchess: Extracts from the diaries of the first duchess of Northumberland*, 1716—1776 (London, 1926), pp. 141—3. For the Gothickisation of Alnwick, see Macaulay, *Gothic revival*, pp. 59—75.

图 10 《诺森伯兰公爵府邸阿尼克城堡》，约 1783 年。威廉·瓦茨仿照邓坎农勋爵雕刻。出自威廉·沃茨，《贵族和绅士的府邸》(伦敦，1779—1786)。图片由 Hulton Archive/ Getty Images 提供。

罗伯特·亚当和詹姆斯·潘恩的哥特风格的老宅改造可能与中世纪的防御建筑没有多少相似之处，但是它确实表达了边境浪 81 漫神话形式，之后便融入了文化主流（以《遗风》(*Reliques*)闻名的托马斯·珀西曾经在诺森伯兰当过一段时间的牧师，这其实并非巧合）①。后来更加坚固的建筑，如多布森的"家庭城堡式"，是都铎哥特式风格；波弗德城堡就是哈顿庄园边境版本的优雅版，城堡的大厅体现了庄园主人威廉·卡斯伯特的愿望。威廉·卡斯伯特是一名实业家，渴望用狩猎战利品、整套盔甲服、中世纪冷武器和祖先的坐骑创造"即时历史"("instant history")②。

① Crook, 'Northumbrian Gothick', 274—7.

② T. Faulkner and A. Greg, *John Dobson: Architect of the north east* (Newcastle-upon-Tyne, 2001), pp. 61—4; Pevsner and Richmond, *Northumberland*, pp. 202,161.

到了维多利亚时代中期，曾经很受欢迎的各式各样的哥特式城堡建筑形式已经过时了。诺森伯兰第四代公爵对阿尼克城堡进一步改造，几乎完全抹除了18世纪末引入的哥特式特征。然而，就像第一代公爵的情况一样，这些于1864年完工的修复，是为了再次维护与想象中的过去延续。维多利亚时代人的眼中，亚当与潘恩精心设计的哥特式风格，和现如今流行的边境神话—历史中粗犷而又不失浪漫的骑士精神景象似乎格格不入。因此，城堡外部被安东尼·萨尔文用一种更简单的堡垒风格重新装修；城堡内部重新装饰，豪华气派：增加了液压式厨房设备等现代化设施，客厅和卧室则按照15世纪和16世纪流行的意大利风格布置。这既是公爵的心愿，也有萨尔文的顾虑，但是这种强烈对比还是存在某些一致性。城堡外面面对着边境景观，实际上其自身就是该景观的一部分；外部是恰如其分的浪漫堡垒风格，内部则是时尚的社会，室
82 内装潢满足了富裕精英人士的品位①。

大约在改造阿尼克城堡的同时，福特城堡也发生了类似的事

① J. Allibone, *Anthony Salvin: Pioneer of Gothic revival architecture* (Cambridge 1988), pp. 79—85. 类似的对比也可以在其他大型建筑群找到，著名的例子就是峭壁山庄克雷格赛德，由诺曼·肖为武器制造商威廉·阿姆斯特朗设计的哥特-都铎式豪宅。1884年完工，这栋豪宅坐落在罗斯伯里附近一300英尺高的峭壁上。对于当代人来说，这里就是“石头和灰泥砌成的浪漫故事”。但是，尽管它的外部建筑采取了大胆的——如果折衷的话——历史主义的风格（其中一座塔楼是以约翰·阿姆斯特朗的名字命名的，阿姆斯特朗来自吉尔诺基，是16世纪一位著名的士兵），峭壁山庄克雷格赛德配备了最先进的现代化设施，包括水力发电照明设备。可参考D. Dougan, *The great gun-maker: The life of Lord Armstrong* (Warkworth, 1991 [1970]), at p. 118; also p. 120. Graham, *Old halls*, pp. 77—84; Pevsner and Richmond, *Northumberland*, pp. 244—6.

情。福特城堡位于提尔河的战略交叉点，距离苏格兰边境大约 7 英里（图 11），首建于 13 世纪，18 世纪曾经历两次哥特化风格改造，是一处具有重要意义的历史遗迹。詹姆斯四世在弗洛登战役之前就曾访问过这里，该战役就发生在福特城堡附近。1859 年，寡居的沃特福特侯爵夫人（在 1839 年一个中世纪的重大节日——骑士比武大赛上遇到她的丈夫）以女主人的身份来到这里，不久便开始一项大规模的重建计划。沃特福特很清楚该城堡容易引起的历史关 83
联，即便是那种“粗陋的哥特式建筑”，人们依然会浮想联翩：“在古老的塔楼里俯瞰四周美丽的山谷和弗洛登战场时，玛密恩时代的事情便会跃入脑海①。”为了更好地维护这些历史关联并加以延续，沃特福特让建筑师詹姆斯·布莱斯将这座城堡恢复到更像边境要塞堡垒的样子，摒弃了她说的“100 年以前那种俗不可耐的哥特式风格”。经过大量尝试，屏帷终于看起来像一面墙②。工程大约在 1861—1865 年间完工，沃特福特夫人修建的动力来自罗斯金式的对建筑“真实性”的渴望，以及重新找回并保留与边境神话历史有关的浪漫故事的愿望。这些故事体现在民谣文化和斯科特作品中，沃特福特夫人又非常喜欢斯科特的作品。事实上，该工程可以被看成一项旨在保护城堡及其历史腹地之间连续性的项目，修复重建该城堡将它与弗洛登战场关联了起来（这是沃特福特和客人

---

① Letters to Revd Canon T. F. Parker and Mrs Osborne, 30 July 1859 and 21 September 1859: A. J. C. Hare, *The story of two noble lives*, 3 vols. (London, 1893), Vol. iii, pp. 69, 74.

② Waterford to Mrs Bernal Osborne, 30 January 1865: Hare, *Story of two noble lives*, Vol. iii, p. 257. C. Hussey, 'Ford Castle, Northumberland—iii', *Country Life*, 39 (25 January 1941), 78.

们经常谈论的话题，也是一日游的目的地），是历史与文学的结合，对边境景观产生了更为普遍的影响。

图 11　福特城堡，约 1900 年。图片来自 Northumberland Archives：SANT/PHO/ALB/12/40。

沃特福特夫人与约翰·罗斯金私人关系很好，沃特福特夫人本身也是一位艺术家，曾经在福特学校创作了一系列令人印象深刻的壁画①。她或许可以和罗伯特·科尔斯所称的“新诺森伯兰运动”相提并论。这种由艺术家、历史学家，作家和知识分子组织的运动是英格兰爱国主义的区域性表现之一。该运动始于威灵顿庭院，特里维廉家族祖屋所在地，在罗斯金的建议下，中心庭院加了

① C. Stuart, *Short sketch of the life of Louisa, marchioness of Waterford* (London, 1892); M. Joicey, *The Lady Waterford Hall and its murals* (Ford, *c*. 1983).

屋顶,1855 年威灵顿庭院被改造成一个庄园。该庄园里用前拉斐 84
尔派艺术家威廉·贝尔·斯科特壁画作内部装饰。壁画中,诺森伯兰边境景观和历史赫然耸现。除了特里维廉家族的肖像外,贝尔·斯科特的装饰画还包括一系列更宏大的画作,每一幅画都描绘了诺森伯兰历史的一个场景,从罗马墙到丹麦人的后裔、到比德时代、再到匪军横行的时代、一直延续到今天——这点从泰恩河畔纽卡斯尔码头上熙熙攘攘的繁荣景象就可以看出。凸显了边境显赫意义的“切维蔡斯民谣”被刻在整个房间的拱壁上①。

正如威灵顿庄园中的壁画所反映的那样,“新诺森伯兰运动”包括对自由主义政治家罗伯特·斯宾塞·沃森的遗产和景观的赞美,沃森是这场运动的杰出成员,他曾称“我们的这片荒凉、自由的北方大地”②。这种表达在当地各种出版旅游指南、蓬勃发展的自然主义者的言论、城镇出版物中比比皆是。像詹姆斯·阿姆斯特朗这样的诗人因唤起对风景和“荒野形象”而闻名遐迩,常常用边境方言朗诵诗歌③。

毫不奇怪,“新诺森伯兰运动”的领军人物是中产阶级和绅士阶层,其中的典型人物都是自由党人,比如特里威廉和斯宾塞·沃

---

① 关于壁画的描述,see Sir C. Trevelyan, *Wallington: Its history and treasures* (Pelaw-on-Tyne, 1935), pp. 30—6.

② R. S. Watson, ‘Northumbrian story and song’, in T. Hodgkin, R. S. Watson, R. O. Heslop et al., *Lectures delivered to the Literary and Philosophical Society, Newcastle-upon-Tyne, on Northumbrian history, literature, and art* (Newcastle-upon-Tyne, 1898), pp. 25—172 (p. 26).

③ J. Armstrong, *Wanny blossoms* (Carlisle, 1876); W. W. Tomlinson, ‘James Armstrong’, in W. Andrews (ed.), *North country poets*, 2 vols. (London, 1888—9), Vol. i, p. 109.

森。毋庸置疑,他们都是地区的精英。卡德瓦拉德·贝茨1891年
85 评论道,“你所看到的每一份地方报纸都反映出诺森伯兰人对自己民族历史的独特贡献[①]。”《纽卡斯尔周报》是一个很重要的媒体,发表了大量的边境历史和民俗文章,1887年甚至出版了自己的古文物期刊《北部传说月记刊》。另一个重要渠道是贝里克郡的博物学家俱乐部,其目的是为了研究城镇及其邻近地区的“自然历史和文物”。尽管可以追溯到1831年,但是该俱乐部最重要的活动是19世纪和20世纪初的“新诺森伯兰运动”的鼎盛时期。正如“新诺森伯兰运动”所声明的,该俱乐部关注的是盎格鲁-苏格兰双方的边境遗产。俱乐部在边境两边的不同地点定期举行会议,组织成员访问和实地考察,轮流去苏格兰和英格兰各个地方。俱乐部成员来自诺森伯郡兰和贝里克郡,两郡抽选出的人数大致相当;俱乐部主席由苏格兰人和英格兰人轮流当选,这有力地体现了统一民族主义的区域身份平等[②]。作为一个跨民族区域的概念,边境是涉及甚至超越了对英格兰、苏格兰单一民族的忠诚,借鉴了英国共同遗产的认同。虽然两个民族以前冲突对抗,但现在重新服务于联合统一的目的。其他表现新诺森伯兰民族认同的行为也有类似的观

① Bates,*Border holds*, p. vii. 大都会评论员也发表了类似的评论。同年11月,一位作家在总结一些著名的边境争端时指出,虽然我们所叙述的事件属于遥远的过去,但是关于他们的记忆依然在乡镇延续了下来,这在一定程度上使得南方农民感到吃惊,因为在他居住的英格兰地区,南方农民经常发出这样的悲叹:现在已经完全抹去了过去。这种尊敬不仅在农民中是显著的。在诺森伯兰郡,乡间的感情是最强烈的:“绅士们珍视他们的本地历史、传说、风俗习惯和吟游技艺,如同珍视自己的传世之宝。”‘Some famous border fights’395.

② *History of the Berwickshire Naturalists' Club*, sesquicentenary volume with index, p. 2.

点，比如《北部传说月记刊》就具有很多苏格兰边境和它的遗产特色。

与此同时，“新诺森伯兰运动”的联合论与强大鲜明的英格兰特色是相容的，英格兰人的特色——部分原因是由于苏格兰的映 86
射和关联——与其他地方的同类人有很大不同。在形式上可能不同于其他英格兰风格的迭代，不是那么地排外或者同质化；不是那么地委婉，它在宣扬爱国主义主张方面也同样直截了当。新诺森伯兰人试图通过该地区与民族历史上的重大主题和事件关联，维护该地区及其遗产的重要性，靠近边境的地理位置使之处于很有利的地位。某些场合，它成了英国历史上的动力舱。1888 年发表的一篇关于阿尼克城堡的文章中，汤姆林森谈到了“狮子”威廉被捕的过程、马尔科姆·坎莫尔的死亡、英格兰军队的向北挺进、苏格兰军队的南下……内战中军队的运动、约克派和兰开斯特派、保皇派和圆颅党派——这些都是古镇居民所亲眼目睹过的景象①。

如科尔斯注意到的，所有这一切都反映了新诺森伯兰人的爱国愿望，即保护他们与区域过去的连续性。他们这样做并不是要否定工业现代化，毕竟工业现代化满足了许多人日常生活中不可避免的需求（尤其是那些住在纽卡斯尔的人），而是通过“重新赋予现代世界的历史意义肯定过去的重要”②。这一点在威灵顿庄园的壁画中体现得非常明显。壁画描绘了从罗马古代到当代泰恩赛德的发展故事。虽然沃特福特侯爵夫人孤寡隐居在福特庄园，但是

① W. W. Tomlinson, 'Views in north Northumberland', *Monthly Chronicle of North-Country Lore and Legend*, 2 (*March* 1888), 128.

② Colls, 'New Northumbrians', p. 151.

她热爱中世纪的浪漫世界，又不愿让时代倒流。奥古斯都·黑尔是一位经常来访的人，黑尔的保守情绪令侯爵夫人感到沮丧，于是她写道，

> 黑尔在乎属于其他时代的一切东西……但是我认为这是一种需求与更为进步的步伐混合在一起的味道。我也深爱古老的东西，但是我为进步的趋势感到高兴；没有进步，英格兰将会变成像西班牙这样的国家——民族间一片空白。我甚至可以看到，荒凉的土地以一种最功利
> 87 的快乐变得面目可憎(失去美丽)。我感谢为英格兰做出如此伟大贡献的工程师们，我认为他们有意义的一生比一个游侠骑士的一生更浪漫，但是……我并不是保守派[①]。

在不放弃现代化的前提下，新诺森伯兰人渴望维护与过去连续性的愿望，与英格兰历史上的民族主义用途是一致的，尤其感谢参与早期保护运动的人们。反过来，保留与过去的关联又有助于维护地区和民族的特性。这一进程的瓦解将使现代化的转型更加难以为进[②]。诺森伯兰的边境景观与历史的关联为它提供了一种特殊与过去的联系，且支持北部区域的英格兰特色。对于科尔斯来说，这种在新诺森伯兰人的话语表达中达到顶峰的英格兰特色

---

① Letter to Mrs Bernal Osborne，28 August 1865：Hare，*Story of two noble lives*，Vol. iii，pp. 277—8.

② 关于这一主题，see Readman，'Place of the Past'.

是对以“大学回廊和南方乡村小巷”为核心的民族概念的一种防御反应[1]。如果这是对的,它可以被看作是北部英格兰特色所包含的边缘、次要和对立地位的象征——戴夫·拉塞尔在他的书中提出的观点[2]。但是本书认为对此的解释可能是另一种。从地理位置看,英格兰东北部似乎是滋养与诺森伯兰边境对立的英格兰特色的肥沃土壤,这种英格兰特色是建立在独特的区域身份之上的。无论是苏格兰人还是英格兰的南方人,都不是对立一方的“他者”。某种程度上,它是一种统一民族主义话语的表达,既充满了强烈的英格兰自豪感,也承认与苏格兰过去的密切联系。如今,它是被用
来表达友好而不是敌意。如此说来,英格兰边境景观进一步证明 88
了 19 世纪和 20 世纪英国民族认同的多样性,以及景观在这些认同建构中的作用。尽管学者为家乡田园主义的霸权而争论不休,但是现代人对英格兰景观中的英格兰特色感到非常舒适。实际上,这种多样性是值得赞美的,它是伟大民族的标志,也是爱国自豪的恰当表达:1884 年,曼德尔·克莱格顿就诺森伯兰边境问题发表演说,提到“英格兰历史实际上是一部地方史”[3]。在大不列颠更广泛
的统一背景下,英格兰文化景观多样性可以支持民族性的理解。 89

① Colls,‘New Northumbrians’,pp. 175—7.

② D. Russell,*Looking north*:*Northern England and the national imagination* (*Manchester*,2004),pp. 268—9.

③ M. Creighton,*Historical essays and reviews*,ed. L. Creighton (London,1902),p. 235;cf. M. Creighton,‘The Northumbrian border’,*Macmillan's Magazine*,50 (September 1884),321.

第二部分　保护区景观

第三章
湖　区

英格兰西北部高地称为湖区、湖地或者简称为“湖”。长期以来，“湖”一直是英国最珍贵的景观之一。横跨坎伯兰、威斯特摩兰和兰开夏这三个历史悠久的郡，蔓延 900 平方英里，湖区景观汇山麓青翠叠嶂，一泻而下的碧绿令人心醉，一汪汪的碧水依偎在山间谷中，山谷间瀑布跌宕，浪花四溅。整个湖区景观让人心旷神怡，流连忘返，过目难忘。湖区有英格兰最高的山和英格兰最深最大的湖。维多利亚时期，湖区已经是名闻遐迩的旅游胜地了。跟随旅游指南的引导，游客们欣赏着旖旎的湖光山色，如偏僻遥远的沃斯代尔逶迤的高地、温德米尔湖的一碧万顷、乌尔斯沃特的戈巴罗公园人间天堂一般的安详美丽①。为了更深入欣赏湖区的各色景观，许多游客还特意爬到湖区的丘陵和高山上。有一本旅游指南将斯基多山称作“可能是英国最险峻的山峰”；19 世纪 70 年代，凯

① J. Allison, *Allison's northern tourist's guide to the Lakes*, 7th edn (Penrith, 1837), p. 30.

西克附近跌宕起伏、交通发达的斯基多山非常受欢迎，在通往峰顶的路上修建了许多茶点小店[1]。

人们常常认为维多利亚湖区旅游定位的是中产阶级或者中上
层阶层的一种社会现象，且这种现象一直持续到 20 世纪。湖区对
受过高等教育的专业人士尤其有吸引力，其中最有热情的爱好者
93 当属医生、律师、牧师和公立学校校长等。湖区里修建的优雅别
墅、酒店和宾馆能反映出人们对此景观的偏爱[2]。尽管湖区吸引的
游客数量比不上布莱克普尔等海滨胜地，但在 19 世纪末之前，一种
接近大众旅游的概念出现了。铁路延伸首先到温德米尔(1847)，然
94 后到科尼斯顿(1859)和凯西克(1865)，这是一个很关键的刺激因
素[3]。1847 年开通的肯德尔铁路和温德米尔铁路第一年载客量为
12 万人次，其中三分之二的人次都是在 5 月至 10 月之间[4]产生的。
如果最初乘火车游览湖区只对有钱有闲的度假者开放的话，到 19
世纪末，情况就大不相同了。随着银行假期和带薪假期的出现，以
及人们对三等车票和短途旅行票价的购买力越来越强，经济条件
普通的人群也能够来到湖区旅游度假。1865 年科克茅斯、凯西克
和彭丽斯铁路运送了 7.5 万名三等座旅客。1882 年，这一数字一

---

① H. I. Jenkinson, *Jenkinson's practical guide to the English Lake District* (London, 1872), pp. 125, 183; 4th edn (London, 1879), p. 82; M. J. B. Baddeley, *Black's shilling guide to the English Lakes*, 20th edn (London, 1896), p. 114.

② 关于这一点，参照 O. M. Westall, 'The retreat to Arcadia: Windermere as a select residential resort in the late-nineteenth century', in O. M. Westall (ed.), *Windermere in the nineteenth century* (Lancaster, 1991), pp. 34—48.

③ D. Joy, *A regional history of the railways of Great Britain*, Vol. xiv: *The Lake Counties* (Newton Abbot, 1983), pp. 203—4, 206, 209—11.

④ *Ibid.*, pp. 203—4.

路跃升至25万。1883年圣灵降临节，约万名一日游游客慕名来到温德米尔，其中大多数游客是乘坐火车前往的①。到20世纪初，每年的游客量已经达到50万人次，都是乘火车到湖区，其中90%都是三等座游客②。很多游客都是工人阶级。

图12 罗杰尔·芬顿，《与博罗黛尔相望的德温特沃特》，1860年。图片由Photo courtesy of Science and Society Picture Library/ Getty Images提供。

虽然湖区比不过布莱克普尔，但是它很受英格兰人的广泛欢迎。从其受欢迎的程度上看，湖区可能是英格兰最著名的景观。

---

① J. D. Marshall, *Old Lakeland* (Newton Abbot, 1971), p. 171; G. Berry and G. Beard, *The Lake District: A century of conservation* (Edinburgh, 1980), p. 2.

② L. Withy, *Grand tours and Cook's tours: A history of leisure travel, 1750 to 1915* (London, 1997), pp. 102—3.

湖区是一个蕴含独特又复杂文化意义的景观，与海滨胜地有着很大的不同。18世纪晚期，湖区作为旅游胜地的吸引力与日俱增，它演变成为了新兴保护主义运动的重要活动场所。湖区甚至被宣称是现代环保主义的发源地，在哈里特·瑞塔沃最新的阐释中写道，西方世界是在湖区、丘陵和山谷上空看到了“绿色的曙光”①。

解读湖区的多元文化和民族意义的方法之一就是参照审美趣
95 味，因此湖区的重要性就是由其自然风景特色的强大视觉魅力形成的：湖区的岩石、湖水、树木、山脉的风貌、质地、色调和颜色等。但上述这样的解释是片面的。如果把湖区自然风景特色作为一种主要解释，可能会让大家感觉湖区景色在英格兰的景观艺术中是非常突出的，但奇怪的是，情况并非如此。18世纪80年代和90年代湖区的油画名噪一时，很多知名艺术家都来湖区参观拜访，包括托马斯·庚斯博罗、保罗·桑德比、J. M. W. 特纳和约瑟夫·莱特。而这与湖区景观被旅游者和旅行作家发现有关，这些艺术家都受到吉尔平等人提出的独特感性的影响②。这种艺术兴趣在早期达到顶峰，18世纪80年代，皇家艺术学院的夏季展览中，湖区的展画占英格兰景观的11%以上③。然而，就像皮特·霍华德展示的那样，对湖区画作的追捧在那之后也日渐消退。到19世纪30年代和40年代，依然是在皇家艺术学院的夏季画展上，只有3%或4%的

---

① H. Ritvo, *The dawn of green: Manchester, Thirlmere, and modern environmentalism* (Chicago, 2009).

② Victoria and Albert Museum, *The discovery of the Lake District: A northern Arcadia and its uses* (London, 1984), pp. 39—46.

③ Howard, ‘Changing taste in landscape art’, p. 241.

画作以湖区为主题[①]。虽然19世纪50年代和60年代湖区景观的流行热度有所回升,但其追捧热度并没有回升到18世纪晚期水平。20世纪初,湖区两个主要城镇以及兰开夏郡的因佛内斯展出的画作所占的比例还不如许多以单一英格兰城镇为主题的画作比例(湖区仅有3%,康沃尔9%,苏塞克斯10%)[②]。至少就霍华德所说的画家"偏爱的地方"[③]来说,湖区就是一个不受新思想影响的地方。

这一发现令人惊讶,因为湖区景观有不容置疑的文化意义:湖
区的旅游吸引力,尤其是它与诗人威廉·华兹华斯等"湖区诗人"
的联系。对于霍华德来说,皇家艺术学院的证据表明了诗歌的关
联并不像人们通常所说的那么重要,至少就诗歌对绘画艺术的影
响而言是这样的。霍华德指出,华兹华斯1798年发表《抒情歌谣
集》(*Lyrical ballads*)之前[④],18世纪晚期绘画注意力的短期繁荣
就已经出现了。但是这仍然留下一个问题,如何解释湖区对英格 96
兰文化想象的独特吸引力。这里要讨论的是,虽然文学以及其他
与湖区相关联的艺术形式可能对艺术喜好的影响有限,但是这种
关联对该湖区更普遍的文化和民族至关重要,与特定位置的湖区
的关联比单独的地形物理风貌更重要。的确,从认知上看,要把自
然景观和其关联分开是不可能的——这两者是复杂地重叠在一起
的。与华兹华斯、柯勒律治等人的文学关联也很重要。事实证明,

① Howard, 'Changing taste in landscape art', pp. 240—1.

② *Ibid.*, pp. 240, 300.

③ Howard, 'Painters' preferred places'.

④ Howard, 'Changing taste in landscape art', pp. 241, 323.

华兹华斯的诗歌并没有人们想象的那么重要，在英格兰人集体民族意识中，华兹华斯诗歌在湖区塑造过程中所起的作用远不及华兹华斯散文的影响。在华兹华斯后来的《湖区指南》一书中，并没有过多地以图画的形式呈现湖区（尽管景观的自然美对华兹华斯来说很重要），而是把湖区描绘成人文景观，一个与人类历史和体验交织在一起的自然环境。华兹华斯的这种叙述为后来的解释——扩大了湖区作为一个历史景观的概念（正如我们将要看到的，维京人对湖区产生了重要影响）——提供了基础，逐渐成为普遍的，甚至是国内民族概念的象征。到了维多利亚时代晚期，湖区已经成为新兴环保主义的中心。这种环保主义的基础不仅仅是保护野生自然，而是把自然当作民族财产来保护，让所有人都能自由享有。当英格兰迈入 20 世纪时，湖区可能成为了最杰出的民族景观，湖区传递的遗产关联支持了进步和现代化的主流理解。

18 世纪起，自然风景美学倡导者就发现了这些湖泊的特殊意义①。诗人托马斯·格雷就是早期的狂热者之一，他将 1769 年在
97 湖区的旅游经历于 1775 年发表②。三年后，托马斯·韦斯特的《湖区指南》（*Guide to the Lakes*）指出在湖区建立自然风景旅游业的关键因素③。这是湖区的第一本旅游手册，多次再版，在至少半个世

① M. Andrews, *The search for the picturesque: Landscape aesthetics and tourism in Britain, 1760—1800* (Aldershot, 1989), esp. pp. 153—95.

② 格雷首先出现在威廉·迈特森的旅行日记，*The poems of Mr Gray: To which are prefixed memoirs of his life and writings* (York and London, 1775).

③ T. West, *A guide to the lakes in Cumberland, Westmorland and Lancashire* (London, 1778).

纪的时间里一直都很有影响力[1]。在其不同的版本里，韦斯特把文雅的读者群引向那些能提供视觉价值的观察地点，从那里可以欣赏到如画的风景。紧随其后的是威廉·吉尔平的两卷湖光山色的专题论文，于1786年出版，是吉尔平广受欢迎的“风景如画观察”系列的一部分[2]。通过这些作品，湖区在鉴赏家的心目中被牢牢地固化为一个具有独特审美价值的景观；而对湖区景观的亲身体验成为一种陶冶情操的标志，哪怕是举止时髦的汉诺威人也只好屈服于“湖区的愤怒”[3]。

在韦斯特、吉尔平等人的著作熏陶下，愤怒的受害者们——比如温文尔雅的游客詹姆斯·普卢普特——出发去寻找那些形状不规则、色彩斑斓的观察地点，并有意佩戴“克劳德”或“格雷”眼镜，希望能更好地捕捉如画风景的独特效果[4]。实际上，吸引游客前往湖区的不仅仅是那些如画风景的自然风貌，游客们绝不会死板地恪守伯克式美学范畴的标准[5]。1794年，优弗代尔·普莱斯试图提供更清晰的关于美和风景的定义之后（吉尔平在赞美如画风景时候把美和风景混为一谈），那种混混沌沌而又孕大含深的画风仍然

① Victoria and Albert Museum, *Discovery of the Lake District*, pp. 14—15.

② W. Gilpin, *Observations, relative chiefly to picturesque beauty, made in the year 1772, on several parts of England: Particularly the mountains, and lakes of Cumberland, and Westmoreland*, 2 vols. (London, 1786).

③ Cited in Andrews, *Search for the picturesque*, p. 153.

④ I. Ousby (ed.), *James Plumptre's Britain: The journals of a tourist in the 1790s* (London, 1992), pp. 142, 148—9, 153

⑤ Cf. E. Burke, *A philosophical enquiry into the origin of our ideas of the sublime and beautiful* (Oxford, 1990[2nd edn, London, 1759 (1757)]).

98 是当时的风气①。毕竟，湖区最吸引人的就是其自然风景的多样性，风景如画的地方和美丽的地方是连在一起的，两者结合的地方就会发现壮美。确实，后者的存在非常重要，游客不需要进行鲁莽的冒险，就有机会体验振奋人心的惊心动魄。1792 年，亚当·沃克满腔热忱地描写了安布尔赛德附近许多让人胆战心惊的悬崖和震耳欲聋的瀑布声。四年后，安·拉德克利夫将彭丽斯到凯西克平价交通之路称作是“语言无法描述的壮美”，将斯基多山脉的缓坡称之为“令人害怕的壮美”，这种风景让人有这一种“瓦解世界的想法”②。即使是海拔较低的地点，例如海拔 405 米高的赫尔姆峭壁的最高处，也能产生“令人心惊的妙不可言”③。罗伯特·苏希写了一首著名的拟声诗，赞美博罗黛尔的洛多尔瀑布的流水声。雨天的时候，它是“一个荡气回肠的大瀑布”④。恶劣天气确实是渲染这种壮美风景的一个重要因素，因此许多游客都渴望在湖泊上或瀑布边亲自感受雷雨天气⑤。（对于那些不能或不愿在现实生活中感受雷声的人来说，在乌尔斯沃特等其他地方，可以通过发射大炮来

---

① U. Price, *An essay on the picturesque* (London, 1794); cf. Gilpin, *Observations: Cumberland, and Westmoreland*.

② A. [Adam] Walker, *Remarks made in a tour from London to the Lakes of Westmorelandand Cumberland, in the summer of 1791* (London, 1792), p. 72; Radcliffe, *A journey made in the summer of 1794*, Vol. ii, pp. 263, 307, 328, 330, 333.

③ ‘A rambler’[J. Budworth], *A fortnight’s ramble to the Lakes in Westmoreland, Lancashire, and Cumberland* (London, 1792), p. 104.

④ J. Robinson, *A guide to the lakes in Cumberland, Westmorland, and Lancashire* (London, 1819), p. 127. Southey’s poem ‘The cataract of Lodore’ was written in 1820.

⑤ [Budworth], *Fortnight’s ramble*, p. 108.

制造这种听觉上的拟声，模拟吉尔平所描述的“心花怒花的回响”。各种惊心动魄的声响在“人们脑海中产生了奇妙的影响，就好像湖里每一块岩石的地基都在坍塌。某种奇怪的震动致使整个场景正在坍塌成一片废墟”[1]。）

因此，对于那些寻求惊心动魄景观的英格兰游客来说，湖区绝对是理想之选。它比瑞士阿尔卑斯山更容易到达。湖区山峰的壮美与风景如画的美景相得益彰：浪漫的湖泊、翠绿的森林、田园特色的山谷都并没有因严酷天气显得逊色，反倒是起到了相得益彰 99
的效果。位于凯西克以南的德温特沃特周围令人赞叹的景观就是一个缩影（图 13）。四周被迷人树木环绕，同时被美轮美奂的岛屿加以点缀，壁立千仞的山峰环绕着湖泊，形成了东部洛多尔瀑布风景，有评论者称其为“壮丽与美丽的完美结合”[2]。正如沃克在 1791 年所言，这个地方，“山清水秀、惊心动魄、蔚为壮观，仿佛三位女神争抢嘉奖的苹果”[3]！

正如沃克的比喻所暗示的那样，18 世纪末和 19 世纪初，“湖区人”把自己想象为敏锐的评判者，理性地审视着眼前发生的事情。这是一个写实主义观点，而不是环境主义者的观点，任何既定景观的价值都取决于它的自然风貌，取决于它在视觉上给观赏者心目 100
中留下满意印象的能力——就像一幅精美的画作。

---

① Gilpin, *Observations: Cumberland, and Westmoreland*, Vol. ii, pp. 59—61.

② T. H. Horne, *the lakes of Lancashire, Westmorland, and Cumberland: Delineated in forty-three engravings from drawings by Joseph Farington, R. A.* (London, 1816), p. 40.

③ Walker, *Remarks made in a tour*, pp. 90—1.

图 13　约瑟夫·法林顿,《德温特沃特东侧,面向洛多尔瀑布》,雕版印刷。出自托马斯·哈特韦尔·霍恩,《图说湖泊》(伦敦,1816)。经 Cambridge University Library:Ll. 10. 44 许可转载。

由此看来,湖区的大量图片或观察地点可以被审美和金钱改善。自然本身没有好坏,它有助于寻找视觉效果;自然做不到的,人类干预能够满足需求。树木种植就是这样一种干预,借此,"真正的审美"可以实现。一位湖区艺术家认为,如果格拉斯米尔丘陵上栽种更多的树种,它将会更加美丽①。甚至连湖泊本身的视觉印象也被认为是可以改进的。在 18 世纪 90 年代来到恩纳代尔时,普鲁普特勒觉得,利用目前散布在海岸线上的松散石块建造人工岛,

① W. Green, *A description of sixty studies from nature: Etched in the soft ground, by William Green, of Ambleside. After drawings made by himself in Cumberland, Westmoreland, and Lancashire* (London, 1810), pp. 33—5.

在这些岛上植树造林——或许还可以建一座石屋供渔夫居住[①]——可以提高这个趣味湖泊的美丽度。同样，他认为，如果在斯基多山顶上建一座建筑，它的绘画价值就会得到提升，游客就可以在那里过夜，欣赏变幻莫测的日出日落美景[②]。

比渔民小屋和山顶暂居屋舍更精致的建筑得到了认可。在湖区建造庄园等其他上流社会住宅对湖区形成影响，其中最引人注目的是在1774年温德米尔的贝尔岛上建造的圆形古典庄园。只要建筑和花园能产生良好的画质效果，许多评论家便对这种发展拍手叫好。正如威廉·考肯在1780阐述的，韦斯特的《指南》第2版对庄园大加赞扬，认为贝尔岛的庄园及其院落预示着未来的城市化趋势。考肯说，“我不能不承认它们对湖区的美景起到相当大的装饰作用。如果可以在海岸两端架起一座桥梁，把那排 101
不同寻常的房子放在岛上对面的沙普附近，或者甚至在岛上面造一座城市（温德米尔镇），那么它就可能成为著名的日内瓦湖的竞争对手[③]。”

这反映了18世纪的一种构想——城市是礼貌和文明美德的唯一真正摇篮。随着时间的推移，这种异想天开的想法逐渐降低了文化的商业价值。当然直到19世纪初，很少有人喜欢看到砖块和砂浆大规模入侵湖区的自然风景区。然而，对田园牧歌或的诗情画意的景观做出适当贡献的个别建筑则是另一回事。乌尔斯沃特

① Ousby, *James Plumptre's Britain*, p. 136.

② *Ibid.*, pp. 148—9.

③ [T. West], *A guide to the lakes, in Cumberland, Westmorland, and Lancashire*, [ed. and with additions by W. Cockin], 2nd edn (London, 1780), pp. 62—3.

周围拔地而起的现代房屋都很“漂亮”。1837 年的一本旅游指南中记述了湖北岸土地上是如何被士绅们世袭的宅邸“点缀装饰”的，这种点缀装饰提供了最多样化的前景，它们被放置在最甜美的环境中，从湖中看美丽得突兀，很难单凭想象去欣赏它们的美，而艺术作品增强了它们大自然的魅力[1]。

卢尔夫塔是乌尔斯沃特北岸最著名的建筑之一。这是一座哥特式的城堡式狩猎小屋，建于 1780 年左右，是为诺福克第十一代公爵查尔斯·霍华德建造的。公爵以“英国最高水平的好客盛况”招待他的客人[2]。卢尔夫塔以一位酋长的名字命名，根据传统，这位酋长在被征服前曾统治过这个地区。在视觉上，卢尔夫塔被认为是浪漫风景的补充（图 14）。借用一位作家的话说，这座建筑是“一座古老建筑的华丽复制版，与周围的风景相映成趣”[3]。直到 19 世纪，这座塔的价值依然很高。1837 年出版的《艾利森的北方旅游指
102 南》（*Allison's northern tourist's guide*）宣称，该塔是“最重要、最美丽的建筑”[4]。

当然，它只是一个建筑——一幅风景的构成元素，就像人们看待一幅画一样：审美标准提供了它的价值基准。没有达到这个标准的建筑——损害了景观的图画价值——会招致有品位的人

---

① Allison, *Allison's northern tourist's guide*, p. 20.

② Horne, *Lakes of Lancashire, Westmorland, and Cumberland*, p. 71.

③ P. Holland, *Select views of the lakes in Cumberland, Westmoreland and Lancashire* (Liverpool, 1792), n. p. See also, e. g., Robinson, *Guide to the Lakes*, p. 41.

④ Allison, *Allison's northern tourist's guide*, pp. 22, 26.

图 14 约瑟夫·法林顿,《乌尔斯沃特和卢尔夫塔》,雕版印刷。出自托马斯·哈特韦尔·霍恩,《图说湖泊》(伦敦,1816)。经 the Syndics of Cambridge University Library:Ll. 10. 44 许可转载。

的谴责[1]。因此,1797 年,威廉·盖尔参观了湖区,或许会赞美卢尔夫塔,但是对德温特沃特湖牧师岛的发展表示厌恶[2]。在那里,古怪的社交名流约瑟夫·波克灵顿,纽瓦克一个银行业家族的后代,在岛中央高地上建起了一座白色的圆形房屋。盖尔等人认为那是一个眼中钉,教堂、船屋、堡垒和波克灵顿打造的德鲁伊圆环 103
(druid's circle)的复制品,造成了视觉上甚为严重的突兀感。在这样一个美妙的环境中,引进这样的可悲又怪异的建筑简直是一种

① 尽管他提倡恩纳代尔建立内陆,詹姆斯·普拉姆崔批评了他在格拉斯米尔和温德米尔海岸看到的一些新房子,认为一点美感都没有。Ousby,*James Plumptre's Britain*,p. 142.

② W. Gell,*A tour in the Lakes 1797* (Otley,2000),pp. 22,24—6,28,55—7.

耻辱，使德温特沃特景观的美丽和诗情画意的气质大打折扣[①]。

对牧师岛的恣意改建并不是波克灵顿的唯一罪行，他还干了许多的蠢事，如在博德巨石附近建造了一间屋舍，就位于博罗黛尔巨大圆石附近。评论家们抱怨道，波克灵顿这一行为破坏了景观特色的尊严，正是这些景观特色有力地暗示了人类无法控制的可怕的自然力量。在1819年约翰·鲁宾逊的《指南》中，博德巨石被描述为“巨大的岩石，其脉纹与毗邻峭壁的脉纹相似，似乎被闪电或大自然的某种剧烈的力量把它与毗邻的峭壁分离开”[②]。对于美学评论者来说，波克灵顿的介入行径冒犯了巨石周边环境的壮美——修建小型的修道院、小礼拜堂、建造了德鲁伊石，波克灵顿还把这个地方变成了一个俗不可耐的旅游胜地。就像鲁宾逊所写的，波克灵顿在他建造的小屋里竖立了一位“老妇人”，她的工作就是“向游客展示这块石头”。此外，他还

> 把它周围的碎石都清除掉，巨石基座变得很窄狭，犹如一艘倚靠在龙骨上的船，看上去岌岌可危。不仅如此，他还在巨石底部挖了一个洞，这样好奇的游客可以通过这个洞与“老妇人”握手增加满足感。而让此处更雪上加霜的是在博德巨石上搭了一个疯狂的梯子，以弥补人们无法完美欣赏风景的遗憾，人们可以从堡顶的峭壁顶端获得更好的观察视角[③]。

---

① Warner, *A tour*, Vol. ii, p. 98; Gell, *Tour*, pp. 24—8.

② Robinson, *Guide to the Lakes*, p. 134.

③ *Ibid.*, pp. 135—6. 梯子——或者说是梯子的现代版本——一直保留到今天。

对于那些接受过自然风景和高尚美学教育的人来说，波克灵顿拉低了本应提升和鼓舞人心的风景价值，他的这些行径使这里 104
的风景变得庸俗。

波克灵顿的行为招致的这些确之凿凿的批评反映了价值景观中出现的一种公共审美的理念①。旅游美学的普及以及导游和游记的推广，使湖区这样的景观成为具有特殊价值的地方，而这些地方的与众不同使它们成为爱国自豪感的对象。越来越多的人感觉到，在这些地方，公众与其有某种道德上的利益关系（即使是不能替代法律权利的财产）。早在1772年，吉尔平曾把一座被毁的修道院形容为"财产，而它的所有者只是它的监护人，目的是为了给子孙后代保留快乐和仰慕的对象"②。其他评论家也都趋之若鹜，紧随其后发表了关于湖区的类似评论。回顾自己1802年对湖区的参观，理查德·华纳把那些被普遍认为是"美丽的自然景观描述为人民的共同财产"③。八年后，著名的评论家华兹华斯把湖区称为"一种民族财产，每个人都享有其权利和利益，每个人都可以用眼睛去感知，用心灵去享受"④。这可能是这位诗人被广为阅读的《湖区指南》中引用最多的一句话，它所包含的情感对湖区的文化理解产生

---

① 对于这种广泛的发展，see Helsinger，'Turner and the representation of England'，p. 106.

② Gilpin，*Observations：Cumberland，and Westmoreland*，Vol. ii，p. 188.

③ Warner，*A Tour*，Vol. ii，p. 99.

④ W. Wordsworth，*A description of the scenery of the lakes in the north of England*，3rd edn (London，1822)，p. 101. 华兹华斯的《指南》有着复杂的出版历史。第一次是匿名出版的，Revd Joseph Wilkinson's *Select views in Cumberland，Westmoreland，and Lancashire* (London，1810)；修订版在1822年独立出版之前，是作为华兹华斯的《杜顿河：一系列十四行诗》的附件出现的。第五版发表于1835年，第一次题目里用到"指南".

了巨大的影响，尤其是在自然保护主义者运动方面。事实上，在所有的文本中，华兹华斯的《湖区指南》对湖区保护主义的形成影响最大，或许也对湖区更广泛的文化态度影响最大。正如乔纳森·贝茨评价的，“毫无疑问，这是19世纪上半叶最受尊敬的英国诗人
105 华兹华斯最广为流传的作品”，1842年的版本在17年里又再版了5次[①]。《指南》开辟了新的领域，以一种温和的方式改变了人们的态度。由于受到自然风景和崇高美学观的影响，大量借鉴了吉尔平、韦斯特、格雷等人的作品，以前的旅游指南和纯文学作家的作品采取了一种明确的绘画主义的方法：仅对湖区景观视觉自然外貌进行评价，这曾经是湖区文化欣赏的基础，但是华兹华斯推翻了这一基础。他放弃了对位置和美学的强调，而是从一个居民角度出发，不仅对自然景观，还对人类社会及其与自然的相互关系进行了全面的论述。最重要的是，华兹华斯很重视该地区传统的村舍经济模式，认为它具有与自然和谐相处的能力[②]。在他看来，许多年来湖区一直是：

> 一个由牧羊人和农学家组成的完美共和国。在他们中间，每个人的犁都被局限于维持自己家庭，或偶尔与邻居共享……小礼拜堂是管理这些住宅的唯一建筑物……这儿既没有贵族、骑士，也没有绅士，只有来自山地的卑微的孩子们。他们中许多人都意识到，他们所走过、所耕

---

① J. Bate, *Romantic ecology: Wordsworth and the environmental tradition* (London, 1991), pp. 41—4 (p. 41).

② *Ibid.*, esp. pp. 45—52.

种过的土地，五百多年来一直由他们及其祖先拥有[①]。

然而，正如华兹华斯指出的那样，湖区环境面临着新发展的威胁。虽然《湖区指南》的整体基调不是保守的，也不是挽歌式的[②]，但是它明确指出，湖区在富人群体中的普及导致了某些问题。华兹华斯并不反对这些富人在湖区建庄园，他认为更重要的是，富人建造庄园的理念应该是与自然和谐共处，而不是与自然对抗——可是现实让人感到遗憾，有些人并没有遵从这种观念。在华兹华斯看来，装饰性园艺和精心设计的新建筑形成了一种与其自然环 106
境极其不协调的"强烈对比"。不像古老的农场和小教堂，它们深藏若虚地藏匿在景观之中，反映了对景观环境的尊重；反观这些豪华的新庄园——经常抢占山坡和很有利的位置——暴露了一种"炫耀和蔑视景观的态度"。这样的宅第非常不自然，在多山环境中也是极其不合适的[③]。华兹华斯歌颂湖区尊重自然的田园文化，并将其与滥用财富导致的对自然的轻蔑进行对比。事实上，称这种观点为环保主义者的也许并不过分——环保主义者的前提是重视普通人与自然界的和谐互动。

可以肯定的是，华兹华斯对旧时田园生活的赞美中抱有一些幻想，而且随着他年纪越来越大，他的政治倾向也越来越反动。但

① Wordsworth, *Description of the scenery of the lakes*, pp. 63—5.

② A point made in S. Gill, *Wordsworth and the Victorians* (Oxford, 1998), p. 248.

③ Wordsworth, *Description of the scenery of the lakes*, pp. 65ff. (pp. 65, 71, 76—7).

贝茨所称的华兹华斯的“浪漫生态”从未离开过他，甚至在华兹华斯19世纪40年代反对温德米尔铁路计划中仍能发现端倪。1844年，他写给《晨报》的信件中表达了对温德米尔铁路计划的反对意见。贝茨认为，这次反对并没有反映任何阻止工匠参观湖泊的愿望，相反，这是对华兹华斯认为可能会招致有组织的大众旅游的反对（尤其是如果铁路承建商无法抵挡住诱惑，进一步将铁路延伸到敦梅尔高地至凯西克，从而深入湖区的心脏地带）①。贝茨在这里为华兹华斯辩护得可能有些过头了。但不管我们如何看待这位诗人在19世纪40年代反对温德米尔铁路修建，华兹华斯产生最持久影响的还是他早期的《湖区指南》。无论华兹华斯如何理想化“完美的牧羊人共和国”，《湖区指南》标志着一个决定性的转变，即在思考湖区时，重点从画面转向了环境本身。这种转变可以从19世纪以及后期的旅游指南写作中发现，从哈里特·马蒂诺的《英国湖区完整指南》（*Complete guide to the English Lakes*）（1856）到亨利·欧文·詹金森、蒙特福德·约翰·伯德·巴德利和威廉·葛
107 顺·科灵伍德的诸多作品，这些作品不仅关注景观的视觉外貌和游客体验的舒适度，还关注景观与居民之间的交互关系②。这种环境视角甚至还出现在了一些作家的作品中，比如马蒂诺，他对传统

① Bate, *Romantic ecology*, pp. 50—1.

② Jenkinson, *Jenkinson's practical guide* (1872), 8th edn (1885); H. I. Jenkinson, *Jenkinson's eighteenpenny guide to the English Lake District* (London, 1873); H. I. Jenkinson, *Tourists' guide to the English Lake District*, 1st edn (London, 1879), 7th edn (1892); M. J. B. Baddeley, *The thorough guide to the English Lake District*, 1st edn (London, 1880); M. J. B. Baddeley, *Black's shilling guide to the English Lakes*, 21st edn (London, 1897); H. Martineau, *A complete guide to the English Lakes*, 1st edn (Windermere, [1854]), 5th edn (Windermere and London, 1876); W. G. Collingwood, *The Lake Counties*, 1st edn (London, 1902).

的山谷社会提出了尖锐的批评，而这类社会正是华兹华斯等人所珍视的。这在后期已经成为一种普遍接受的观点。

华兹华斯的环境主义为未来的保护运动奠定了基础，也为维多利亚晚期和爱德华时代的湖区保护主义者从政治层面的动员提供了基础。华兹华斯的观点经常被引用在各种声明中，用来证明公众对湖区景观的普遍喜爱。虽然一些保护主义者小心翼翼地与他对温德米尔铁路的抱怨保持距离，但他们还是热情地采纳了他的反对意见所依据的一般原则：保护英格兰土地上的“某个角落，使之免遭鲁莽的袭击”。如果说华兹华斯对温德米尔防线的具体反对是误判，那么他对湖区改建的普遍反对——在那里，改建是不必要的；在那里，改建就相当于“鲁莽的袭击”——则是具有实际意 108
义的。他坚持认为湖区是“民族财产”。从某种意义上说，华兹华斯认为，这种财产的所有权属于哪一类人，确切地说，是不相关的；真正重要的还是其一般原则。政治民主化和有关土地所有权限制的新观念，再加上人们对湖区的广泛参与（旅游业是其中一个重要的宣言），促使人们对那些“有欣赏美的眼睛、有享受之心的人”的定义发生了根本性的改变，使其延伸和扩大。在这种背景下，湖区被看作是“民族财产”，不仅仅是有文化的少数人，也属于普通大众。它是“民族的”，很大程度上是因为它被认为是普通英格兰大众的共同财产。因此，华兹华斯的观点被频繁引用。为了保护湖区景观不被后代破坏，以及改善公众对湖区的参观体验，1901 年国民托管组织为收购德温特沃特的布拉德豪庄园募集资金，哈德威克·德拉蒙德·罗恩斯利宣布这次收购“将造福未来的几代人”，并提高华兹华斯教导的和为之努力的“最广泛平民间传播的喜悦"[①]。

然而,华兹华斯发起的意识形态变革的全部含义并没有立即显现出来。这也许是因为,正如詹姆斯·温特所展示的,蒸汽时代对维多利亚环境的影响并不像人们通常认为的那样严重[②]。到了19世纪70年代,尽管技术有限,它似乎正以新的方式威胁着湖区。引起争议的一个特殊渠道是曼彻斯特市政当局提议,将湖区第七大湖泊瑟尔米尔改造成一座水库,以满足该市日益增长的清洁用水需求[③]。最后,曼彻斯特这座城市不堪重负,议会于1879年批准了这项计划,最终于1894年完工。但新兴保护主义游说团体奋力抗争,正是他们的抵抗限制了开发对环境的影响[④]。里特沃提出,现代景观保护主义的起源可以追溯到瑟尔米尔辩论。随后的几年里,经常听到湖区保护主义者使用这一事件作为论据[⑤]。然而,19世纪70年代瑟尔米尔抗议固然重要,但随后十年的保护主义争辩
109 至少具有同样重要的意义。经营湖区铁路的新提议引起了新的争议,它开始涉及公众参观的问题——这些问题在很大程度上没有出现在瑟尔米尔争议中。它吸引了前所未有的公众关注。保护事

---

① H. D. Rawnsley, 'The Brandelhow estate, Derwentwater', *Northern Counties Magazine*, 2 (1901), 336—7.

② 就像温特评论的,"维多利亚时代交通革命对家乡的环境影响相对温和"。*Secure from rash assault: Sustaining the Victorian environment* (Berkeley, 1999), p. 104, and *passim*.

③ *Ibid.*, pp. 175ff.

④ 尽管1879年《曼彻斯特水法》通过,阻止瑟尔米尔湖改建为水库的抵抗失败了,但法案中加入了一项条款,要求发展商为保存景物的美丽而要有"所有合理的考虑"。*ibid.*, p. 183.

⑤ Ritvo, *Dawn of green*.

业首次在议会中得到强大的支持，自由党议员詹姆斯·布莱斯的立场尤其有价值。保护主义运动也组织得越来越好(1883 年，第一个永久的以湖区为基础的保护主义组织成立)[1]，运动吸引了大量的媒体报道，全国大多主要报纸都进行了报道。19 世纪 80 年代的对抗意义重大，与瑟尔米尔的争议不同，这次对抗以保护主义的胜利而告终。

最早的对抗发生在 1883 年，那时有人提议修建一条从布雷斯韦特车站到奥尼斯特山口的巴特米尔再到板岩采石场的铁路。这个提议在议会遭到了一致反对，并于当年 4 月份被撤回[2]。第二项计划是沿恩纳代尔一侧往下修至湖顶，以便开发该地区的矿物资源。由于在下议院遭遇反对，该法案在 7 月的委员会审议阶段被否决[3]。1884 年初，提出了另一个恩纳代尔提议，尽管这次的提议意图通过进一步缩小湖岸范围来避免引起保护主义者的担忧，但是这一让步并没能阻止它的失败，该提议在委员会阶段再次遭遇滑铁卢[4]。恩纳代尔提案第三次被提出很大程度上激发了保护环境的力量。为了直接回应铁路计划，哈德威克·德拉蒙德·罗恩斯利等人成立了湖区保护协会(LDDS)。在利兹、曼彻斯特、谢菲尔德等北部城市和首都伦敦，地方保护协会如雨后春笋般涌现。更

① 湖区保护协会。

② *The Times*，10 April 1883，p. 11；*Spectator*，14 April 1883，p. 471.

③ *Hansard*，3rd series，281 (5 July 1883)，444—6 (6 July 1883)，596；*Spectator*，21 July 1883，pp. 928—9.

④ *Hansard*，*3rd series*，284 (21 *February* 1884)，1545—57 (25 *February* 1884)，1823—33. 在获得证据后，委员会在“两到三分钟”的谈话后，否决了该法案。*Manchester Guardian*，17 May 1884，p. 8.

重要的是，公地保护协会（CPS）和其成员们——包括像奥克塔维110 亚·希尔和詹姆斯·布莱斯这样有影响力的活动人士——都越来越多地关注湖区[1]。迄今为止，公地保护协会一直专注于伦敦及其周边地区的开放空间。并且为此，该协会还特意发起了一场维权运动，提供了亟需的法律和议会支持[2]。1887 年，这些新聚集起来的势力力量有目共睹，它们联合起来游说媒体、公众和议会，否决了两个新的威胁[3]。第一个威胁是一项铁路法案，这次提议修建一条从温德米尔到安布尔赛德的铁路，这项铁路提议比先前的提议得到了更多的支持，提议者费力劳心地证明他们的提议是为了限制对环境的影响而专门设计的——这条线路将被一条有遮挡的道路、树林和自然景观的轮廓部分隐藏起来[4]。但是即便如此，这项提议的命运和早期的提议殊途同归。第二个威胁便采取了不同的流程。有报道称，在凯西克附近的一座小山上，一条通往莱崔格的

---

① O. Hill, *Octavia Hill's letters to fellow workers, 1872—1911*, ed. R. Whelan (London, 2005), pp. 525—7 (letter, 1904); Readman, 'Octavia Hill', pp. 164, 177—8; P. Readman, 'Walking and environmentalism in the career of James Bryce: Mountaineer, scholar, statesman, 1838—1922', in Bryant, Burns and Readman, *Walking Histories*, pp. 287—318.

② 1886 年 12 月 8 日，布莱斯在给罗恩斯利的信中敦促后者"组织：组织：组织"，以此证明他始终与湖区保护协会的活动家保持着密切的联系。Cumbria Record Office, DSO/24/20/2.

③ 关于媒体关于湖区保护协会和公地保护协会的游说，可查看发给报纸编辑的传单，有反对《安布尔赛德法案》的理由。Cumbria Record Office, DSO/24/20/2. 湖区保护协会甚至制作了特殊的明信片，分发给群众号召他们写信给议员，敦促他二读时投反对票。

④ 'Reasons in support of the second reading of the Bill': Cumbria Record Office, DSO/24/20/2.

小路被迫关闭了，这引发了人们对富有的土地所有者限制公众进入这片土地的担忧。莱崔格发展成了试点和抗议地点：在这条被破坏的道路上游行，随后的法庭听证会正式承认了公众的通行权。湖滨步行道受保护是浪漫生态理念起的作用。参与游行队伍的大部分人都反对铁路计划，他们主张在这片土地上保留一种受欢迎的大众利益——实际上是民族利益——一种被铁路投机商和保守的土地所有者所藐视和轻蔑的利益。

湖区的“民族财产”性质是19世纪80年代保护主义者战胜修建铁路计划的关键。上述提议特别是《安布尔赛德法案》得到了当地公众的大力支持，该提议是在公众会议上通过的，提议请愿书被 111
送往议会，最后的批准通知刊登在《安布尔赛德先驱报》和《坎伯兰帕凯特报》上。铁路支持者们指出，许多反对者都是外来者。湖区保护协会证实了这一点，只有不到10%的成员是坎布兰居民[①]。历史学家在这方面也做了很多研究，一些人将其视为大都市的精英们主导的保护游说团体排外的证据[②]。然而，这种反对意见现在是(过去也是)不合时宜的。这个保护主义者的案子是故意以整个民族而不是以当地地方的名义提出。这也确实是它力量的源泉。湖区保护者们一再旁征博引强调他们所看到的民族是建立在其景观上的：“某个湖区山谷是否会被毁灭，这个问题既不属于山谷的居

① 相反，25%来自兰开夏郡，另外25%来自伦敦和家乡城镇。J. D. Marshall and J. K. Walton, *The Lake counties from 1830 to the mid-twentieth century: A study in regional change* (Manchester, 1981), p. 214.

② “人们似乎达成了一种共识，只有受过教育的人才能充分欣赏五大湖。自学成才的工匠是受欢迎的，但他必须有节俭和力量，才能走出铁路行业，走自己的路。”*ibid.*, p. 215.

民，也不属于山谷的继承者——‘因为山谷的旖旎之美是每一个英格兰人的遗产’①。”这是19世纪80年代铁路法案的议会反对者在想方设法得到下议院许可时候遵循的原则。对这类提议的抵制集中体现在公众前景基础上，也就是整个民族，在指定审议这些提案的特别委员会之前，不能有任何立场。这一愿景下，实际上，公地保护协会的律师们向1883年恩纳代尔提议的反对者们建议，如果他们想在委员会中与律师们辩论，那么他们的案件必须基于湖区居民的共同利益、公众的财产因铁路而受损，而不是基于民族集体更广泛的诉求②。面对这些，议会反对铁路背离了普通议员议案（也译作私人议案，private members）的传统做法，将一项破坏性的修正案移到法案的二读③。这一策略失败后，布莱斯和他
112 的同僚、自由党的E. S.霍华德成功地通过了一项指示，要求特别委员会“调查并报告拟议中的铁路是否会妨碍公众权益，如果公众每年都可以到湖区游览，是否会有意无意地破坏该地区的自然风景”④。

虽然当时没有充分认识到它的重要性（甚至还有表示同情的舆论机构，如《帕尔玛公报》），但这一指示是一项重要的成就，标志着对湖区景观某种更广泛的公众要求的正式承认⑤——而不仅仅

---

① H. D. Rawnsley, ‘The proposed permanent Lake District Defence Society’, *Transactions of the Wordsworth Society*, 5[1883], p. 48.

② Horne and Birkett to Rawnsley, 16 February 1883: Cumbria Record Office, DSO/ 24/20/ 1.

③ *Hansard*, 3rd series, 281 (5 July 1883), 444—6.

④ *Ibid.*, 281 (6 July 1883), 596.

⑤ *Pall Mall Gazette*, 7 July 1883, p. 3.

局限在当地。第二年，当再次推出恩纳代尔法案时，这种策略再次被采用，并再次获得成功[①]。1887年的安布尔赛德计划也采用了这种方法，当时布莱斯的观点得到了更广范围的接受，因为“湖区属于整个英格兰”，当地居民的喜好并不是其主要关心的问题[②]。来自意识形态高度对立背景的政客们对此表示赞同，其中包括保守党人亨利·H.豪沃斯、索锡·索尔福德议员、特立独行的社会党人罗伯特·坎宁安·格雷厄姆。所有人都清楚，民族利益放在第一位。坎宁安·格雷厄姆还宣布应该将功利主义与爱国主义结合起来一起考虑，“每一个热爱英格兰的人”也应该维护国家多数人的利益，而非少数人的（像坎宁安·格雷厄姆自己一样）[③]。英国媒体也支持这一观点。就在安布尔赛德争议的起初阶段，保守主义的《每日电讯报》就提出，保护“英格兰最美丽景点不仅局限于当地；如果仅基于当地的立场，永远不可能被正确对待。可以说，整个国家都有权利和义务保护安布尔赛德——如果安布尔赛德的自然之美被破坏了，这种权利就会受到损害”[④]。在议会辩论结束后，自由党的《曼彻斯特卫报》在文章中尖锐地宣称：

> 安布尔赛德的公民没有权利成为每一个英格兰人都感兴趣事情的唯一裁判。……如果安布尔赛德人问起，

---

① *Hansard*，3rd series，284 (25 February 1884)，1823—5.

② James Bryce，in *ibid*.，310 (17 February 1887)，1734.

③ *Ibid*.，310 (17 February 1887)，1736—7 (Howorth)；1744—6 (col. 1744) (Cunninghame Graham).

④ *Daily Telegraph*，13 November 1886，p. 5.

> “……难道我们不能对自己拥有的东西随心所欲吗?”这
> 113 就像美国奴隶主问,作为奴隶主自己是否可以“痛打自己的黑鬼”一样。理所当然,答案就是安布尔赛德并不是他们自己的。湖区属于所有英格兰人。如果认为在这个问题上有什么所谓的“美学”或“贵族化”的一般看法是完全错误的。对大自然的热爱是一种本能,几乎所有头脑健康、生活清静、有能力热爱一切的英格兰人都有这种本能。……正是中产阶级中文化程度不高的男性,才让一切事物都以钱为标准。支持这种计划的绝对不是工人,也不是那些一有时间去瑞士和挪威的人,而是那些最大兴趣就是保护自己国家的自然景观免遭破坏的人,让疲惫的身心能在此得到放松①。

正如《卫报》明确表示过的,安布尔赛德计划将个人物质利益置于公众无价权益的要求之上,触犯了民族在湖区的民族利益。当地人认为,铁路会给当地企业带来经济增长,他们的自私只是问题的一部分。保护主义者批评的另一个着眼点是铁路法案是一种投机行为。虽然它可能会让个人投资者或房东受益(会因为跨越他们的地产而得到金钱补偿),但对普通的社区来说,铁路的价值并没有那么高。从这个意义上说,它们代表了各派系利益对一个已知民族利益的“鲁莽攻击”,这挑战了维多利亚时代中期自由党

---

① *Manchester Guardian*, 26 February 1887, p. 7.

在主流话语中确立的政治霸权——爱国主义。这种爱国主义是在各阶级和解的进程中孕育发展的，代表的是全体民众的利益，而不是社会特权阶层的利益——格拉德斯通著名的陈述中提到，“民众”的利益而不是“特权者”的利益[1]。《安布尔赛德法案》等提议成为日益高涨的爱国主义情绪的催化剂——批评者们猛烈抨击的一项计划仅仅得到了“少数渴望分到股息或能得到其他财富的人”的支持，这是“一种完全由贪婪推波助澜的可耻的蓄意破坏行为”[2]。114
“一小群人”对民族财产的“蓄意破坏”相当于“一场民族灾难”，其可怕程度不亚于为了谋求私人利益而公然毁坏圣保罗大教堂。正如《旁观者》评论《布雷斯韦特法案》和《巴特米尔铁路法案》时所说的那样：

> 奥尼斯特岩采石场的业主现认为，他们是圣保罗教堂院子里的居民，为了能更快地从教堂的一边走到另一边，请求获准在教堂里建一条街。为了节省八英里的公路运输，他们打算破坏英格兰湖区最美丽的山路。这种

---

① 关于这一主题，参见 J. Parry, *The rise and fall of Liberal government in Victorian Britain* (New Haven and London, 1993); also J. Parry, *The politics of patriotism: English Liberalism, national identity and Europe, 1830—1886* (Cambridge, 2006).

② Letter of Fred W. Jackson to the *Manchester Guardian*, reprinted in LDDS Sheet no. 7, 'The Ambleside Railway Bill', Cumbria Record Office, DSO/ 24/ 15/ 2; also *Manchester City News*, 29 January 1887 (DSO/24/15/2). 激进的评论家们毫不迟疑地指出，洛特家族和卡文迪什·本顿克家族都是当地的大土地所有人，他们“支持这项计划的热情令人怀疑”。*Echo*, 23 February 1887, p. 2.

> 行为的损失与收益完全不成比例，更何况这种损失将由所有民众共同承担，收益仅仅由几个采石场的业主独享[1]。

就像圣保罗大教堂一样，湖区也是民族财富之一。正因为湖区属于所有民众，其作为财富之一的地位也大大提升。这反映了一种民主的民族观念：如果风景与民众利益攸关，风景是“民族有兴趣保护的财富”，那么该风景就是“真正的民族特色”。像《布雷斯韦特法案》和《巴特米尔法案》这样的提议，仅仅是“承包商们的投机取巧”，绝不可以相提并论[2]。

“民族的”这个越来越民主的概念说明了一个广为流传的信
115 念：现在的英格兰民族认同是被多数人定义的。在 1884—1885 年的《第三次改革法案》之后，几乎没人质疑改革后的政治体制中有所反映的这一特色。议会是代表全体民众的，是民主的：议会所负责的不是富人和权贵的利益，而是广大民众的利益[3]。议会不能再将个人利益凌驾于民族利益之上。1887 年，一名议员宣称：“只要有议院的许可，公共土地就可以从大鹅——英国民众那里偷走的

---

① Letter of Herbert Moser to *Kendal Mercury and Times*, February/ March [?] 1883 (cutting, Cumbria Record Offi ce, DSO/ 24/ 7); *Spectator*, 3 March 1883, 285.

② R. Hunter, *The preservation of places of interest or beauty* (Manchester, 1907), p. 29.

③ 相关评论，see Readman, *Land and nation*, pp. 112—13.

时代一去不复返了[1]。"这就解释了为什么在《安布尔赛德法案》二读之前,《帕尔玛公报》认为有必要对下议院发出警告,如果下议院"不能着重强调……私人投机商剥夺民众保护本国土地权利的日子已不再,那么下议院将会在其作为民众大会的职责这一点上失职"[2]。湖区这样的景观就是"伟大民族的健康幸福、美丽休闲宜人舒适的宝贵财富……"。在这件事上,整个民族都有了一个共同的宣言:"既不能牺牲承包商的利益私心,也不能牺牲当地少数居民的便利[3]。"

保护湖区景观因此成为了"一项公共的民族事业",一项符合"民族利益"的事业,正是因为"所有社会阶层都会到湖区来休养生息和休闲放松,所以湖区保护就成为所有民众都关心的问题"[4]。此外,这是一项事业,其主张具有真正的实质内容。铁路支持者可能认为,他们的对手是"打感情牌的专业人士",而专业人士对普通人的福祉并没有真正的兴趣[5]。但是越来越多的证据显示,民众是普遍支持保护文物的,铁路支持者这项莫须有指控的影响力逐渐消退。地方政府对铁路的支持绝不像铁路支持者自己宣称的那样

① *Hansard*,3rd series,310 (17 February 1887),1745.这是引用自18世纪一首不知名的打油诗:"法律确实会惩罚/偷走大众鹅的人/ 但却让更大的重罪犯逍遥法外/让他们从大鹅身上偷走大众的东西。"

② *Pall Mall Gazette*, 9 February 1887,p. 4.

③ *Ibid.*,14 February 1887,p. 3.

④ Letter by leaders of LDDS (W. H. Hills, H. D. Rawnsley and others) to *Standard*, 26 February 1887, p. 3;LDDS Manifesto, Cumbria Record Office, DSO/ 24/ 15/ 1.

⑤ *Hansard*,3rd series,284 (21 February 1884),1548—51.

116 强有力，比如支持这些铁路计划的公开会议会面临失败：1886 年 10 月，由《安布尔赛德法案》发起者组织的一场活动参加的人数仅有约 60 人，少得可怜[1]。尽管湖区保护协会成员都是局外人，但其主要活动人士——如罗恩斯利和 W. H. 希尔斯——都是当地居民，肯定会得到许多当地人的支持[2]。此外，当地媒体也并非全部支持铁路计划，《安布尔赛德法案》出台时，一个曾经支持铁路扩建的重要机构——《威斯特摩兰公报》——就公开反对，认为“该地区几乎所有有影响力的意见似乎都对该项目怀有敌意”[3]。事实上，1886 年，《威斯特摩兰公报》的编辑告诉该保护协会，基于他与当地人的谈话，安布尔赛德铁路“任何可能都有，但绝不会受广大普通民众欢迎”[4]。在这一点上，这个编辑并没有被误导：反对该法案的请愿书获得了该镇及其附近 800 名居民的签名，而当时该镇的总人口也只有约 2000 人。

更重要的是，全国各地以及有政治背景和社会背景的人都支持保护主义。在《安布尔赛德法案》出台时，这种支持是显而易见的。抗议请愿书是从传统大学、都市艺术家、文人和其他知识分子寄到议会的，但是，抗议参与者也包括伦敦以外的主要人口，特别

① Cumbria Record Office, DSO/ 24/ 1: ‘Copy of the evidence before the select committee on Ambleside Railway Bill, 1887’, pp. 15, 21.

② Letters to Rawnsley and Hills, Cumbria Record Office, DSO/ 24/ 20/ 2.

③ *Westmorland Gazette*, 20 November 1886, p. 5.

④ Letter to W. H. Hills, 22 November 1886, Cumbria Record Office, DSO/ 24/ 20/ 2.

是来自英格兰北部的制造业城市和城镇人群①。《曼彻斯特卫报》认为“令人鼓舞的是，这是一场真正的群众运动、民主运动。很显然，民众决心要把这个‘美丽的北欧绿色花园建设起来’，曾经的英格兰不应该被变成一个大片的‘黑炭色国度’”②。工人和中产阶级都一边倒地支持保护主义事业。例如，《布拉德福德观察家报》刊 117
登的一封信指出，机械学院的一次会议上，一位发言者对铁路说了一句“不经意的暗讽”，而这句看似“不经意的讽刺几乎赢得了全场观众的一致掌声”③。

也许，更令人信服的是（湖区）接待处向议会提供的、支持《安布尔赛德法案》的证据，两党议员一致谴责这是一项与“普通民众”利益背道而驰的措施④。为反对这项法案，曼彻斯特北部的自由党派议员 C. E. 施沃恩宣布，他的立场与他的选区选民们一致；英格兰北部的工人们“一致反对”这项计划⑤。议会、工人阶级的选区代表例如施沃恩，基本也都反对铁路计划⑥。保护主义者和他们的同

① Petitions in Cumbria Record Office，DSO/ 24/ 8/ 1；DSO/ 24/ 2—3；DSO/ 24/ 5.

② *Manchester Guardian*，26 February 1887，p. 7；also *Manchester Guardian*，27 January 1887，p. 5.

③ Letter of H. Speight and J. H. Heighton to *Bradford Observer*，16 March 1887，Cumbria Record Office，DSO/ 24/ 20/ 2.

④ *Hansard*，3rd series，310 (17 February 1887)，1728—36 (James Bryce)；1736—7 (H. H. Howorth)；and 311 (24 February 1887)，448—51 (G. J. Shaw Lefevre).

⑤ *Ibid.*，311 (24 February 1887)，447.

⑥ 保守党议员对此的评论 in *ibid.*，31(21 February 1887)，150.

情者对该法案的投票观察中发现,“工人代表整体上反对铁路”计划[①],事实也证明这个观察是正确的。工人阶级席位稳定的议员是最坚决、最明显地反对铁路的人群。曼彻斯特湖区保护委员会中对该法案投反对票的议员有博尔顿、索尔福德、利物浦、斯托克波特和斯塔利布里奇[②],甚至还有远在伦敦的工人阶级选区代表也都基本上持反对意见,其中 14 名参与投票的议员中,只有 4 人(全部是保守派)投支持票,而 5 名自由党人、1 名自由统一党人和 4 名保守党人投反对票[③]。

社会党的反对意见尤其坚定、昭然若揭。威廉·莫里斯在写
118 给《帕尔玛公报》的一封信中,抱怨《安布尔赛德法案》:

> 民族的外在自然美是民族财富的一部分,每一个公民都应该有权充分拥有享受。任何个人或团体都无权以任何借口剥夺其他公民的这种享受、财富。全社会只有一种权利,那就是共同决定在什么情况下才有必要牺牲

---

① MPs such as W. Crawford, W. R. Cremer, C. Fenwick, George Howell, Charles Bradlaugh and J. Rowlands had all done their duty, in the opinion of the *Bradford Observer*, 19 February 1887; also *Pall Mall Gazette*, 18 February 1887, p. 8.

② *Manchester City News*, 5 February 1887 (Cumbria Record Office, DSO/24/20/2).

③ *Echo*, 18 February 1887, p. 2. The definition of seats as 'working class' follows H. Pelling, *Social geography of British elections 1885—1910* (London, 1967), p. 43.

一部分财富[1]。

莫里斯反对土地私有直接影响了他的立场：就像他在1886年告诉罗恩斯利的那样，“只要土地有私有制，我们对土地所有者就没有办法”[2]。尽管很少有保护主义者采取如此极端的立场，但正如他们的同情者和批评者所承认的那样，保护主义者的立场中带有反对土地所有者的色彩。1885年给W. H. 希尔斯的一封信中，戈登·华兹华斯——著名诗人华兹华斯的孙子——注意到“我们的活跃分子几乎都是激进派”；1887年，尽管极端保守的《观察家报》将人们对铁路法案的反对态度描述为“对资本家和土地所有者的怨恨，这些人几乎每天都在以各种形式的共产理论发展壮大着自己”[3]。但是，无论如何，保护主义观点的核心原则是：出于公共和民族利益的考虑，私人所有权应该加以限制，任何私人不应该也不能（至少不应该在所有情况下）完全按照自己的意愿行事。

1887年步行道争议中，对这条原则的关注要尖锐得多。关闭通往莱崔格的小路的参与者与《铁路规范法案》的反对者差不多：布莱斯、罗恩斯利、希尔斯以及与湖区保护协会和公地保护协会的相关人士。湖区保护协会明白自己的作用是保护湖区的公共利

---

① *Pall Mall Gazette*, 22 February 1887, p. 2. See also the letter of Walter Crane, in *ibid.*, 9 February 1887, p. 3.

② Morris to Rawnsley, 10 February 1886, National Trust Archives, Acc. 6/4.

③ Gordon Wordsworth to W. H. Hills, 8 November 1885, Cumbria Record Office, DSO 24/ 20/ 2; *Observer*, 27 February 1887, p. 4.

益，当然包括保护步行道。它支持公地保护协会在游说议会保护
119 民众和民众通行权方面所做的工作，它的宣传宣称“现在是采取明确行动捍卫民族的时候了”①。对于希尔斯来说，湖区保护协会和公地保护协会及其支持者“都是工人、小农户、广大贫苦人口的捍卫者，这些人无法维持他们自古以来一直享有的土地权利，反而是一直被各种各样的人为了各自的自私目的或企图侵占着”——很快，希尔斯表明了态度，捍卫湖区自然步行道。其中一条是通往斯托克吉尔瀑布的小路，几年前，被当地土地所有者、《安布尔赛德铁路法案》的著名推动者，戈弗雷·罗兹上校封闭了②；另一条就是通往莱崔格的小路。

湖区步行道问题已经酝酿了一段时间，而斯托克吉尔事件只
120 是一个严重的导火线。1886 年 9 月出版的漫画《猛击》很好地捕捉到了该问题的本质(图 15)。漫画问世的时候，《帕尔玛公报》注意到了 1886 年的前 18 年里，“仅仅在温德米尔湖附近就有 20 条古老的自然步行道被封闭了”③。莱崔格是个转折点。山上的小道被很好地利用起来，尤其是因为它们提供了一条通往斯基多山的路线，这可能依然是湖区最受欢迎的山——可以在此山进行攀登活动(毕竟很容易攀登)，并且此山外观雄伟巍峨，华兹华斯把它比作旅游指南中经常提到的帕纳苏斯山④。有报道称，在葛丽塔银行所属

① Leaflet, LDDS, Cumbria Record Office, DSO/ 24/ 7/ 3.

② W. H. Hills, letter to *Ambleside Herald*, 31 December 1886, p. 5.

③ *Pall Mall Gazette*, 11 September 1886, pp. 4—5.

④ M. J. B. Baddeley, *Black's shilling guide to the English Lakes*, 22nd edn (London, 1900), p. 116; *Jenkinson's practical guide* (1872), pp. 125, 185.

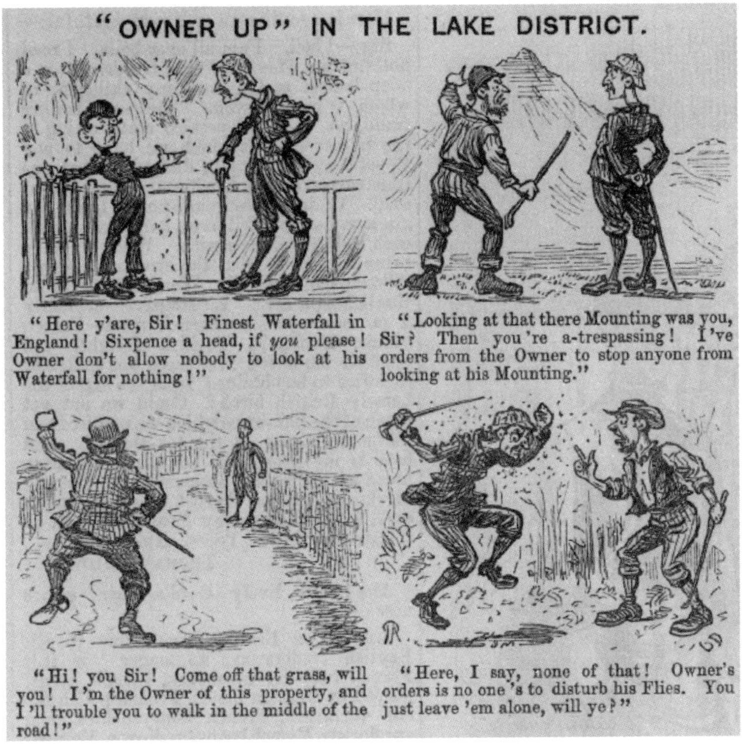

图 15　湖区"业主",出自《猛击》,1886 年 9 月 4 日。经 Syndics of Cambridge University Library:L992. b. 177 许可转载。

土地的三条路线上,有人"甚至迫使一些老太太原路返回,且态度有失礼貌",这种粗野行径激起了民愤①,因此很快成立了凯西克和湖区步行道保护协会,对此事展开认真细致地调查。此外该协会也得到了罗恩斯利和其他著名保护主义者的支持。亨利·欧文·詹金森是湖区旅游指南的作者,也是凯西克周围山脉的崇拜者(他

① *The preservation of ancient footpaths*:*The Latrigg case*. *Statement of the facts* (1888),Cumbria Record Office,WDX/ 422/ 214,pp. 2—3.

的《实用指南》将斯基多山描述成“或许是英格兰最雄伟的山峰”)①。在公地保护协会的建议下,一群凯西克和湖区步行道保护协会成员于 1887 年 8 月 30 日走上了一条有争议的山路,当时道路已经被几处木栅栏、金属栏杆、一台旧犁、带刺铁丝网、柏油覆盖的荆棘树枝等其他障碍物封堵。但是,这次示威并没有停止道路障碍物的重新搭建,因此随后又发生了进一步的抗议,包括 1887 年 10 月 1 日的大规模集会——至少 2000 人——与土地所有者的代
121 言人(他们威胁要采取法律行动)对峙,冲破大门上的锁链,走到莱崔格山顶②。

10 月 1 日会议上,英格兰各地的报纸大规模报道了此次抗议示威活动,抗议活动的带头人明确表达了他们的观点。某种程度上,这些带头人是在维护当地人的权利,因为莱崔格的山间小道提供了备受当地民众青睐的消遣方式。但从根本上来看,他们的抗议示威建立在民族公众诉求的基础上:正如詹金森所说,这个问题“事关民族大事”③。詹金森在 10 月 1 日的演讲上,他告诉民众:

> 今天你们向全世界展示了一种精神。这种精神将点

---

① Jenkinson, *Jenkinson's practical guide*, 1st edn, p. 125. ,罗恩斯利负责协会的部分宣传,包括呼吁大家入会的宣传单。1886 年 3 月,KDFPA 形成的直接原因是德温特沃特凯特贝尔山边的一条小路被一个土地所有者封闭了。FDFPA 的记录可在 Cumbria Record Office, WDX/ 422/ 2/ 4, WDso 1/ 1/ 1—62 找到。

② *English Lakes Visitor and Keswick Guardian*, 3 September 1887, p. 4; 8 October 1887, p. 5. *The Times*, 31 August 1887, p. 5; 29 September 1887, p. 4; 3 October 1887, p. 7. *Pall Mall Gazette*, 3 October 1887, pp. 1—2.

③ *English Lakes Visitor and Keswick Guardian*, 3 September 1887, p. 4.

> 燃不列颠群岛的火焰。(欢呼声)“莱崔格”一定会成为我们的口号。关于登上莱崔格峰顶的问题已经造成了争议。但是在自古以来的权利得到承认之前,我们决不能满足;除非这个饱受争议的问题得以用最基本的原则来解决。(欢呼声)。如果我们没有登上莱崔格顶峰的权利,我们也就没有了攀登大不列颠任何其他山峰的权利①。

资深激进派政治家塞缪尔·普林索尔重申了这些观点,他是此次会议的主要发言人。这位著名议员特意从伦敦赶来辩护,他否认,“今天在如此多民众面前,如此有序地为之辩护的权利仅仅是凯西克当地民众的权利。相反,这不仅仅是凯西克人民的权利,也是所有英格兰民众的权利——当然包括我在内”②。

在公地保护协会以及对此持同情态度的媒体的帮助下,莱崔格吸引了全国的注意力。在出版本书的过程中,甚至在更普遍层面上,保护主义者使用了爱国主义的说辞,这种言辞更能迎合整个民族情感,而不是地方情感。1886年罗恩斯利在《当代评论》中提到他最关心的湖区事态发展,并宣称这是“英格兰人、英格兰人的情感和英格兰立法机关的责任……要尽一切合理努力保护自古以 122

① *English Lakes Visitor and Keswick Guardian*, 8 October 1887, p. 5.

② *Ibid*.

来的权利"①。那些毫不犹豫"向英格兰发出挑战"②的人，为了对抗这些无良人的装腔作势，往往需要拆除围墙和其他障碍，可是，按照这些人的观点，真正的爱国者不应该畏缩，应该采取直接行动。1888 年 5 月，《英国劳工纪事报》的社论反思了这场争议带来的经验和教训，并告诫读者，如果某条著名的公共道路被堵住了，"愤怒的英格兰人会拿着必要的工具，或许会到现场游行，立即把障碍物夷为平地，并重新铺路通路"③。事实上，这也正是去年秋天在莱崔格发生的事情。《帕尔玛公报》将这种行为描述为"礼貌且爱国的"。1887 年凯西克抗议者们小心谨慎地清除阻塞道路的障碍物，随后登上山顶，在唱国歌《天佑女王》前，他们高唱，"征服吧，不列颠"；"英格兰人从来都不是奴隶"④。

10 月 1 日，游行至山顶后，詹金森等人收到了法院传票，指控他们损坏了土地所有者的私人财产。罗恩斯利为辩护募集资金，并得到了公地保护协会法律专业知识的支持。最终达成和解，确认了葛丽塔银行所属土地的三条路线中的两条民众享有通行权，凯西克和湖区保护协会也同意关闭第三条路线（紧挨着土地所有

---

① H. D. Rawnsley, 'Footpath preservation: A national need', *Contemporary Review*, 50 (September 1886), 373—86 (p. 373).

② 普林索尔"可怕的小个子男人"（土地所有者的代表）所采取的立场，竟敢关闭通往莱崔格的小路。*English Lakes Visitor and Keswick Guardian*, 8 October 1887, p. 5.

③ '*English Labourers' Chronicle*, 12 *May* 1888, p. 1.

④ *Pall Mall Gazette*, 1 October 1887, p. 6; 3 October 1887, p. 2. *The Times*, 3 October 1887, p. 7. *English Lakes Visitor and Keswick Guardian*, 8 October 1887, p. 5.

者的住宅)[1]。尽管土地所有者后来会用令人不快的带刺铁丝网围住开放的道路,但这对参与活动的人士来说已经是一次重大胜利。“这是英格兰历史上首次在法庭上公开承认民众登山的权利。”《星期六评论》认为,此案证明了“在过去四分之三个世纪中,民众对开放空间的态度发生了奇怪的变化”[2]。

这是一句很有前瞻性的话。民众舆论确实发生了变化,这种
变化的根基来源于华兹华斯针对湖区提出“民族财产”的民主化理 123
念。此外,这一观点还得到了法理学规范的支持,即在英格兰,私人对土地的绝对所有权是不可能的:所谓私有财产就是土地的某一处地产——对其排他性或近乎排他性私人使用的权利。由于土地不同于其他形式的财产,它是英格兰人民生存所必需的,因此这种权利(至少在理论上)是给予个人的,但他们对土地的所有权将是公共利益的。土地的私有财产——最初是一种使其生产最大化的手段——因此受到公共或民族利益考虑的限制和抑制;原则上,这种公共利益任何情况下都享有优先行使权[3]。这一规定为土地改革提议提供了很强的意识形态推动力,其观点是,公共利益是对

---

① *Manchester Guardian*, 9 July 1888, p. 7.

② *Saturday Review*, 14 July 1888, p. 37.

③ See, e. g., J. S. Mill, *Principles of political economy*, 7th edn (London, 1877), pp. 226—7, 230—2; H. Sidgwick, *The elements of politics*, 2nd edn (London, 1897), pp. 67, 73—5, 147; T. E. Scrutton, *Commons and common fields* (Cambridge, 1887), pp. 174—5; J. M. Maidlow, 'The law of commons and open spaces, and the rights of the public therein', in J. M. Maidlow, H. W. Peek et al. (eds.), *Six essays on commons preservation* (London, 1867), p. 73; H. H. Hocking, 'The preservation of commons: Legal and historical aspects of the question', in Maidlow et al., *Six essays*, pp. 357—8; H. Greenwood, *Our land laws as they are*, 2nd edn (London[1897]), pp. 7—8.

日益衰弱的“土地所有制度”[①]进行立法攻击的正当理由。更重要的是,它支持了保护主义运动——从湖区等景观中获得的民族利益证明,既要防止民众破坏,又要保护民众对这一景观的使用权是正当的。普林索尔在凯西克演讲中很明确地指出了这一点:

> 土地私人财产从来没有、现在没有、将来也不可能像人们创造的财富那样绝对拥有。你可以把钱放在一个袋子里,划船到湖边,把钱沉到湖里。你伤害的只有你自己,但是土地所有人可以决定他是否要种庄稼。这是他们的反证法。倘若土地的所有者都说,“我们不种粮食”,你们就去马上唤醒他们,告诉他们,这地从来都不是他们
> 124 的,除非是为民族和人民的利益服务的(掌声)[②]。

莱崔格为发起保护这片土地的运动做出了很大的努力和贡献,使其朝着确认这片土地民族利益的利害方向发展。从 19 世纪 80 年代,正如其利害关系所暗示的,保护主义者既关心保护民众享有有价值景观的基本权益,也关心防止景观遭到任何破坏。在成立于 1884 年的民族步行道保护协会(NFPS)的庇护下,类似的步行道保护协会如雨后春笋般遍布全英格兰[③]。公地保护协会正式

---

① See Readman, *Land and nation*.

② *English Lakes Visitor and Keswick Guardian*, 8 October 1887, p. 5.

③ 包括英格兰西南部的步行道保护协会(c. 1887)、威勒尔步行道协会(c. 1887)、莱斯特郡步行道协会(c. 1887)、北方高地[汉普斯泰德]步行道协会(1888)、峰区和北方城镇步行道保护协会(1894)、布莱克本和峰区古代步行道协会(1894)。

承诺为捍卫通行权以及保护公众权益开展运动。公地保护协会目标的延伸(这预示了1899年该协会最终与民族步道保护协会合并)是由奥克塔维亚·希尔推广的。在1888年6月的一次公地保护协会会议的演讲中,希尔认为莱崔格案子指明了现在:

> 我们大家都有责任和义务尽我们所能,为同胞、妻女、孩童保护其作为英格兰公民生与生俱有的伟大共同遗产之一——英格兰民族的步行道……我个人认为这些引导我们穿越树篱和溪流的弯弯曲曲的道路,让我们远离肮脏的公路,迈过飘香草地和绿色覆盖的山路,进入到静谧的绿色树林空间,它们是公共财产,我们应该尽我们所能将其原汁原味地留给后人,将它们在数量和美丽程度上完整无缺地留给后人[1]。

就在希尔想出建议的同时,公地保护协会得到了布莱斯和乔治·约翰·萧·勒费弗议员为首的议员的支持,目的是改进法律保障措施,防止不当地封闭民众步行道[2]。19世纪90年代早期,自由党正式开始了这项事业,为更好地保护和建立行人通行权而 125

---

① Miss Octavia Hill on the duty of supporting footpath preservation societies [1888], Cumbria Record Office, WDX/ 422/ 2/ 4; also O. Hill, 'Open spaces of the future', *Nineteenth Century*, 46 (1899), 26—35 (p. 32).

② 1888年和1892年出台了法案;关于媒体评论的例子, *See Manchester Guardian*, 25 May 1888, p. 5.

采取的措施正在被纳入自由党关于乡村地方政府改革的提议中[1]。这些提议通过1894年的《地方政府法》被写入法规，该法规赋予新教区和区议会保护、管理和创造公共通行权的权力，支持该法案的一位知名议员查尔斯·斯朗德尔称这种权力“具有特殊价值”[2]。

通行问题备受关注，其重要性在1914年前的国民托管组织的表述中达到了顶峰。人们并不总是能意识到，国民托管组织早期的主要关注点并不是建筑，而是开放空间。在第一次世界大战之前，国民托管组织大约三分之二的收购交易的投入方向是开放空间，约五分之一的收购交易的投入方向是建筑施工，其余的是纪念碑[3]。更具体地说，国民托管组织的目的不仅是保护珍贵的、未受破坏的自然景观，而且为了保护公众自由进入这一景观的权利。很快湖区成为了英格兰南部和东南部的主要活动场所。1914年前，国民托管组织在达勒姆、兰开夏、林肯郡、诺丁汉郡、柴郡、斯塔福德郡或诺森伯兰郡均未进行收购，而在约克郡和德比郡只有三家公司同时进行了收购，而湖区一共有九家公司进行了收购[4]，其中一些重要房产位于湖区景观中最昂贵的地点，尤其是德温特沃

---

① For instance, Sir E. Grey, *Rural land* (London, 1892), Oxford, Bodleian Library, John Johnson Collection, JJ/ JCC 15. 4. 86, box 9.

② C. S. Roundell, *Parish councils*: '*The village for the villagers*'. *An address before the Bradford Junior Liberal Club*, *on November 12*, *1894* (London, [1894]), pp. 15—16.

③ 这是作者的估计，源于国家托管组织、《年报》、《斯文顿》、《国民托管组织档案》中的收购清单。

④ *Ibid.*, *passim*.

特的布兰德豪公园，还有乌尔斯沃特附近的戈巴罗山冈丘陵地貌，包括占地750英亩闻名于世的艾拉瀑布旅游胜地。

尽管国民托管组织强调湖区和其他地方的开放空间，但有学者认为，该组织是基于一种反动和狭隘的意识形态。对于约翰·沃尔顿来说，国民托管组织从它成立之日起“就在宣扬英格兰的极度保守理念，其中以罗恩斯利为首”。沃尔顿说，组织倡导的“主导性亲和力”是基于专制的“家长式作风”，这种作风旨在“维护”右翼托利党（保守主义）的圈地行动。随着时间的推移，这种“家长式作 126
风”逐渐演变为一种“民粹主义和军国爱国主义的庆祝活动”[①]。国民托管组织议程当然带有爱国目的。1896年，罗恩斯利将其描述为“我们是爱国主义社会中最年轻的一代，我们的爱国主义社会旨在保护美丽而历史悠久的大不列颠，让世世代代都能享受它”[②]。但爱国主义情绪，即使在帝国主义盛行的时代，也并不总是与保守主义联系在一起。虽然早期的国民托管组织得到了托利党人的部分支持，但国民托管组织的带头人却站在政党的另一边（在这种背景下，有必要回顾一下拉斐尔·塞缪尔的观点，即“从历史发展角度看，保护主义是一项既欠左翼又欠右翼的事业”）[③]。此外，自由

---

① J. K. Walton, 'The National Trust centenary: Official and unofficial histories', *Local Historian*, 26 (1996), 86; Walton, 'The National Trust: preservation or provision?'. 相似观点，see Gould, *Early green politics*, pp. 88ff.; N. P. Thornton, 'The taming of London's commons', Ph. D. dissertation (Adelaide University, 1988).

② H. D. Rawnsley, 'The National Trust: Its work and needs', *Nature Notes*, 7 (September 1896), 190—1.

③ Samuel, *Theatres of memory*, Vol. i, p. 288.

党和社会党的爱国主义话语在这段时间里保持了很强的活力①，而这些话语在1914年以前与国民托管组织及其工作关联最为密切。在政治民主化背景下，国民托管组织再次将自己标榜宣称为“一种为公众利益服务的爱国主义联盟”②。这是一种符合全体人民利益的爱国主义，与贫富贵贱无关，这种宣传汲取了基督教社会主义的力量。这种思维模式更加激发了奥克塔维亚·希尔③的开放空间的行动主义，它把英格兰的丘陵和田野视为所有英格兰人爱国主义表达自豪感的物体对象。其中掺杂的君主主义使它成为主流——路易丝公主是其第一个保护人——但是，沃尔顿认为，这是蔑视军国主义（布尔战争期间，罗恩斯利在《泰晤士报》上撰文反对将圣乔治节定为“士兵日”的建议，称“我们拥有的已经足够，完全可以将我们的血液和子孙后代从对战争的热爱中解放出来。我们
127 不想为了保持一天的庄严，而让全国人民在战火中取暖”④）。正如国民托管组织的第二份年度报告所解释的那样，“爱国主义和伟大思想的诗歌有助于一个国家……我们呼吁热爱英格兰人民团结起来支持这项事业……男人开始学习……有一个为之而生、为之而

---

① Parry, *Politics of patriotism*; P. Ward, *Red flag and Union Jack: Englishness, patriotism and the British Left, 1881—1924* (London, 1998; Readman, *Land and nation*; P. Readman, 'The Liberal Party and patriotism in early twentieth century Britain', *Twentieth Century British History*, 12 (2001), 269—302.

② H. D. Rawnsley, 'The National Trust: Its aim and its work', *Saint George: The Journal of the Ruskin Society of Birmingham*, 2 (July 1899), 115.

③ E. Baigent, '"God's earth will be sacred": Religion, theology, and the open space movement in Victorian England', *Rural History*, 22 (2011), 31—58.

④ *The Times*, 10 April 1900, p. 11.

牺牲的祖国，这是一件好事"[1]。这种爱国主义在国民托管组织买湖区土地而进行的筹款活动中表现得尤为明显。正如罗恩斯利说，要求吸募资金去收购布兰德豪公园的呼吁是"第一次将湖区国有化的尝试……""民族主义化"这一术语得到了国民托管组织其他重要人物的呼应，尤其是罗伯特·亨特爵士的支持。他们明白，这一术语的含义是为了所有人的利益，试图将原本华兹华斯式的"民族财产"具体化[2]，不仅仅是因为这处房产毗邻一个开放的公共用地，可以让游客享受附近山峰的通行权利，收购还可以在"最大范围内传播快乐"[3]。这也是奥克塔维亚·希尔的观点，她通过自己的努力筹集资金，告诉《泰晤士报》，"像布兰德豪公园这样的民族财产，对成千上万的英格兰人来说，将是一种巨大的快乐，特别对于那些既没有自己的公园，也没有朋友有森林和乡间庄园的可以到此处游玩的人"尤其如此。她希望看到"近一英里的倾斜林地……是每一个英格兰公民的一部分遗产"[4]。这种观点在湖区的其他筹款募捐活动中再次出现，尤其是1904—1905年关于戈巴罗的上诉。此外，罗恩斯利、希尔和亨特提出的问题不仅仅是保护美丽

---

① Cited in P. Horn, *Pleasures and pastimes in Victorian Britain* (Stroud, 1999), p. 1.

② See report of National Trust annual meeting (The *Times*, 11 July 1903, p. 10)。年会上，布兰德豪的购买被亨特描述为"许多美丽的自然景点国有化的开始"。在戈巴罗上诉期间发表的一份国民托管组织传单中包括以下建议："为什么不国有化英格兰湖区呢?"……如果人们足够聪明，认识到这样一个古时宁静之地的价值，事情也许就会成功。现在每年土地都被更多地私人所有化。B. L. Thompson, *The Lake District and the National Trust* (Kendal, 1946), p. 43.

③ Rawnsley, 'The Brandelhow estate, Derwentwater', 336—7.

④ *The Times*, 10 June 1901, p. 7.

128 的自然景观，还包括保护“各年龄段的男人、女人和孩子”在这片土地上“自由行走”的通行权[①]。这种自由可以通过国民托管组织的购买得到保护和保障，用希尔的话说，“适用于一两个家庭，用带刺的铁丝隔开，将其与崇尚自然的人、勤奋肯干的职业人士、烟雾弥漫的城市居民、工人、孩子分割开来”[②]。

在这个案例中，国民托管组织强调了湖区景观提供的越来越受欢迎的休闲活动的作用。罗恩斯利指出现在“热爱自然”在“最低贱和最卑微的人”中是显而易见的，并以这些人的名义呼吁资助——“为了未来热爱自然的英格兰劳动人民”[③]。亨特在戈巴罗正式开幕典礼上发表讲话时宣称，这笔交易是为了保障“越来越多人的利益，这些人逃离了城市的拥挤和混乱，从不得不承受的工作劳碌中寻求安静和休憩”[④]。有证据表明，国民托管组织的上诉得到了民众的支持，上述的主张收获了成效。对戈巴罗公园和布兰德豪公园的捐赠来自所有社会团体。希尔和罗恩斯利报道购买布兰德豪公园募捐到的 6500 英镑，来自 1300 名捐赠者，捐赠数量从 1 先令到 300 英镑不等，来自社会各种各样的人群——“从追忆似水年华的八十多岁老人到满怀希望的年轻男孩，到工厂工人和伦

① *Manchester Guardian*, 24 June 1905, p. 6 (Rawnsley); and 10 August 1906, p. 7 (Hunter).

② Hill, *Letters to fellow workers*, p. 526.

③ *Manchester Guardian*, 14 June 1905, p. 6.

④ *Ibid.*, 10 August 1906, p. 7.

敦教师"[1]。戈巴罗公园的募捐情况也类似,从1.6万名捐助者中筹集到1.2万英镑,其中许多捐助者是兰开夏和约克郡的工业区的居民,他们都是总部位于曼彻斯特的合作假日协会的工人阶级会员,他们发出了数千份资金募捐的呼吁[2]。考虑到戈巴罗上诉的成功,国民托管组织在1905—1906年度报告中指出,"或许最令人满意 129 的方面"是"得到小额捐助者的普遍支持,特别是工人阶级的支持"[3]。

19世纪80年代围绕铁路和步行道的争议,以及20世纪初国民托管组织发起的运动,都表明湖区越来越受民众的欢迎,且民众的参观和游览并没有被视为是对景观的威胁,反倒是被看作保护民族整体利益的正当权益。正如反对《安布尔赛德法案》的媒体报道所言,湖区的存在是"为了广大公众的利益",是"属于全英格兰民族的旅游区"[4]。19世纪末20世纪初,旅游、保护和公共交通携手合作的理念,帮助人们对湖区产生新的文化理解,这是对深深植根于华兹华斯"民族财产"理念的一种民主解读。它越来越多地被看作是一种民族景观——部分的民族遗产——准确地说是因为这里是所有人珍爱且所有人都有权利享受的地点。

然而,这并不是湖区作为民族遗产日益重要的唯一原因。另

---

① O. Hill, 'Natural beauty as a national asset', *Nineteenth Century*, 58 (December 1905), 940; H. D. Rawnsley, letter on Derwentwater appeal, in *Climbers' Club Journal*, 4 (1901), 45.

② *Manchester Guardian*, 10 August 1906, p. 6; Octavia Hill to Miss Schuster, 8 March 1905, Westminster City Archives, D Misc 84/ 1/ 6.

③ National Trust, *Annual Report* (1905—6), pp. 3—4.

④ *Liverpool Daily Post*, 10 February 1887, p. 4; *Manchester Guardian*, 26 February 1887, p. 7.

一个非常重要的因素在于与湖区相关的新的关联价值。尽管湖区诗人的影响很重要，但不能仅限在湖区诗人的影响（罗恩斯利发起的购买多芬农舍的筹款活动尤其证明了这一点。多芬农舍于1891年向公众开放）[1]。从更广的角度来看，湖区还与历史有关。国民托管组织的活动再一次赋予启发意义。1914年前，国民托管组织在湖区收购了安布尔赛德附近博伦斯战场的罗马堡垒，以及位于卡斯勒里格的一块9英亩（约合11公顷）的油田，其中包括一个久已闻名的巨石圈。国民托管组织和其支持者认为这两处地点是宝贵的，因为它们是“历史的宝库”。博伦斯战场在“我们的岛屿历史”中是“一个有教育意义的显著的真实对象”[2]。国民托管组织的
130 其他收购的历史关联也引起了广泛评论。1913年温德米尔湖区阿德莱德女王山开放的演讲中，罗伯特·亨特注意到，不仅阿德莱德女王亲自来过这里（1840年7月26日），反奴隶制的活动家威廉·威尔伯福斯也熟知这里[3]。

上述言论反映了维多利亚晚期和爱德华时期对湖区更普遍的历史化，这是一个新的发展。某种程度上，它与湖区诗人是相关联的；如今，它已演变成为民族文学遗产的重要组成部分。詹金森的《实用指南》第九版（1893）充分利用了湖区的几乎“所有景点”，

① Gill, *Wordsworth and the Victorians*, pp. 244—6.

② *The Times*, 5 October 1912, p. 8; *Lakes Herald*, 7 June 1912, [p. 5]. See also H. D. Rawnsley, *Chapters at the English Lakes* (Glasgow, 1913), pp. 225—6; and W. G. Collingwood, ‘The Roman camp at Ambleside’, National Trust pamphlet (Ambleside, 1912).

③ *The Times*, 12 September 1913, p. 4.

> 旅行者发现的一些有价值的文学联想、崇高的记忆，无论是居住还是工作都能给景色增加更多的人类兴趣点。任何具有英格兰文学知识的人都会发现英格兰湖区的山丘、价值和建筑会在散文或诗歌中不断回忆起一些历史人物、文学人物、不朽伟人的名言[①]。

湖区诗人故居和诗人常去之地已成为旅游胜地。莎士比亚故居所在的埃文河畔的斯特拉特福德早已是颇受欢迎的旅游胜地。1913 年,在伦敦伯爵宫举行的一场大型展览中,“莎翁笔下的英格兰”达到了第一次世界大战前的巅峰[②]。但他在湖区遗产意识方面的价值并不仅仅局限于与过去文学生活的联系,而且覆盖了整个社会和整个人类历史。也许湖区的文化购买最好的例证是两位男士的作品,他们都是湖区的居民:哈德威克·德拉蒙德·罗恩斯利 131
和威廉·葛顺·科灵伍德。

罗恩斯利是凯西克附近克罗斯威特的牧师,在那里他和他的妻子建立了一座工业艺术学校。科灵伍德是一位水彩画艺术家、古董收藏家和作家,著有旅游指南、历史研究和小说,他也是约翰·罗斯金的第一批传记作家之一。19 世纪 80 年代和 90 年代,担任罗斯金秘书一职。两人都对湖区景观有着强烈的鉴赏力,积极参与

---

① Jenkinson, *Jenkinson's practical guide*, 9th edn (1893), p. 8.

② Readman, 'Place of the past', pp. 166—8. 此时,比较一下英国贝克手册的连续几个版本,就可看出英格兰埃文河畔斯特拉福的迅速流行是明显的。See K. Baedeker, *Great Britain* (Leizig and London, 1887), p. 246 (3rd edn (1894), pp. 244—5; 4th edn (1897), p. 248).

步行道和其景观保护活动。两个人都是文人墨客，他们的作品在湖区都很受欢迎。罗恩斯利写了一系列定位于中产阶级人群的书，包括《环绕湖镇》(*Round the Lake country*)、《湖上的马车》(*A coach-drive at the Lakes*)和《英格兰湖泊的生命与自然》(*Life and nature at the English Lakes*)。这些书的数量之多、内容之相似，反映了公众对这类作品的兴趣。这些书销量很好，其中一些已经出了多个版本①。对于科灵伍德来说，除了大量关于湖区古物的文章外，还出版了一本成功的旅游指南《湖镇》(*The Lake counties*)(1902)，以及两本以中世纪湖区为背景的小说②。

对这两人来说，湖区景观的历史关联对其历史价值有很重要的关系。科灵伍德在他的指南开头把这点解释得很清楚，当他提到罗斯金在侏罗山脉松树林中的一次经历时，罗斯金"试图想象这是在某个新大陆上，荒无人烟，没有历史的痕迹，没有任何浪漫的联想"——当他这样做的时候，这个地方失去了它所有的吸引力，反倒被一种"突然的空白和寒意笼罩"。科灵伍德解释道，罗斯金

① H. D. Rawnsley, *Round the Lake country* (Glasgow, 1909); *Lake country sketches* (Glasgow, 1903); *Literary associations of the English Lakes*, 3rd edn, 2 vols. (Glasgow, 1906); *By fell and dale at the English Lakes* (Glasgow, 1911); *Chapters at the English Lakes* (Glasgow, 1913); *Life and nature at the English Lakes*, 2nd edn (Glasgow, 1902); *A coach-drive at the Lakes*, 3rd edn (Keswick, 1902); *Ruskin and the English Lakes*, 2nd edn (Glasgow, 1901); *Months at the Lakes* (Glasgow, 1906); *A rambler's note-book at the English Lakes* (Glasgow, 1902); *Past and present at the English Lakes* (Glasgow, 1916).

② Collingwood, *The lake counties*; W. G. Collingwood, *Thorstein of the mere: A saga of the northmen in Lakeland*, 2nd edn (London, 1909[1895]); W. G. Collingwood, *The bondwoman: A story of the northmen in Lakeland* (London, 1896).

的反应显示出“专家们可能只对某个故事和风景感兴趣，但……吸 132
引我们、带我们走出自我的却是故事和风景的结合”。他认为在这一点上，湖区“非常富有”[①]。事实上，它解释了这个地方众所周知的吸引力，但是因为这里的风景面积“都非常小”，与雄伟壮观的欧洲大陆阿尔卑斯山脉相比，可能显得平淡无奇。但是

> 云雾笼罩的沼地上，住在石堆里的人走了出来，他们披着狼皮和熊皮；抑或是黄昏时分，在湖岸边，古炉的灰烬燃烧起来，大厅里的人带着鹰和猎犬骑马而过。人物众多至于画布有多大又有什么关系呢？——细节如此丰富，为什么还要为画框的狭小而烦恼呢？[②]

这些初步观察之后，科灵伍德提请注意湖区景观的历史关联，邀请游客通过积极、富有想象力地与他们眼前看到的东西互动，重塑过去。在写到安布尔赛德的罗马营时，他建议来访者“要走步行区，这样才能清楚地在草地上找到旧时广场的城墙，再一次亲身体验与军团士兵和他们肤白貌美的英格兰妻子在一起时的场景”[③]。对罗恩斯利来说，情况也是如此，他的作品不仅反复强调风景的视觉品质，而且还强调风景所蕴含的历史。这既是平民的历史，也是

---

① Collingwood, *The lake counties*, pp. 3—4.

② *Ibid.*, p. 5.

③ *Ibid.*, p. 35. 可参考科灵伍德在国民托管组织为购买此地成功筹款的演讲，参观此地让“我们接触到了真实的人——和我们如此不像然而又如此相像”，和我们一样，“熟悉温德米尔的阳光和拉夫里格的岩石；他们和我们一样，到了这里就到了家”, *Lakes Herald*, 7 June 1912[p. 5].

英雄的历史;它是一段古老的历史,可以追溯到新石器时代的“布里甘特人”。罗恩斯利想象这些人在5000年前生活在凯西克山谷[1],他对戈巴罗山的看法在这里很有启发意义。对于罗恩斯利和其他人来说,戈巴罗的价值在于它与华兹华斯的联系,尤其是诗人
133 在1802年与妹妹多萝西在乌尔斯沃特岸边散步时看到的水仙花,这段经历激发了华兹华斯的灵感,创作出了最为著名的诗歌[2]。但是正如罗恩斯利所指出的那样,在国民托管组织收购该地几年后,其历史吸引力越来越大。尽管如此,它并没有被现存的人类作品所标记(柳尔法塔除外),此地深深地唤起人们对过去的回忆。1909年的《环绕湖镇》一书中,罗恩斯利形容从戈巴罗山看到的风景“不仅美得迷人,而且……穿越多个世纪的历史”:

> 乌尔斯沃特是维京人乌尔夫的水源,远在新石器时代人非常喜爱维京人之前,在巴顿发现了“圆头人种”的营地和棚屋圈的遗迹,他们知道青铜的用途,至今从遗迹仍清晰可见。……这一场景与亚瑟王的传说不无关系。亚瑟的长矛在斯沃斯山上直指天际,而其下方的巴顿公园的特里斯特蒙特山,离湖更近,据说得名于特里斯特拉姆爵士,他是亚瑟王圆桌骑士之一[3]。

---

① Rawnsley, *by fell and dale*, pp. 1—5.

② Rawnsley, *Literary associations*, Vol. ii, pp. 58—61; National Trust, *Scheme for the purchase of Gowbarrow Fell and Aira Force on Ullswater... some press comments*[1904], National Trust Archives.

③ Rawnsley, *Round the Lake country*, pp. 101—5 (pp. 101—2, 105).

此外，罗恩斯利提到，这景况让人想到罗马人在繁化街区修了一条路，就是从这座山向东突出。基督教的历史是由13世纪普里桥附近的圣利克廷修道院引发的。即使是在这片土地上生活的动物，也会让人联想到早期的景象，“在上方，赤鹿在天空的衬托下更加轮廓分明，与天空相映成趣；在下方，当我们凝视的时候，休耕的鹿在蕨类植物中瞥了一眼，让人想起了这个山谷曾经是伟大的英格尔伍德森林的一部分，罗宾汉和他快乐的同伴们在那里找到了藏身之处，在那里玩着野林游戏”①。

对罗恩斯利和科灵伍德来说，湖区的过去并非简单地提供了各种历史关联的源泉，湖区的过去是有情节的——故事连贯、叙事性强。罗恩斯利从湖区西部蒙卡斯特费尔瀑布的视角中描述了这一过程：

> 一个人可能会梦想着过去所有的历史辉煌，这些辉煌成就了我们现在的坎伯兰郡。英格兰人把地球上的 134
> “力量”扛在内陆荒原的肩上；罗马人沿着海岸向北行进，或者在哈德纽特建立他们的营地；基督教传教士在汤姆林登陆；维京人用他们鸟嘴状的船填满了下面的水池，或者聚集在遥远的戈弗斯村做礼拜；考尔德的修道士们在更北的森林里建造修道院，中世纪的男爵在罗马人可能建立的古塔周围竖起了堡垒；伊丽莎白女王时代的渔夫们沿着伊特、迈特和埃斯克湾，在浅滩上捕捞珍珠牡蛎；

---

① Rawnsley, *Round the Lake country*, pp. 101—5 (pp. 101—2, 105).

> 一些舰队残骸搁浅在岸边……，在你凝望它时，所有这些画面都可能出现在你的脑海中[①]。

从这个角度来看，湖区景观提供了坎伯兰人与英格兰历史、地方、区域、民族历史的相互重叠、相互结合的证据。事实上，湖区景观目睹了从罗马人入侵到西班牙无敌舰队的种种失败，以及坎伯兰人在过去几个世纪的时间长河里是如何参与国家命运的，等等。这有助于增强当地的爱国主义情感，也给广大民众提供了一个额外的将湖区景观视为民族遗产的理由，从而成为“民族财产”。尽管如此，这段历史中的一些元素还是受到了越来越多的关注，特别是维京人的贡献。对维京人的关注是新颖的，可以与维多利亚时代晚期挪威人对所有事物的普遍迷恋联系起来[②]。19 世纪早期，托马斯·德·昆西、罗伯特·苏希、塞缪尔·泰勒·柯尔律治对挪威人在湖区的影响颇感兴趣。德·昆西在 1819—1820 年声称“发现”了在“威斯特摩兰和坎伯兰使用的方言……完全是从丹麦人那里借来的”[③]。但这些早期的先驱者们的观点却很少引起人们的注意
135 (华兹华斯粗鲁地拒绝了德·昆西提出的一篇关于这个问题的文章，此文章被收录在他 1820 年出版的《指南》中)[④]，直到 1856 年，罗伯特·弗格森出版了《坎伯兰和威斯特摩兰的北方人》(*The*

---

① Rawnsley, *Months at the Lakes*, p. 200.

② For this, see A. Wawn, *The Vikings and the Victorians: Inventing the old north in nineteenth-century Britain* (Cambridge, 2002).

③ B. Symonds (ed.), *The works of Thomas De Quincey*, Vol. i: *Writings, 1799—1820* (London, 2000), p. 294.

④ *Ibid.*, p. 293.

northmen in Cumberland and Westmoreland)，才取得了重大突破。弗格森的书被广泛评论，产生了真正意义上的影响，其影响力导致1860年就有人抗议说，有关斯堪的纳维亚影响的理论"太过夸张"[①]。在丹麦学者的帮助下，弗格森认为，是挪威的维京人而不是丹麦人来到了湖区，他提供了大量的文献证据和家族姓氏信息来支持他的观点——尤其是关于当地的，其中很多都起源于挪威[②]。虽然后来的研究暴露了弗格森研究细节中的许多缺陷和漏洞，但他的整体贡献依然产生了长久的影响。

弗格森论点的一个显著特点是声称维京人的入侵不仅对湖区，而且对整个民族都产生了有益的影响。这挑战了迄今为止占主导地位的关于维京海盗是破坏性掠夺者的负面解释及形象定位。正如弗格森解释的，虽然维京人烧杀掠夺，但他们最终选择在坎伯兰定居下来，给英格兰人民注入了活力和新的精神面貌，帮助塑造了英格兰的民族性格：

> 日益红火的贸易以及野蛮海盗身上遗留下的坚定独立性，是英格兰伟大特色的必要因素。盎格鲁-撒克逊人萎靡不振的劲头曾两度被北方血统的混交所激发，如果说后来(诺曼人)的征服更令人印象深刻的话，那也不会比那些更纯粹的斯堪的纳维亚部落所取得的缓慢而艰苦

① W. Whellan, *The history and topography of the counties of Cumberland and Westmoreland* (Pontefract, 1860), p. 9.

② R. Ferguson, *The northmen in Cumberland and Westmoreland* (London, 1856).

> 的地位更重要……勇敢的英格兰海员………在很大程度上，可能要归功于我们最伟大的海军上将斯堪的那维亚语姓氏——老水手的勇敢精神。布莱克和罗德尼的名字也可以在斯堪的纳维亚海盗的勃拉卡和赫罗德尼中找到[①]。

这种认为英格兰的伟大在很大程度上归功于来到湖区的维京人的
136 观点，在弗格森书的评论中可见，与当代对维多利亚时代对盎格鲁-撒克逊种族崇拜的挑战相呼应[②]。这些挑战在接近19世纪末时变得更加坚定，对历史的新解读不仅将诺曼人还有他们的维京先行者都融入了英格兰迈向今日卓越的终极目的。弗雷德里克·梅特卡夫的《英格兰人和斯堪的纳维亚人》(1884)(*The Englishman and the Scandinavian*)就是一个有力的表达，这本书是一本关于古英语和挪威文学的简明研究。其中，梅特卡夫展示了9世纪和10世纪的英格兰被软弱无力的罗马天主教所奴役，它的人民“具有男子气概和自由智力游戏的全部精神，却最终被牧师所驾驭”，无法应付精力充沛的维京人。而维京人“把新鲜的血液注入社会体制和政治体制，给体格魁梧强壮、精神却萎靡不振者注入一剂强心剂，从而改掉撒克逊人天性中的迟钝因素，使得撒克逊人能在这片

---

① R. Ferguson, *The northmen in Cumberland and Westmoreland* (London, 1856). , pp. 2—3; also pp. 144ff.

② See, e. g., ‘The northmen in the Lake District’, *New Monthly Magazine*, 108 (October 1856), 165.

大地上留下不可磨灭的印记”[1]。

追随弗格森的观点，很多评论都强调了维京人的好战和冒险精神，尤其是这种精神如何为未来的海军强国奠定了基础。梅特卡夫提出，它来自古代斯堪的纳维亚人，“渴望国外旅行”；“我们的弗罗比舍人和德雷克人，珀西人和富兰克林人，以及拉贾·布鲁克斯都是其直系后裔”[2]。然而，20 世纪初，关于挪威影响的争论有了新的发展方向。维京人的入侵依然被认为代表其长久的民族利益，但这些利益与海上的英勇行为或战场的勇猛作战美德联系不大，更多的是与和平和田园特色联系在了一起。促使这种观点转变的是人们对湖区风景中挪威遗产的兴趣不断加深。弗格森研究之后，又有更多古物学家和更详细的考古工作在实地进行，尤其是坎伯兰和威斯特摩兰古物学家和考古学会的成员。其成果反映在地形册、旅游指南和报纸和期刊上的文章中。越来越多的被吸引到湖区的攀岩者也对维京人表现出了极大兴趣。1903 年，社团出 137
版物刊登了关于挪威古物和地点名称的文章，哈斯科特-史密斯在《登山者俱乐部杂志》写道，这是一种“以特殊力量吸引”攀登者[3]。确实，这一呼吁足以让同一家杂志在 1905—1906 年发表了哈斯科特-史密斯的两篇文章，这两篇文章很大程度上都是关于单词

---

① F. Metcalfe, *The Englishman and the Scandinavian; or, A comparison of Anglo-Saxon and Old Norse literature* (London, 1884), pp. 189—90, 193.

② *Ibid.*, p. 193.

③ W. P. Haskett-Smith, ‘Wastdale Head 600 years ago’, *Climbers’ Club Journal*, 5(1903), 3—15 (p. 3).

“thwaite”的词源研究①。

如哈斯科特-史密斯在第二篇文章里注意到的，“在湖区，大多数斯堪的纳维亚人最常用的名字都是我们这个词的前缀”，这个词最初用于表示农业用途的空地②。这是一个很有说服力的观察，反映了人们对维京人作为勇士和冒险家的理解发生了转变，一旦他们作为农民定居在那里，就开始重视他们对湖区景观的影响。从这个角度来看，维京人成为了北部山谷居民的先驱，他们独立和坚韧的“维京人”特质被拓展在农业发展，而不是掠夺袭击，因此创造了一个稳定的自给自足的小农阶层。

这种关于维京人的新观点广为流传，在很大程度上要归功于科林伍德。他是挪威俱乐部和海盗俱乐部的主要成员之一，并担任海盗俱乐部的主席。他向这些协会期刊以及其他期刊贡献了关于挪威遗产的论文——不仅仅是他在 1900 年至 1920 年间编辑的《坎伯兰郡学报》和《威斯特摩兰古物与考古学会学报》。他严谨的实证研究得出结论：湖区的挪威殖民者不应该被视为掠夺者，而应该被视为农业学家，他们的持久传承是山谷地区的和平社会的根
138 源。科灵伍德认为，湖区的地名提供了令人信服的证据，证明维京人曾经在夏季农场劳作，“夏山、残片、座椅式的船具和船帆在这一

① W. P. Haskett-Smith，‘Lake Country place names’，*Climbers' Club Journal*，8 (1905)，18—20；8 (1906)，78—88. 一些登山者故意用维京人的名字来暗示他们开辟的路线。例如，当曼彻斯特登山者 L. J. 奥本海默第一次登上 Haystacks 山的冲沟，想起与同伴攀登时“回忆起古挪威人的名字——‘High Stacken，即高高的悬崖之意’，于是将‘Stacken Gill’作为名字”。L. J. Oppenheimer，*The heart of Lakeland* (London，1908)，p. 58.

② Haskett-Smith，‘Lake Country place names’，p. 80.

地区很常见，显示出维京人一旦在湖区城镇的山谷定居下来，他们的生活则是安逸的田园生活"[①]。这一点得到了考古研究的证实。考古研究发现，正如科灵伍德指出的，这些遗存"不是军用的而是田园式的古老农舍和储藏室，我们所能收集到的所有维京人定居点都证明这种通常的居住地居住形式，而不是防御的营地和城堡"[②]。

图16 科灵伍德，《纯粹的索尔斯泰因》(伦敦，1895)，卷首插图。经 Syndics of Cambridge University Library：Misc. 5. 89. 49 许可转载。

科灵伍德的学识影响了他的其他著作。他的小说《纯粹的索

---

① *Saga-Book of the Viking Club*，3 (1901)，143；also W. G. Collingwood，'The Vikings in Lakeland：Their place-names，remains and history'，*Saga-Book of the Viking Club*，1 (1892—6)，182—96.

② *Saga-Book of the Viking Club*，3 (1901)，18.

139 尔斯泰因》(1895)(*Thorstein of the Mere*)根据他对湖区[1]的挪威人定居点细致绘制的地图写成,讲述了这位同名英雄的家人是如何从马恩岛来到坎伯兰的,与其说他是战士,不如说是农民和商人[2]。

在这本书以及另一本不太成功的小说《女奴隶》(*The Bondwoman*)中,都有维京定居者的日常乡村生活的详细描述。1902年科灵伍德的游客指南把北欧人介绍为"农耕殖民者",他们清理森林,在自家牧场上放羊吃草,建立了稳定的自给自足的社区。且这些社区的美德在当代湖区社会中延续了下来[3]。1908年,科灵伍德把这一主张作为他对《斯堪的纳维亚英国》(*Scandinavian Britain*)贡献的一部分,这是他与已故牛津大学历史学教授弗雷德里克·约克·鲍威尔合著的一部重要历史著作。科灵伍德写道,"挪威殖民者不是作为征服者而来的,而是作为寻求生计的移民而来的[4]。"

科灵伍德提出的理由被其他人进一步传播。罗恩斯利的湖区写作中充满了对维京人过去的回忆,他认为维京人的过去永远铭刻在这片土地上——它的吉尔斯、哈维斯、思韦特(Thwaite)、多德、克尔德和军队——都与田园生活方式密切相关[5]。对于罗恩斯利和科林伍德来说,挪威人对湖区的影响持续了几个世纪,直到今

---

① D. H. Johnson, 'W. G. Collingwood and the beginnings of the *Idea of History*', *Collingwood Studies*, 1 (1994), 2—6.

② Collingwood, *Thorstein*.

③ Collingwood, *The lake counties*, esp. pp. 150—6.

④ W. G. Collingwood and F. York Powell, *Scandinavian Britain* (London, 1908), p. 211 这本书共272页,科灵伍德负责除前35页之外部分的写作。

⑤ Rawnsley, *By fell and dale*, pp. 9—11; also, for example, Rawnsley, *Round the Lake country*, *passim*.

天，尽管经历了撒克逊人和诺曼人入侵、封建主义和其他的变迁，山谷居民仍然保留着维京人独立和坚韧的特点，“这里定居的维京人在几个世纪的麻烦和动乱中，一直是这个国家的牧羊人和农民，今天他们与我们同在”①。罗恩斯利称，即使是湖区景观的特征之一的赫德威克羊也起源于挪威。1899 年，作为赫德威克绵羊协会的联合创始人，罗恩斯利鼓励比阿特丽克斯·波特等人饲养这些 140
动物，并大力推广了这样一种观点，即这些品种——“和强壮的北欧人一样顽强”——是搭乘海盗船来到英格兰的②。他们在湖区的持续存在，进一步证明了挪威遗产的田园特性。

这种对湖地景观的解读充分体现了维京殖民者的性格特征，但它并没有建立在任何关于种族、种族纯洁性或种族优越感的粗略生物学假设之上。正如 D. A. 洛里默观察到的，“维多利亚时代的人自己也常常搞不清楚‘种族’的意义是什么。”人们常常把种族和文化混为一谈③。因此，对维多利亚时代的人来说，正如皮特·

① Rawnsley, *Chapters at the English Lakes*, p. 137; also Rawnsley, *A rambler's notebook*, pp. 205ff.

② Rawnsley, *By fell and dale*, pp. 10—11; 'A crack about Herdwick sheep', in *ibid*., pp. 47—72; L. Lear, *Beatrix Potter* (London, 2007), p. 141. 它也注意到，甚至与湖区牧羊有关的词语也起源于挪威：Gimmer 或者 gymmer（小母羊）羊羔在此处和挪威都是指同一个东西；在我们的湖区山区中，几乎每一个山谷都能找到 outrakes 或者 sheep drive，在斯堪的纳维亚也有类似的情况，它们来自一个著名的挪威词，意为“驾驶”。Rake 之前是牧羊犬很常见的名字，来源于这个动词，字面意识是“驱赶者”。（T. Ellwood, 'The mountain sheep', *North Counties Magazine*, 2 (1901), 256—7.）

③ D. A. Lorimer, 'Race, science and culture: Historical continuities and discontinuities, 1850—1914', in S. West (ed.), *The Victorians and race* (Aldershot, 1996), pp. 14, 16, 19.

曼德勒所说，一个“种族”可以是一个实体种群，也可以是一个“部落或部族”，或者两者兼而有之[①]。有时，特别是在帝国语境中，这个词被用在(伪)科学中，与所谓的内在物理特征有关；其他场合，它被用作民族、种族和民众的同义词。19 世纪末和 20 世纪初的挪威狂热者正是在后一意义上使用了这个词。但是，尽管他们相信
141 英格兰“文明”[②]的优越性，但他们思想中基本上没有种族对比和等级制度的生物学理论。相反，他们在湖区(和其他地方)的定居通过促进种族融合而加强了民族特性。科灵伍德特别清楚，种族异质性是集体和个人两个层面力量的来源。事实上，按照这种观点，“民族理想的倡导者很少是纯种的”，罗斯金的传记甚至把他的主人公的伟大认为是混血的结果(“凯尔特之火充满了西方国家的虔诚，注入了北海水手的冷静”)[③]。对维京人来说，他们抵达湖区，带来了一种令人愉快的“种族混合”，将凯尔特人、北欧人、威尔士人、撒克逊人和盎格鲁人融合在一起，为地方和民族带来了利益[④]。《纯粹的索尔斯泰因》在讲述维京人索尔斯泰因与年轻的凯尔特

---

① P. Mandler, *The English national character: The history of an idea from Edmund Burke to Tony Blair* (New Haven and London, 2006), p. 73.

② M. Townend, *The Vikings and Victorian Lakeland: The Norse medievalism of W. G. Collingwood and his contemporaries* ([Kendal], 2009); C. Parker, ‘W. G. Collingwood’s Lake District’, *Northern History*, 38 (2001), 295—313. 对于在维多利亚时代英格兰盛行的非生物文明的民族差异的看法，see Mandler, English national character, pp. 72—86.

③ W. G. Collingwood, *The life and work of John Ruskin* (London, 1893), pp. 3—7.

④ Townend, *The Vikings*, p. 196.

女士雷纳尔的爱情故事时①，有力地表达了这一观点。但是科灵伍德通过更正式的湖区研究宣扬种族的混合。他的文献研究表明，在湖区维京人中有很强的盖尔语注入，这些语言的混合在许多地名中都很明显，表明这些移民实际上是"爱尔兰—挪威人"的祖先②。不仅如此，挪威人不仅是混合族裔的移民，他们的到来并没有导致土著人民的流离失所。以"布伦"、"凯尔"和"潘"等地名命名的"Cymric 幸存者"向科林伍德证明，就像他在《斯堪的纳维亚英国》里所说，"坎伯兰的威尔士人，以及已经定居在那里的盎格鲁人，与挪威移民生活在一起③。"在湖区的西部边缘的格斯福斯村圣玛丽教堂的墓地上，有一个令人印象深刻的 14 英尺高的石头十字架，更加证明了这种种族的异质性。格斯福斯十字架起源于 10 世纪，对科林伍德和他的维京狂热者同伴来说尤为重要。因为除了描绘十字架和其他基督教符号外，十字架上还刻有挪威神话中诗意的埃德达的场景。这种融合显示了维京人到来后种族融合受到欢迎，格斯福斯十字架上的艺术并不是思想混乱的混 142
合体，相反，它和它所描绘的埃德达反映了"新生活力中混合种族的思想"④。

因此，在地名、考古学和人工制品中，挪威人的遗产得到了充

① Collingwood, *Thorstein*.

② Collingwood, 'Vikings in Lakeland', 182—96 (pp. 185, 195—6).

③ Collingwood and York Powell, *Scandinavian Britain*, p. 216.

④ W. G. Collingwood, 'The Gosforth Cross', *Northern Counties Magazine*, 2 (1901), 313—21. See also W. S. Calverley, *Notes on the early sculptured crosses, shrines and monuments in the present diocese of Carlisle*, ed. W. G. Collingwood (Kendal, 1899), pp. 139—67.

分的利用，他们将民族融合作为一种力量。在某种程度上，这支持了区域认同感，即湖区独特的历史经验证明了其独特性。这种自豪感在科林伍德和罗恩斯利的作品中是显而易见的，他们两人都对自己故乡的山谷和山冈有着深深的眷恋①。但它也融入了更广泛的英格兰特色论述，就像诺森伯兰一样，强调了北方文化景观对民族认同建设的重要性。英格兰历史上的伟大之处，不仅植根于家乡城镇的寂静田野和村庄，也扎根于熙熙攘攘的大都市伦敦和工业中心曼彻斯特（这两大城市在这点都很重要）。在湖区的群山中也发现了精力充沛的维京人在这里定居，对英格兰人的性格塑造做出了显著的贡献。此外，刻在湖区景观上的历史，尤其是与北欧人有关的历史，证明了英格兰人伟大的民族多样性的中心地位。这是关于种族融合优点的现实证据。至少就这种融合适用于狭隘的英格兰文化而言，它可能不像人们认为的那样，那么拘泥于种族纯洁性的生物学观念。

19 世纪晚期和 20 世纪早期目睹了湖区发展成为一个具有特
143 殊力量和意义的文化景观。如今，湖区被视为一个传奇而美丽的地方，一个所有英格兰人都与之休戚与共的地方，是新兴的保护主义运动的关键活动场所，被视为空前的民族遗产。从某种意义上说，这些发展是更广泛的文化保守主义的证据，是对现代精神的反

① W. G. 科灵伍德去世后，他的儿子 R. G. 科灵伍德告诉作者一篇他父亲的讣告词，“离开湖区丘陵时，他从来没有感到自在过……事实上，在他晚年的生活中，在看不见山的地方，他永远不会快乐。没有它们，对他来说是在遭遇一种精神饥饿，所以每天只要能看到湖区的丘陵，他在任何地方都不会有生活的问题。”‘In memoriam: William Gershom Collingwood’, *Alpine Journal*, 45 (1933), 150.

映。英格兰人对城市化和工业化的不断发展和推进感到厌恶，于是寄情于湖泊等地方。因此，湖区的新价值——尤其是保护湖区不受暴政侵害的愿望——可以被看作是一种更普遍、更具有英格兰特色的对现代性排斥的具体体现①。

维多利亚时代晚期和爱德华时代对湖区的评论中，或从湖区捍卫者的语言中，都不乏保守和反动的情绪。罗斯金对19世纪70年代和80年代铁路争议的干预常常被认为是一个恰当的例子。《安布尔赛德铁路法案》期间，在给《帕尔玛公报》的信中，罗斯金猛烈抨击修建铁路，"对我来说，这是现存最令人厌恶的一种邪恶行径，是一种居心叵测而蓄意已久的地震，是对一切明智的社会习惯或可能的自然美景的破坏，是载着受诅咒灵魂的马车停在他们自己坟墓山脊上的行径②。"但是，对于一个彼时精神健康状况极其糟糕的人来说，这种毫无节制的爆发不可能被认为具有代表性。罗斯金在19世纪70年代后期和80年代所表达的观点——比如罗斯金的《劳工书简》(*Fors clavigera*)——被普遍认为是异端的、极端的③。他的早期作品，实际上可以说是他的总体思想，不应该被看作是对现代性的全面抵制。科灵伍德的儿子，著名的历史学家和哲学家R.G.科灵伍德后来指出，罗斯金在过去的社会文明中看到

① Wiener, *English Culture*.

② J. Ruskin, 'Arrows of the Chace', in *Library edition of the works of John Ruskin*, ed. E. T. Cook and A. Wedderburn, 39 vols. (London, 1903—12), Vol. xxxiv, p. 604.

③ J. Batchelor, *John Ruskin: No wealth but life* (London, 2000), pp. 257, 260—2. 罗斯金在1878年第一次遭受精神打击，后来又多次精神崩溃，在余下的22年，他长期饱受精神错乱的摧残。

了许多值得钦佩的东西，尤其是中世纪的文明，“他从来没有想过要恢复中世纪，也从来没有想过要复制中世纪的特点”，相反，他
144 的观点主张，现在可以从过去学到很多东西，并从最好的元素中汲取灵感①。正是在这种背景下，罗斯金的作品对许多人的观点和作品产生了深远的影响，尤其是罗恩斯利和老科林伍德，他们两人都在牛津大学读本科时参与了罗斯金的欣克西路项目。伊迪斯·罗恩斯利的凯西克工业艺术学院在很大程度上要归功于罗斯金关于个体工艺价值的观点，正如他在著名的文章《论哥特语的性质》②(1853)(“Nature of Gothic”)中所表述的。罗斯金在精神状态不佳之前出版的著作影响了人们对景观的态度，他一直在倡导这样一种观点，即保护野生自然——如自然的湖区——作为一种可居住的、可继承下来的环境，具有至关重要的社会价值。尤其重要的是，接触这种社会价值对此时此地的所有民众都有教育意义③。无论如何，这肯定是罗恩斯利和其保护主义支持者们所倡

① R. G. Collingwood, 'Ruskin's philosophy [1919]', in R. G. Collingwood, *Essays in the philosophy of art* (Bloomington, IA, 1966), pp. 3—41 (pp. 20—1) J. Ruskin, *the two paths: Being lectures on art, and its application to decoration and manufacture, delivered in 1858—9* (London, 1859), lecture iii, esp. pp. 125—7. ('We don't want either the life or the decorations of the thirteenth century back again' (p. 127), and *ibid.*, lecture ii, p. 56('If you glance over the map of Europe, you will find that where the manufactures are strongest, there art also is strongest').

② J. Brunton, *The arts and crafts movement in the Lake District* (Lancaster, 2001), esp. pp. 2—5, 89—90, 94—5.

③ 关于罗斯金的观点，即过去和它的景观应该被保存，不是作为文物或“策展文物”，而是作为现在和未来的辅助工具。See G. Chitty, '“A great entail”: The historic environment', in Wheeler, *Ruskin and the environment*, pp. 102—22, esp. pp. 119—21.

导的道德。

的确，湖区保护主义者们的语言和行动不能被简单描述成与现代潮流背道而驰；实际上，两者是同道而行。湖区保护主义者们对所有的发展计划并没有保持天生的敌意——正如华兹华斯所说——他们反对的是“鲁莽”或不必要的攻击。作为对湖区保护给予特别支持的旅游指南的作者们，蒙特福德·约翰·伯德·巴德利对这个问题的定义不是工业或商业活动本身，而是它们“不假思索的拓展”[①]。正如我们所看到的，这种观点表明，对铁路计划的反 145
对似乎一定是有利于地方商人或投机投资者的局部利益，而不是整个民族利益[②]。这也解释了为什么许多文物保护的支持者们甚至可以接受对民众利益的必要干预。瑟尔米尔水库就是一个很好的例子。罗恩斯利承认，曼彻斯特需要更好的纯净水供应，在努力控制环境对水库的影响后，他主持了开闸祈祷[③]。其他人则对改造后湖区的风貌持更积极的态度。在《湖区的公路和小路》(1901)(*Highways and byways in the Lake District*)中，古文物研究者阿瑟·格兰维尔·布莱德利认为，在曼彻斯特公司的管理下，这个地方并没有受到多大的影响。因此他们大胆地提出，用大坝来提升

---

① 甚至在某些情况下采石场也是可以接受的，巴德利感到，在这方面，它们比煤矿有优势，它们只能污染自己区域范围内的地表，当它们耗尽的时候，时间会很快弥补它们造成的伤害。Baddeley，*Thorough guide*，pp. xvii—xviii.

② 巴德利是这些积极的反对者之一，see，e. g.，his letter to the *Standard*，February 1883，Cumbria Record Office，DSO/ 24/ 7.

③ Ritvo，*Dawn of green*，pp. 138—41.

湖水水平面“也许是一种改进”[1]。四年后，W. T. 帕尔默——一位强烈支持国民托管组织在湖区的行为的作家——认为，瑟尔米尔仍然是“一个美丽的地方”。该公司在水库周围种植的落叶松看台提供了“不规则的浪漫”，沿着湖岸的新路是“狡猾地”伪装成的风景，为那些穿过湖岸的人“提供了一条设计精美的穿越山脉的感觉，使他们在狭窄的溪谷中神魂颠倒”[2]。巴德利作为湖区保护协会的一员，他从来没有反对过瑟尔米尔计划，他那本颇受欢迎的旅游指南，无论何种版本都赞扬了最后的结果。他同意帕尔默关于新路的看法，“它提供了一个最漂亮的车道或步行区”，认同瑟尔米尔作为一个整体仍然是“高贵的水域”，虽然被变成了水库，但是它的外貌几乎没有受到任何破坏——这一点我们应该向曼彻斯特表示“衷心的祝贺”。甚至连自来水厂的滤水井也作为“一项伟大的工程而得到赞赏”[3]。

并不是所有的湖区捍卫者们都像巴德利一样高效率，即使是
146 最强的捍卫者们也能觉察到类似的态度。在指南中，科灵伍德和詹金森绝不是在贬低工业现代化本身。詹金森的《实用指南》建议参观博罗戴尔和乌尔斯沃特附近的铅矿，以及凯西克的铅笔工厂和博物馆[4]。科灵伍德的《湖镇》期待湖区水能被用于即将到来的

---

① A. G. Bradley, *Highways and byways in the Lake District* (London, 1919 [1901]), p. 244.

② W. T. Palmer, *The English Lakes* (London, 1905), p. 166. For Palmer's support of the Trust, see pp. 185ff.

③ Baddeley, *Thorough guide*, 7th edn (London, 1895), p. 57; and 11th edn (London, 1909), pp. 58, 61, 62.

④ Jenkinson, *Jenkinson's practical guide*, 9th edn (1893), p. 61.

发电时代，这样坎伯兰海岸上那些如今破败不堪的城镇——如怀特黑文，作为工程创新的重要场所——“可能还有其他机会”实现更好的繁荣①。如果作为一名湖区保护协会执行董事会成员，他肯定反对修建一条通到奥尼斯特岩采石场的铁路建议，因为铁路会破坏其经过的景点，但是科灵伍德并不为采石场本身感到惋惜。考虑这里能制造出“英格兰最好的屋顶”，况且它们对山冈的环境影响非常轻微，因此该建议是可以被接受的，在1000英尺高的地方，这些计划“几乎不会削弱山的印象”。此外，科灵伍德还推荐采石场作为一个旅游景点，在游客的脑海中产生一种类似浪漫奇迹的概念，从奥尼斯特山口的有利位置，游客可以看到“人群——他们看起来是如此渺小的生物……如此坚定地攻击巨人的城堡，使城堡赢得了价值，然后顺着豆茎上滑下去”②。

这些观点象征了对现代工业化的一种宽容态度，是保护运动的一种普遍表现。在民族层面的带头人如布莱斯、希尔、亨特，他们并不是前工业化“简单生活”的明显感性代表。他们接受了英格兰经济从农业转向制造业和商业的发展和推进方向③。正如亨特所说，景观“很可能在不影响今天功利主义的前提下得到保护”④。这意味着一种妥协和实用主义的姿态，而不是教条主义的对抗，这 147
在保护主义者们关于湖区的讲话中是很明显的，就像在其他地方

① Collingwood, *The lake counties*, pp. 104—5.

② *Ibid.*, p. 112.

③ Readman, 'Preserving'; Readman, 'Octavia Hill'; R. Hunter, 'The reflow from town to country', *Nineteenth Century*, 56 (December 1904), 1023—32.

④ Hunter, *Preservation*, p. 10.

一样。因此，为了强烈反对安布尔赛德铁路，《曼彻斯特卫报》强调了这条铁路可能造成的不必要的破坏——因为这条铁路并不是真正需要的，它是一个“鲁莽攻击”的案例，因此不被允许。但这篇论文也清楚地表明，在能够证明具有重大公共利益的地方，“风景如画的地方就得碰壁”——就像其他铁路项目一样①。正是本着这种精神，协会没有反对修建铁路支线的计划，这条支线从彭丽斯南部的一个村庄一直延伸到乌尔斯沃特的北端。该协会认为，这样的路线将改善民众进入北方湖区的机会，而不会造成无法接受的风景破坏②。同样，1912 年，国民托管组织愿意同意根据湖区需要扩宽道路，甚至占用湖区周边接壤的土地，以及湖区本身的土地。所以，与其说是阻止这种发展，不如说是限制它们可能产生的任何负面影响③。

为了证明铁路的实用性，保护主义者们偶尔会使用商业证据。布雷斯韦特、巴特米尔、恩纳代尔铁路计划（1883—1884）的反对者们强调，由于“美具有市场价值”，而这些提议“仅从功利和金钱角度”考虑问题就很令人反感④。他们声称，这是因为旅游胜地生意可能因此遭受损失，而且——可能更可信——铁路是具有可疑经

① *Manchester Guardian*, 16 March 1887, p. 5.

② Letters of M. J. B. Baddeley and W. Little to W. H. Hills, 10 February 1884 and 1 June 1885, Cumbria Record Office, DSO/ 24/ 5/ 6. 最终，这条路线没有实现。

③ 在这种情况下，国民托管组织建议，任何从国民托管组织土地上的著名桦树中移走树木的决定都应由独立的仲裁员做出。*Lakes Herald*, 24 May 1912, [p. 5].

④ *Newcastle Daily Journal*, 13 March 1883, cutting, Cumbria Record Offi ce, DSO/ 24/7/ 1.

济价值的投机事业(地质学家和矿物专家认为它们在经济上是不可行的),该提议既是美学上的冒犯,也是“商业上的错误”①。类似的观点也可以在游客指南中发现,其中告诫说,不要将湖区大规模地牺牲给“充其量只能带来暂时收益的企业”,破坏了最初吸引人们来到湖区的风景,这样做只会杀死“为旅馆老板、旅店老板和有食品可卖的农民下金蛋的鹅”②。 148

但是,虽然这些观点反映了人民对民生问题的敏感,有助于反驳对不切实际的“多愁善感”的指责,但保护主义者论点中的功利主义因素仍具有重要的意义。与其说是反对“工业精神”,不如说是反对“纯工业精神”——这种精神可能会对我们土地上现存的“风景名胜”造成不计后果和不必要的破坏——保护主义者们也肯定,而这些地方在此时此地具有实用价值③。湖区成为表达一种新的舒适理念的关键场所,基于一种信念——“人活着不是单靠面包;如果没有保存完好的自然美景和新鲜的空气和环境,我们制造业无论怎样快速也无法使我们英格兰人的生活免于贫困和失败”④。从这个角度上,湖区是一份民族资源,为英格兰民众提供了一种重要的自我振兴渠道,即定期接触自然之美以及具有关联价

① *Standard*, February 1883, Cumbria Record Office, DSO/24/7; Bryce: *Hansard*, 3rd series, 284 (21 February 1884), 1552; pamphlet[by Gordon Wordsworth] on the LDDS (1884), pp. 5—6, Cumbria Record Office, DSO/ 24/ 9/ 1.

② Baddeley, *Thorough guide* (1880), pp. xvii—xviii; Jenkinson, *Jenkinson's practical guide*, 9th edn (1893), p. 16.

③ LDDS sheet no. 7: The Ambleside Railway Bill', Cumbria Record Office, DSO/ 24/ 15/ 2; Rawnsley, 'The National Trust: Its work and needs', 190.

④ *Newcastle Daily Leader*, 10 February 1887, p. 4.

值的景观。而且，现在比以往任何时候都更需要这种休闲舒适，因为大多数人都生活在城镇里，正如《曼彻斯特城市新闻》所言，曾经有一段时间，“向我们的新兴工业大声疾呼是正确的，那时它们在一个又一个山谷展开双臂……它们可以养活那些繁荣中可预期的未出生的数百万人”[1]。因此，即使是曼彻斯特的意见也是保留湖
149 区作为缓解城市生活压力所必需的低频“噪音、喧嚣和尘土”的地方，这是一个迫切具有“民族重要性”的问题[2]。这并不意味着保守主义者们对现代性的反感，而是对现代英格兰民族需求的现实认识。这些需要包括获得诸如湖区这样的便利设施，这符合主流的思想趋势。1889 年巴德利的《全面指南》很好地阐明了这一点：

> 为了健康和娱乐而保留空间的愿望每年都得到越来越多的认可。在英格兰北部的湖区有一个现成的公园，大自然就是这个公园的建筑师，它赋予了这个公园最好的环境。那些“务实”的功利主义者对采矿和其他投机的、在该地区遭遇的反对想法嗤之以鼻，并把这些反对者称为“感情用事者”；如果他们考虑一致性的话，他们就应该在家里的花坛上种植耶路撒冷洋蓟，并在网球场上种植可食用的甜菜[3]。

---

① *Manchester City News*, 29 January 1887 (Cumbria Record Office, DSO/24/15/2).

② LDDS leaflet on Ennerdale Railway Bill 1884, Cumbria Record Office, DSO/24/ 15/ 3.

③ Baddeley, *Thorough Guide*, 5th edn (1889), p. xvii.

1914年之前的国民托管组织活动，湖区保护基本原则的功利主义理解是显而易见的。它强调湖区的通路问题——称湖区是“民族财产”——形成了一种强有力的爱国主义观点，以满足保守主义和现代性本身的感受需要。例如，为收购戈巴罗做准备时，国民托管组织强调了它的舒适性价值——用希尔的话说，它将给“辛勤工作的职业人士、烟雾弥漫的城市居民、工人和孩子”、“艺术家”、“自然主义者”[①]带来好处。该爱国主义观点认为，对戈巴罗的保护是一项爱国需要，原因在于，一是它将承认民族在这些地方的利害关系；二是博尔顿自由党议员乔治·哈伍德声称，戈巴罗为英格兰人民提供“最好的供给，与未受破坏的自然美景进行交流，这将对民族是有利的”[②]。这符合英格兰的民族利益。1905年11月的一次筹款会议上，国民托管组织的秘书长奈杰尔·邦德很好地总结这个案件：“世界上只有一个埃拉峡谷和艾拉瀑布、戈巴罗瀑 150
布和乌尔斯沃特。”“如果人们相信，未来的北方或南方辛勤工作的市民需要在自己的土地和自己的湖泊上度假，并能从度假中获得真正的休息以及对未来工作的快乐和灵感，作为爱国者，他们没有比拥有这740英亩土地更好的投资了[③]。”

20世纪早期，湖区确实已经成为“一种民族财产”。它被看作是民族的，不仅仅是因为它美丽、独特、与历史关联，更因为湖区是所有民众的——不仅仅是有教养的精英们的——是所有人都有权利享受的景观。科灵伍德在《湖镇》的引言中强调了爱国主义

① Hill, *Letters to fellow workers*, p. 526 (letter, 1904).

② *Manchester Guardian*, 24 June 1905, p. 6.

③ *The Times*, 24 November 1905, p. 9.

情感：

> 就像澳大利亚人把英格兰当作自己的家一样，成千上万的城镇居民在内心深处也把自己看作湖区人。如果感情和接受有什么关系的话，他们就有权利称自己是湖区的主人。不需要议会法案或土地国有化就能把这个地区变成人民公园。这也正是它现在的样子——城镇公园。你会发现，无论你走到哪里，禁地是多么的少，私人所有权很少干涉。步行道上曾经时不时地发生过争吵，一个新的土地所有者试图走向自私化，但湖区的传统是反对排外的……作为回报，我们欢迎广大民众热爱湖区，就像热爱自己的湖区一样。如果担心某个角落可能会遭受破坏，各种呼喊声就会随之而来。有影响力的人会来抗议，因为他们在湖区度过了愉快的夏天；工人阶级会捐赠，因为他们在石南花和蕨类植物中度过了美好的时光①。

把湖区作为"民族财产"理解在20世纪的大部分时间里占有主导地位，为未来的保护主义干预积蓄力量。1951年，湖区最终成为
151 了国家管理的民族公园，这样做的理由不仅是为了保护景观，而且也是为了保护民族在该景观中业已确立的所有权利益。湖区不是通过变成民族公园而变成民族景观的，而是因为它本身就是一个

① Collingwood, *The lake counties*, pp. 2—3.

民族景观，继而成为了民族公园。它作为景观的地位主要是在19世纪和20世纪早期本章节提到的历史背景中建立起来的，19世纪80年代的保守主义者的争论也具有特殊的地位。早期的狂热者——吉尔平、韦斯特、格雷等人——确立了风景的文化意义，他们单从美学角度展示了景观的吸引力——风景是至高无上的。在维多利亚时期，由于华兹华斯的影响，人们对湖区的环境有了更多的认识，更加关注人类与湖区景观的过去和现在的关联与互动。湖区历史与维京人相关受到重视。随着时间的推移，这种与人类相互作用的敏感性，随着景观的变化，为发展中的保护主义运动提供了信息和力量。保护主义运动与旅游者的言论相结合，这不意味着要把湖区封闭起来，将其作为一个没有现代化的英格兰的最后遗迹；而是从日益民主的时代背景中汲取力量，同时也从新的、爱国主义化的关于公共利益、休闲舒适和正确生活的观念中汲取力量，试图保持湖区的独特性。作为一种文化景观，湖区为当今的民族社会提供特殊和具体的利益。爱德华时代，湖区提出的案件基本已经胜诉。即使是非常保守的意见机构也对此表示同情。正如右翼托利党《季刊》在1911年一篇有关“公共设施”的文章中指出的那样，过去几十年民众的感受发生了巨大变化，关于保护主义主题的报道“是所有严肃报纸中最熟悉的话题之一”①。

总之，景观保护已经踏入了英格兰人的主流看法。它的目的是为了满足人们对现代化的需求，而不是因为它所赋予环境的价

① The National Trust and public amenities', *Quarterly Review*, 214 (January 1911), 159.

152 值，迄今为止还未受到“鲁莽攻击”的丝毫影响，也未受到铭刻在环
境中的历史痕迹的影响。这在很大程度上要归功于19世纪漫长历
史进程中湖区所产生的思想和所提出的问题。然而，湖区并不是
保护主义者关注的唯一地点。在英格兰的另一端，汉普郡的新森
林也为这种观点的转变提供了有启发性的见解。也许比湖区更有
争议的是，新森林是一片充满冲突的景观。这是一场涉及平民、政
153 选者和王室官员的关于“民族”景观意义和含义的复杂辩论的
焦点。

第四章
新　森　林

即使按当时的标准，杰拉尔德·拉塞尔斯也算得上是血腥运动的超级粉丝了。1880年到1915年期间，拉塞尔斯是新森林的副测量师，他这个职位是在林德赫斯特附近一所宽敞庄园里获得的。新森林的副测量师这一职务给他提供了充分的机会，可以随意挥洒对猎捕，放鹰行猎，射杀狐狸、鹿、獾、水獭、野鸡、野兔、兔子、山鸡、野兔等动物的热情[①]。《英格兰评论》在评论拉塞尔斯1915年出版的回忆录时认为，"在这个问题上，拉塞尔斯所不知道的，很显然是不值得知道的[②]。"然而，尽管表面上看来情况恰恰相反，拉塞尔斯并不是靠打猎赚钱。作为树林和森林管理局的高级官员，其工作是维护国王对新森林的兴趣，这种习俗可以追溯到征服者威廉的统治时期，负责其木材储备的种植和维护，由此为国库创收。尽管有猎捕的消遣，但是他的任务是管理树木的有效种植、繁茂和

---

① G. Lascelles, *Thirty-five years in the New Forest* (London, 1915), esp. pp. 177ff.

② *English Review*, December 1915, p. 544.

砍伐——他把这看作是一项公共服务。对拉塞尔斯来说，新森林既是私人体育娱乐的场所，也是民族的木材宝库。

但是正如多琳·马西的作品提醒我们的那样，景点是多样的，
154 拉塞尔斯的新森林并不是唯一的新森林[①]。对有些人来说，这是一个木材保护区和禁猎区；对另一些人来说，它主要是一个农业经济区。新森林景观的大部分都是公共土地，这是已经维持几个世纪的现象了。在这片土地上，数以百计的土地所有者们保留并继续延续着继承的权利，如泥煤田（割草皮作为燃料）和林地放养猪（从猪身上取出来，用来寻找山毛榉桅杆和橡子）。这是由中世纪时选举出来的一个皇室护林宫法庭管理的。上述权利中最重要的是允许猪、牛和其他牲畜在开阔的森林中随便走动。这对小农业主来说是一种恩惠，因为他们能够饲养的动物远远超过他们自己土地所允许饲养的数量。1875 年，77 岁的威廉·帕内尔尽管只有 3.5 英亩的小农场，却养了五头牛。当年，他在议会新森林特别委员会听证时表示，这是因为他的公民权利，“原来属于小地方的东西和附近的地方一样宝贵”[②]。这些权利大大改善了贫穷森林工作者的生活质量，使其中一些人能够足以维持生计，不再依赖工资收入维持生计。1907 年发表的一项研究发现森林中每间农舍的平均面积

① 关于多琳·马西对多元空间的深有启发的理论思考。See in particular D. Massey, *Space, place and gender* (Cambridge, 1994); and D. Massey, *For space* (London, 2005).

② Evidence of William Parnell, *Select Committee on the New Forest*, 13 (1875), p. 227.

只有 6 英亩，其中完全独立得需要 12 英亩[①]。

当然也存在着其他的新森林，它们被不同人以不同的方式概念化。从 18 世纪中期开始[②]，“旅游凝视”（“tourist gaze”）提供了一个重要的阅读材料。从那时起，森林就受到了“旅游凝视”的影响，而且这种关注的强度越来越大。对于旅游指南、艺术和游记文学的创造者和消费者，以及度假游客来说，新森林是一个具有森林的旖旎、原始的荒野、个人自由和欢乐的好去处，是一个与过去有关联的景观。1100 年，不受欢迎的国王威廉·鲁弗斯被一支从橡树上掠过的迷途箭射中身亡，据说他就站在这个地点附近。而鲁弗斯石碑就是这种情感的隐喻。竖立在 1745 年在森林的一块空地，鲁弗斯石碑是当地野餐派对者的朝圣地。热爱收集带有遗产 155
特色纪念品的游客们有着强烈的收藏欲望，以至于在 1841 年之前，石碑上很多石头都被凿掉了，被肢解的石头都被铁皮包裹了起来。1838 年，威廉·豪伊特报道过有“大量”民众坐在附近的树下（“一天的短途旅行不会找到比这里更好的去处了”）；到 19 世纪 70 年代和 80 年代，每天都有大批游客——还有很多上流社会游客如卢瑞家族（图 18）——从索尔兹伯里、南安普顿等地慕名而来[③]。

与其他景观一样，新森林是一个共享空间，具有多重身份——

---

① L. Jebb, *The small holdings of England*: *A survey of various existing systems* (London, 1907), pp. 293—303.

② For the concept of the ‘tourist gaze’, see J. Urry, *The tourist gaze* (London, 1990).

③ W. Howitt, *The rural life of England*, 2 vols. (London, 1838), Vol. ii, pp. 91—2; M. G. Fawcett, ‘The New Forest’, *Magazine of Art*, 8 (1885), 6.

图 17 《新森林：乡村风景》，J. G. 肖特摄于 19 世纪末，图片由 Courtesy of the New Forest Ninth Centenary Trust，Christopher Tower New Forest Reference Library 提供，Hampshire Record Office：20M92/ 2/ Z34。

拉塞尔斯的新森林与平民的新森林大不相同，而平民的新森林又
156 与旅游者的新森林大不相同。这些差异导致了新森林的意义和功
能的差异和冲突。不同利益和意识形态相互碰撞，争夺着森林环
境权力几何的主导地位①。这些辩论中很重要的一项干预是由发
展中的保护主义者运动创造的，开始非常重视新森林作为一种民
族景观的价值，特别是因为它与历史的关联。我们将看到，这种干
预大大促进了民众对民族与森林相互关系的讨论。随后的辩论围
绕着对民族利益的竞争展开，揭示了与价值观相关的爱国主义话

① 从多琳·马西作品里借用的“权力几何”(power geometry)这个说法。

图 18 《鲁弗斯商店的卢瑞一家》，亚当斯和斯迪拉德摄于 1879 年。图片来自 Hampshire Record Office：105M93/ 3/ 15。

语是如何塑造对民族认同的理解的。

新森林是皇家庄园的一部分，其覆盖的土地相对贫瘠，自史前时代起此地就被大量的树木覆盖。1079 年左右征服者威廉在此建 157 造了一片森林，建造它最初的目的是为国王提供运动场所，尤其是猎捕鹿。那时森林里的鹿受到闻名遐迩的严苛《森林法》的保护。后来，许多继位国王发现了其他的乐趣，导致王室忽视了森林及其治理。17 世纪晚期，这种忽视开始发生变化。随着国家对海军木材供应的焦虑情绪的增加——1664 年，约翰·伊夫林受皇家学会委托出版了《西尔瓦》(*Sylva*)一书，书中伊夫林敦促将木材种植应是民族的当务之急[1]，他的呼吁得到了许多土地所有者的响应。对于土地所有者来说，植树，尤其是橡树的种植，成为了一种爱国行为。同时，在公共利益和私人利益的巧妙结合下，植树也常常为土地所有者的家族产业增加景观价值和物质价值。人们还呼吁在皇家庄园更好地种植木材，包括新森林。新森林已成为仅次于格洛斯特郡迪安森林，海军第二大重要橡木来源[2]。1698 年，议会通过了一项法案，为新森林提供多达 6000 英亩的土地，以便更好地种植军舰木材。[3]

事实上，1698 年的立法规定圈占了 3300 英亩的土地，对森林的忽视仍在继续[4]。官员因贪赃枉法而臭名昭著，他们更关心为了自己的享乐和利益去保护野味，并不关心木材的种植。1789 年，树林和森林专员的第五份报告发现根据 1698 年法案，最大的三次圈
158 地在 12 年前就建成了，可是“兔子太多，以至于两只兔子之间都找不到什么小树苗了；可能和第三只兔子间能找到极少数的小树苗”[5]。这些无耻的养兔户把本该留作木材种植的 836 英亩地变成

① J. Evelyn, *Sylva*; *or*, *A discourse of forest-trees*, *and the propagation of timber in His Majesties dominions* (London, 1664).

② R. Greenhalgh Albion, *Forests and sea power*: *The timber problem of the Royal Navy*, 1652—1862 (Cambridge, MA, 1926), p. 108.

③ 'An Act for the increase and preservation of Timber in the New Forest, in the County of Southampton', 9 & 10 Will. III (1698).

④ 1700 年共圈地 1022 英亩，至 1751 年间没有再圈地了，1751 年增加了 300 英亩，1775 年之后还有两处圈地，每一处大概 1000 英亩。*Fifth report of the Commissioners appointed to enquire into the state and condition of the woods*, *forests*, *and land revenues of the Crown*, British Parliamentary Papers (hereafter PP), LXXVII (1789), pp. 24—6.

⑤ *Ibid.*, p. 26.

了养兔场[①]。虽然森林管理员的职责是照顾鹿，但他们用兔子和其他野味囤积木材，进一步加剧了木材供应的枯竭。平民养殖牲畜也是如此，无论是兔子、鹿、猪还是牛都破坏了幼树苗。到1783年，新森林适合海军的树木数量约为12 447，仅仅是1608年的十分之一[②]。这引起了当时许多人的愤怒。约翰·宾在1782年8月访问森林时评价道，这个地方"被忽视、被荒废了"，在"一片荒芜的荒野"[③]里有一簇簇未封闭的树木。1789年之后，法国爆发了让人绝望的战争。1793年国王皇家土地委员会的报告揭露了官员腐败行为，在这种背景下，现实情况引发了相当严重的爱国主义恐慌，许多人认为改善现状"对民族极其重要"[④]。

对于这些对现状持批评态度的人来说，解决问题的办法是消

---

① 其中一处圈地（威沃勒步行道），报道写道，"没有任何迹象表明它符合原本目的，因为没有发现一棵小树；栅栏被打破了，大门始终敞开着，与森林里的其他地方一样饲养了大量的兔子，马、鹿和猪自由地奔跑着。"*Fifth report of the Commissioners appointed to enquire into the state and condition of the woods, forests, and land revenues of the Crown*, British Parliamentary Papers (hereafter PP), LXXVII (1789), p. 109.

② P. Lewis, *Historical inquiries, concerning forests and forest laws, with topographical remarks, upon the ancient and modern state of the New Forest, in the county of Southampton* (London, 1811), pp. 120—33 (p. 121).

③ C. B. Andrews (ed.), *The Torrington diaries: Containing the tours through England and Wales of the Hon. John Byng (later fifth viscount Torrington) between the Years 1781 and 1794*, 4 vols. (London, 1934—8), Vol. i, p. 82.

④ Lewis, *Historical inquiries*, p. 122. See also, for example, A. Driver and W. Driver, General *view of the agriculture of the county of Hants, with observations on the means of its improvement* (London, 1794), pp. 37—41; T. Nichols, *Observations on the propagation and management of oak trees in general; but more immediately applying to His Majesty's New-Forest, in Hampshire* (Southampton, 1791); C. Vancouver, *General view of the agriculture of Hampshire, including the Isle of Wight: Drawn up for the Board of Agriculture and internal improvement* (London, 1810), pp. 474—6.

除鹿、平民权利、森林圈地，通过系统地种植木材，最大限度地发挥
159 土地的生产潜力，更好地满足皇家海军的需要。这种做法将减少对官员腐败的可能（和让人不齿的偷猎行为），以及低效的小农经济。人们提出了众多方案，其中许多方案的特点对科学进步具有理性主义启蒙思想。其中最引人注目的恐怕是1793年由格洛斯凯斯特公爵的家庭牧师菲利普·勒·布洛克草拟的计划。他提议在林德赫斯特周围建5万英亩的圆形圈地，四周用沟渠标出，并用栅栏隔开[①]。

虽然在1808年又通过了一项法令，授权森林办公室在新森林中圈出更多的土地用于植树，但没有采取更过激的行动。虽然不能解决海军木材问题，但1815年拿破仑战争结束缓解了沉重的木材危机，森林管理在很大程度上继续沿着既定路线推进。这激怒了一些改革者。威廉·科贝特将土地的高效利用热情和树木生长的特殊热情相结合[②]。新森林是民族的耻辱，真实地揭露了腐败旧政权的管理不善和资源浪费。科贝特骑马在乡村中参观了森林，他认为森林是民众的合法财产，由国王代表整个民族的利益而享有所属权。然而，森林办公室却滥用了民族对"民众森林"[③]的兴趣。森林办公室的官员们为了满足自己的乐趣，尽管目睹啃树皮的鹿给国家木材供应造成了公害，但是官员们依然满腔热忱地保

---

① P. Le Brocq, *Outlines of a plan for making the tract of land, called the New Forest, a real forest: And for various other purposes of the first national importance* (London, [1793]; 2nd edn, London, 1794).

② W. Cobbett, *The woodlands* (London, 1825); Cobbett, *Rural rides*, pp. 253—7.

③ Cobbett, *Rural rides*, p. 417.

护野生动物。对科贝特来说，这片新森林从法律的角度看属于无体所有权，是国家的寄生虫：

> 再一次，我还是得说，这些鹿肉和猎捕游戏到底是为
> 谁准备的？英国皇家植物园里的游戏甚至比王室想的还
> 要多！这是长期的、尖锐的贵族特权强加给我们普通民
> 众的一次深深的伤害！这帮贵族特权是那么地爱着老萨 160
> 鲁姆！……这片新森林是一笔财产，和伦敦海关大楼一
> 样都属于民众。无论多么贫穷的民众都有权询问。鹿、
> 猎捕游戏，以及付给饲养员的钱来自民众。然而，如果一
> 个人晚上出去抓捕猎物，很有可能会被带走。我们被迫
> 付钱给饲养员，让他们保护野生动物，野生动物又吃掉我
> 们被迫付钱给人们种植的树木[①]。

科贝特对新森林的怒不可遏的视角是极端爱国主义的表现，人们普遍认为英国作为一个整体民族，民族利益正被自私的精英阶层所忽视，这些精英们一心只想着个人利益和个人扩张[②]。但是，更多的关于主流改善的议题也包含了森林问题，尤其是那些与圈地运动有关的，这些议题都被冠以爱国主义主题。乔纳森·斯

---

① Cobbett, *Rural rides*, p. 418.

② 关于这种极端爱国主义的讨论，see the seminal article by H. Cunningham, 'The language of patriotism, 1750—1914', *History Workshop Journal*, 12 (1981), 8—33, esp. pp. 8—18.

威夫特——其著名的“让两穗玉米长在以前只有一穗的地方”[①]——被视为爱国主义者。国家通过增加农产品表达公众利益，这是根据拿破仑战争的经验——战争导致了严重的食品短缺，引发了民众的抗议，最著名的是1795—1796年和1800—1801年的两场抗议[②]。从这个角度出发，议会更容易支持圈地。将荒地围起来并最大化其生产力，这是符合民族利益的。对农村贫困人口由于共同权利丧失而遭受苦难的任何担忧都被民族更广泛的诉求压倒。新森林的土壤不适合大规模的农业耕地（圈地通常是为了刺激农业），即便如此，它还是被看作是一种“浪费”，而且是一种极其广泛的非生产性的浪费。如果其目的是为海军提供木材——这本
161 身就是一个民族共同目标，与提高土地本身生产力的爱国主义要求完全不同——那么森林在这方面的失败是惊人的：1833年到1848年，森林的木材产量为零[③]。

19世纪30年代和40年代，新森林被普遍认为是时代的错误。新森林未开垦的土地养活了大量的非法占有者和贫民，而这些人的品格非常“值得怀疑”。他们更像太平洋岛民，而不是文明的英格兰人。这里充斥着偷猎、木材盗窃（因为它靠近海峡海岸线）和走私等恶行。环境极其残酷无情，“这似乎是人本性的一般规律，如果人不留在森林里，最终也会回到森林，已经成为或者即将成为

---

① J. Swift, *Travels into several remote nations of the world ... By Lemuel Gulliver* [*Gulliver's Travels*] (Dublin, 1726), p. 116.

② See R. Wells, *Wretched faces: Famine in wartime England*, 1793—1801 (Gloucester, 1988).

③ Albion, *Forests and sea power*, pp. 110—11.

一个凶残的野蛮人，人只有这两种选择”[①]。特别是对古典政治经济学的倡导者们来说，圈地似乎是爱国主义的必要条件，是一种为资源浪费和死灰槁木般诺曼时期的残暴残余正名的手段。圈地的继续存在对英国作为世界商业和工业强国的地位构成了挑战。《经济学人》在1847—1848年间发表了一系列文章批评所谓的“犯罪状态”的持续留存。当时，人们普遍持有这种观点，即使是在当地报纸媒体也能看到[②]。英国《汉普郡电讯报》对1847年6月的圈地案做了一个简明扼要的报道，认为“对这片新森林的大量浪费所造成的巨大危害”被允许放任而不纠正，这着实“令人费解”[③]。

圈地并没有完全达到其目的，但它确实激励促成了新的立法，提高了森林的生产力，特别是木材生产。随着“改善”的意识形态占据主导地位，森林办公室比以前更倾向于造林，于是决定清除新 162
森林里的鹿。根据《1851鹿清除法案》，王室放弃了在广阔森林中养鹿的权利。作为补偿，王室有权再圈出1万英亩土地，用于植树造林，但附加条件是，任何时候圈出的土地不得超过1.6万英亩[④]。这项措施的潜在好处是，清除偷猎的目标诱惑，鹿的消灭也将减少犯罪活动。

---

① R. Mudie, *Hampshire: Its past and present condition and future prospects*, 3 vols. (Winchester, [1883]), Vol. ii, pp. 218, 305

② 'Reclamation of wastes—the New Forest', *Economist*, 10 July 1847, 5—6; *Economist*, 25 March 1848, p. 6.

③ “它只有利于几个公职人员，它对民族来说是一种损失，它不能提供用于公共目的的木材；54个绅士有权在其中射击，大约3000只或4000只鹿分布在5.8万英亩的未封闭土地上。”*Hampshire Telegraph and Sussex Chronicle*, 26 June 1847.

④ New Forest Deer Removal Act, 14 & 15 Vict. (1851).

森林办公室很快执行了《1851 鹿清除法案》的具体条款规定。大片的开阔林地被围起来作为木材种植园，其中许多都是生长迅速的针叶树，非常适合当地土壤。这导致了与平民之间骤增的冲突，民怨四起。王室为了植树，故意把最好的牧场占为己有，企图损害平民的利益。这些抱怨是有充分理由的：1854 年的一封臭名昭著的信件在 1875 年的一个议会特别委员会中被公开，信中森林事务副测量师向森林事务总专员推荐，“王室应该尽快执行圈围 1.6 万英亩林地的权利，因为……这样做，所有最好的牧场都将被剥夺，平民的牧草权就会大幅降低。减让任何诸如此类的权利对国王来都很重要[①]。”除此之外，森林官员们恢复了对开放森林放牧的旧限制，尽管这些限制——禁猎期和冬季休眠期——是为了保护现已离开的鹿群[②]。

不出所料，1851 年后，森林办公室的政策遭到了平民的强烈反对，平民成立的新森林协会从 1866 年起就发起了有组织的抵抗。但随着时间的推移，这种抵抗还激发了其他方面的批评，某种程度
163 上成为了民族丑闻。越来越多的人担心，英国王室会维护隐含在《1851 鹿清除法案》中的“滚动圈地”权利，开辟先前成熟的种植园，然后圈围新的林地，并不断重复，直到整个树林变成浓密的、不可渗透的森林，那时对平民和他们的牲畜就没有任何作用了。19 世

---

① Evidence of James Kenneth Howard, *Select Committee on the New Forest*, 13(1875), p. 54.

② 禁猎期(6 月 20 日—7 月 20 日)这段时间正是鹿生产的时期，平民应该把牲畜赶出去，让鹿安静地产犊；冬季休眠期 (11 月 22 日—5 月 4 日)放牧受到限制，是为了保护鹿的饲料。

纪 70 年代，英格兰的大多数媒体同意《星期六评论》的说法。1871 年 4 月，《星期六评论》认为，英格兰政府的政策相当于"一部以苏格兰经济最狭隘精神为框架的新森林法法典，对平民的压迫与曾经被认为是上天对威廉二世的复仇一样"①。几年后，多数议员同意，经过大量辩论和特别委员会的报告之后，通过立法，目的是消除《1851 鹿清除法案》所造成的损害。根据《1877 新森林法案》的条款规定，王室圈地的权力仅限于 1698 年以后被圈地的土地，其余的森林将永远保持开放。

这种观点的转变很好地说明了新森林变迁的意义和价值。《1877 新森林法案》被誉为平民对抗王室的胜利，但其意义远不止于此。正如自由党派知识分子米里森·加勒特·弗西特在 1885 年反思的那样，"对英格兰来说，这场胜利比英格兰很多战争征服的荣耀和胜利更有价值"②；简而言之，这是整个民族的胜利。弗西特的说法揭露了真相。曾经有过一场斗争，一方赢了，权力几何发生了变化。关于木材种植和"改善"的爱国主义意识形态受到了挑战，最终被替代的爱国主义意识形态击垮，开始用一种完全不同的眼光看待新森林，新森林的确成为一个完全不同的地方。

这种变化的一个关键背景是技术变化。随着装甲战舰的到来，"古英格兰的木墙成为历史，维持海军木材战略储备的民族责任也随之消失了"。另一个关键背景是意识形态。古典政治经济

---

① 'The New Forest', *Saturday Review*, 29 April 1871, 530.

② M. G. Fawcett, 'The New Forest—ii: Historical', *Magazine of Art*, 8 (1885), 51.

学喜欢把不毛之地圈起来为民族的利益服务，当然，当谈到新森林
164 的时候，这种论点就很难成立了。的确，在19世纪60年代和70年代初，一些农业专家建议，新森林应该被划分成小块，因为海军不再需要它提供木材了。詹姆斯·凯尔德爵士认为，“这个民族太小了，不可能在距离大都会只有两小时车程的地方继续拥有这么大一片荒地①。”然而，这种观点受到越来越多的挑战。实际上，把森林划分成小块的建议反映了经济思想上的一些转变。农民业主因威廉·托马斯·桑顿和约翰·斯图亚特·密尔的著作而恢复了名誉——后来，一些政客和改革家认可小农业主才是理想的英格兰人，健康强壮、性格正直是农业萧条和农村人口减少背景下民族复兴的源泉②。这个新的视角引燃了从19世纪60年代开始的各种土地改革活动，激励新森林人民振兴，其中很多人本身就是小农业主和佃农。如果19世纪60年代，新森林人仍然被看作是异国他乡的外来户和不文明的人群，拥有“野蛮而鲁莽的生活方式”，与这个

---

① Debate on Civil Service estimates, *Hansard*, 3rd series, 180 (19 June 1865), 478—84 (col. 480). 5年后，另外一名知名的农业学家议员克莱尔·苏埃尔表达了类似的观点：他告诉下议院，森林对皇家地域没有任何用处，去年它只提供了微不足道的1768英镑的净租金，用于种植海军不需要的木材。它当然雇用了大量的官员，并且允许平民饿死一些牛和小马；它也鼓励了掠夺性的人口。*Hansard*, 3rd series, 199 (25 February 1870), 819—20.

② W. T. Thornton, *A plea for peasant proprietors* (London, 1848); Mill, *Principles of political economy*, Book ii, Chapters 6—7; C. J. Dewey, 'The rehabilitation of the *peasant proprietor in nineteenth-century economic thought*', History of Political Economy, 6 (1974), 17—47; *Readman*, *Land and nation*, pp. 43—85, and *passim*.

民族的其他地方及其习俗格格不入①，那么几年后对这些人的态度发生了极大的变化。部分原因是主流态度接受森林景观功能的变化，森林景观的野性特色被视为影响居民的良性独立精神。对小型文化经济的重新定义及评价同样重要。从19世纪70年代开始，学术期刊到处都是赞美农产品小规模种植的文章，赞美新森林小 165
农户的功劳。正如1885年一名评论员注意到的，新森林人"吃苦耐劳、健康强壮、独立自主，极其贫穷但知足常乐"。新森林人是勤劳的、健壮的，"没有屈服于镇上贫穷的苦难和不满"②。1907年路易斯·杰布的研究发现，即使是规模非常小的土地，在森林里也是可行的，这一结论为以后的研究提供了依据③。在解释森林小型经济模式成功时，许多人指出了这是拥有共同权利所带来的好处，反映了对公地价值更普遍的重新评估(他们的辩护者如此断言)不再是一种浪费，在任何情况下都应该得到改善，而不再存在这种浪费。某种程度上，这种观点是很经济实用的：小农业主从获取的公共资源中获得了相当的物质利益，如果失去这些利益，他们就会离开土

① J. G. W.，'The children of the New Forest'，*London Society*，1 (1862)，365—7.

② M. Collins，'In the New Forest：Part i'，*English Illustrated Magazine*，June 1885，587—8.

③ Jebb，*Small holdings*，pp. 293—303；C. R. Tubbs，'The development of the small holding and cottage stock-keeping economy of the New Forest'，*Agricultural History Review*，13 (1965)，23—39.

地进入城镇，从而导致了当时农村人口“大量外流”[①]。在政治民主化的背景下，公地逐渐被视为民族土地上人民的遗产，这一遗产在一定程度上被土地所有者主导的议会的自私行径所浪费。但是，现存公地仍然是以没有圈地、向所有人开放的土地形式存在的。19 世纪 60 年代，著名的政治家们和公众人物组成了一个强大的公地保护游说团体，如湖区景观保护运动那样，借公地保护协会诉求 19 世纪 80 年代已有的湖区通行权。公地保护协会于 1865 年成立，最初的重点是防止对剩余公地的进一步侵犯，吸引了相当多民众的同情，尤其是《泰晤士报》和《帕尔玛公报》等富有同情心的媒
166 体，公地保护协会和其主要的自由党支持者们早期取得了显著成功——包括拯救汉普斯特西斯公园和埃平森林[②]。保护公地运动将爱国情绪与更实际考虑结合在一起。公地被视为古老英格兰的遗迹，为工业现代化的居民提供了与过去相关联的认同支持；它使居民接近自然，由此获得精神慰藉和身体健康[③]。

---

① 关于当代农村人口减少的一个例子，see P. A. Graham *The rural exodus* (London, 1892). For more discussion, see Readman, *Land and nation*; and M. Freeman, *Social investigation and rural England, 1870—1914* (Woodbridge, 2003).

② See G. Shaw Lefevre [Lord Eversley], *English commons and forests: The story of the battle during the last thirty years for public rights over the commons and forests of England and Wales* (London, 1894), published in a second edition as *Commons, forests and footpaths: The story of the battle during the last forty-five years for public rights over the commons, forests and footpaths of England and Wales* (London, 1910). For the political context, see Roberts, 'Gladstonian Liberalism and environment protection'.

③ Readman, *Land and nation*, pp. 113—17. On the wider ideological context of the CPS's activities, see Readman, 'Preserving'.

由此看来，公地是公共设施，如果公地圈地在过去被证明是有利于公众利益的话——提高土壤的生产力，整个民族都有收获——现在公地保护也是基于同样的理由。在土地使用方面，公共物品的定义已扩大到舒适这一因素。虽然新森林的生产潜力相对较小，但越来越多的人认为它带来了重要的社会和知识效益，显然这是不可估量的。到19世纪70年代中期，《经济学家》甚至也改变了自己的腔调，开始反对森林办公室的种植政策，认为这对开放森林景观的吸引力是有害的，它认为"……为了每年微薄的收入，甚至为了我们海军木材供应的大量增加就屈服是不合理的"。他们认为，这样的行动"有点像减掉民族美术馆里的绘画，为的是修补女王陛下船只的帆"①。《经济学家》的观点反映了政治经济思想的变化。J. R. 韦兹发现"对自然风景的热爱"在日益增加。他认为
这一现象是"由于我们新的政治经济学家学派"宣扬了一个常常被 167
人遗忘的真理，"人不能只靠面包生活"②。韦兹暗示的政治经济学家是约翰·斯图尔特·密尔。约翰的人文功利主义包括对公地保护协会的支持，以及鼓励小农业主的激进土地改革③。韦兹指的另一位经济学家是亨利·弗西特——剑桥大学政治经济学教授、自由党派政治家领袖、公地保护协会成员，是新森林及其民众权利的热情的捍卫者。弗西特和夫人米里森·加勒特·弗西特都是很有

① 'The New Forest', *Economist*, 24 July 1875, 7.

② J. R. Wise, *The New Forest: Its history and its scenery*, 4th edn (London, 1883[1863]), preface, pp. ix—x.

③ Shaw Lefevre, *English commons*, p. 40; D. Martin, *John Stuart Mill and the land question* (Hull, 1981); Roberts, 'Gladstonian Liberalism and environment protection', 307.

影响力的人物。他们对新森林的兴趣反映了知识分子和改良主义者对普通景观的关心①。

越来越多的人为了休闲放松而奔向新森林的时候，韦兹、弗西特和其他人强调有必要保护新的森林公地，以实现"与其说滋养人的身体，不如说滋养人的心灵"。事实上，这种想法在旅游指南文献中多次出现②。自 18 世纪以来，这片森林一直是考古爱好者们

168 的兴趣所在，博利厄修道院（图 19）的遗址尤其吸引着中世纪绅士们的兴趣③。

此外，很大程度上受吉尔平的作品影响，它的景观与当代的旖

① L. Stephen, *Life of Henry Fawcett* (London, 1885), esp. pp. 293ff. 韦兹借鉴了威廉·豪伊特的作品。1838 年，豪伊特对圈地的激烈抗议在一个相当不受欢迎的环境中首次播出，现在引起了新的共鸣。豪伊特认为，"新森林的山、森林和荒地"是整个国家的肺，真正的功利主义者应该让它们保持开放，正如我们要让美术、诗歌、对历史和大自然的热爱在我们生活中保持活力一样；我们将在心中保留并重振攀登民族高峰的更有品质的生活。借此，我们的圣贤和诗人们得到了滋养，使我们既使怀着对自然和生活的热情，也能感受到动物的生活。然而，我相信，英格兰注定会成为世界历史上最伟大的国家。Howitt, *Rural life of England*, Vol. ii, pp. 117—18.

② As the fifth edition of W. H. Rogers's *Guide to the New Forest* enjoined in 1894. "人类的首要任务"可能是适当地耕种土地，但是"不能忘记，精神和身体都需要食物，自由和开放的国家能够以最奢侈的方式提供食物"。W. H. Rogers, *Guide to the New Forest*, 5th edn (Southampton, [1894]), p. 2.

③ See, for example, F. Grose, *The antiquities of England and Wales*, 8 vols. (London, [1772]—6), Vol. ii, pp. 161—5; R. Warner, *A companion in a tour round Lymington* (Southampton, 1789), pp. 85—98; R. Warner, *Topographical remarks, relating to thesouth-western part of Hampshire*, 2 vols. (London, 1793), Vol. i, pp. 259ff.; J. Buller, *A companion in a tour round Southampton* (London, 1799), pp. 94—8.

图 19 《博利厄：牧师会礼堂拱门，博利厄道院》，威廉·巴夫特摄。图片来自 Hampshire Record Office：HPP33/ 034。

旎风景概念密切相关，为这个季节吸引更多其他优秀的游客[①]。直到 19 世纪后期，人们对新森林的兴趣大多局限于公路可达的景点，甚至可以说是主要关注鲁弗斯石碑。后来，游客数量呈指数级增长，据史东尼十字酒店的店主估计，在 1875 年一天可接待 1000 人参观[②]。事实上，鲁弗斯石碑非常具有吸引力，以至于一

① W. Gilpin, *Remarks on forest scenery, and other woodland views (relative chiefly to picturesque beauty) illustrated by the scenes of New-Forest in Hampshire*, 3 vols. (London, 1791).

② Evidence of G. E. B. Eyre, *Select Committee on the New Forest*, 13 (1875), p. 244.

169 些维多利亚晚期和爱德华时代的评论家们都抱怨鲁弗斯石碑周边地区因其吸引力而变得“庸俗”[1]。1895 年，一本针对有鉴赏力的游客的书中警告道，“佩克汉姆兄弟在壁画上的地位是牢固的”。在鲁弗斯石碑旁，人们在“一便士一次”的地方就能打下来椰子(或许有可能不是打下来的)，“整个夏秋两季，这里都是游人的天堂或一片混乱”。然而，到了这个时候，“旅游者”[2]不仅仅是来看石头的，他们还来看木材，比如大山毛榉树和橡树，以及其他著名的树木，如古老的骑士橡树(ancient Knightwood Oak)(图 20
170 和图 21)。

随着带薪假期和法定假期的延长，越来越多的人选择在森林里度假，连续几天待在那里。新森林成为越来越多人的旅游目的地，是最受欢迎的目的地之一。在 1892 年的一次关于是否合适在新森林建立步枪靶场公开调查中，一名汽船操作员证实，每年大约有 13 万人从南安普敦前往海特；有目击者估计，每年夏天森林里的游街现象都很严重，“可以想象一下南汉普郡所有的中产阶级都是在同一天结婚的场景”[3]。同期出版的一本旅游指南写道，“很难想象同一地区的某个地方能满足各种阶层的品位和喜好，并提供所

---

[1] H. G. Hutchinson, *The New Forest* (London, 1904), p. 153.

[2] R. H. De Crespigny and H. Hutchinson, *The New Forest: Its traditions, inhabitants and customs* (London, 1895), p. 180.

[3] *Minutes of evidence taken before the Hon. T. H. W. Pelham in the inquiry as tothe suitability & safety of the rifle range which it is proposed to establish in theNew Forest* (15 March—23 April 1892), pp. 75, 102—4: Hampshire Record Office, 7M75/ 75.

图 20 《国王和王后的橡树，伯德伍德》，詹姆斯·考文垂摄于 1895 年。菲利普·艾莉森晚年储存在汉普郡记录室。图片来自 Hampshire Record Office：33M84/ 16/ 1。

有这些罕见的享受"①。

某种程度上，游客兴趣大增的原因是技术进步。交通设施改善、价格下调使新森林——与其他"野生"地区如湖区一样——更容易被工人和中产阶级接受。1847 年南安普敦和多切斯特铁路的

① C. Mate, *Illustrated pocket guide to Bournemouth, the New Forest and district* (Bournemouth, 1904), p. 158.

图 21　骑士森林橡树，照片由 Hulton Archive/Getty Images 提供。

建设对这里的影响重大[①]，大游览车、自行车（从 19 世纪 90 年代开始就很便宜了）和索伦特汽船贡献了力量。除了技术因素之外，还有社会发展的影响，特别是假日数量的增加和郊区中产阶级人口的增加。对这些中产阶级来说，在新森林度假是一种惬意、方便、

① 关于南安普顿和多切斯特铁路的细节：从南安普顿穿越多切斯特，布鲁克赫斯特和令伍特，1863 年，它又与伯恩茅斯相连。See H. P. White, *A regional history of the railways of Great Britain*, Vol. ii: *Southern England*, 4th edn (Newton Abbot, 1982), pp. 154, 161.

有益健康的休闲方式。尽管这些因素很重要，但这本身并不足以解释它为什么越来越受欢迎。游客对新森林兴趣增加的核心原因 171 是景观吸引力的日益增加，吸引了比以前更广泛的社会阶层。

态度转变的原因还有城市化和工业化的结果。英国人口结构发生巨大变化，从 1851 年乡村人口占一半到 1901 年[①]乡村人口占比不到四分之一，人口的变化有着深远的文化意义。随着普通民众日常生活越来越一致的城市化进程激发了人们对自然世界更广泛的兴趣。正如乡村作家弗朗西斯·希斯在他 1878 年出版的《论我们的林地树木》(*Our woodland trees*)一书记录的，希斯年轻时在乡村生活一段时间后搬到伦敦去住，那时"对自然的潜在喜爱被全部被激发，并演变成为一种激情。没有了树林和绿色的田野，人们会朝思暮想，渴望在任何可能的场合重新见到它们，实际上没有什么娱乐活动比在荒僻的茅屋里与大自然交流更值得有价值了"。希斯感到这是典型的英格兰人的体验，他们对森林的热爱是受过去几年大片林地被破坏而激发的[②]。

很大程度上，用于表达对新森林喜爱的语言借鉴了 18 世纪末和 19 世纪初那些想象力丰富的评论家们创作出来的语言。吉尔平、优弗代尔·普莱斯、理查德·佩恩·奈特在这方面做了很多贡献，确立了对美丽森林风景的传统理解，强调了开阔的落叶林地的意义——佩恩·奈特称那些"未被污染的……森林"——与那些系

① J. Saville, *Rural depopulation in England and Wales* 1851—1951 (London, 1957), p. 61.

② F. G. Heath, *Our woodland trees* (London, 1878), preface, pp. viii—ix; also F. G. Heath, *Tree gossip* (London, 1885), pp. 70—1.

统的针叶树种植园和时髦的“改良者们”(比如能人布朗[1])创造的人工景观相比,有着绝对的审美优势。茂密的冷杉的“僵硬线条”
172 遭到了尤其多的批评。冷杉在形状和颜色上的单一性与新森林等地天然如画般的粗糙和多变性——参差不齐的老橡树、苍翠茂盛的林间空地、匍匐缠绕的灌木丛和毛茸茸的石南植物[2]——截然相反。对普莱斯来说,所有凄凉的景观中,一片沉闷的针叶林

> 是最有可能让一个人上吊自杀的。但是,在这里企图自杀会遇到一些困难,因为在数不清的枝干中,几乎找不到一根单枝可以在上面系上绳子。整片针叶林都是光秃秃的高杆,顶端有几根参差不齐的树枝……甚至就连它的阴郁都缺少几分肃穆。这里只有枯燥乏味。针叶林的光芒,就像地狱的光,“只会让你看到悲伤的场景、悲伤的区域、忧郁的阴影”[3]。

吉尔平发表于1791年的关于森林景观的评论对于确立新森林的审美地位尤为重要,他强调了森林景观的多样性,指出了大山毛榉和橡树的不规则形态(这是该地区贫瘠土壤的结果)。与当时的

---

① R. P. Knight, *The landscape, a didactic poem … Addressed to Uvedale Price, Esq.*, 2nd edn (London, 1793), pp. 31—3, 72. See also Gilpin, *Forest scenery*; Price, *Essay on the picturesque*.

② Knight, *Landscape*, p. 72.

③ Price, *Essay on the picturesque*, pp. 210—24 (pp. 223—4). The verse quoted here is from Milton's *Paradise lost*.

其他作家一样，吉尔平对新森林的欣赏与对其居民性格的蔑视并存，“劣等的人”过着没有生产力的懒惰生活，过着极度贫穷的悲惨生活[1]。这符合当代主流的态度，一边赞扬新森林“不断变化的和谐”，一边又以经济、道德和民族需要为依据，敦促其改进[2]。的确，新森林美丽景观的感性认识和对满足民族需求的理性考虑巧妙地集中反映在海军木材问题上。新森林橡树弯曲的枝干不仅风景优美，而且特别符合造船工人的要求。正如爱德华·韦德雷克和约翰·布里顿在特拉法尔海战那年出版的《英国之美》(*The beauties of Britain*)里指出的那样，虽然森林里的树木“很少能像肥沃土壤中生长的橡树那样有参天的树干，但它们的枝干更适合弯曲成美 173
丽的形状，经常被造船工人称之为膝盖和肘部”[3]。当然，海军对这种橡树的利用恰好摧毁了它们，但这并没有造成过多的麻烦，即便对美丽风景的坚定支持者来说也是如此。因为在适当的时候，新树会生长取代原来的位置。被砍倒的橡树可能很高大，也可能是古树，这些都无关紧要。如画的风景使他们的外貌和形状显得格外优美，主观的审美判断替代了客观的科学测量[4]。

---

① Gilpin, *Forest scenery*, Vol. iii, pp. 39—42, and see also pp. 180—2.

② Mudie, *Hampshire*, Vol. ii, pp. 311—15, and pp. 331—2.“没有比把新森林作为森林保存起来更好的民族利用方法了，对木材的生长给予前所未有的持续和科学的关注。”

③ E. W. Brayley and J. Britton, *The beauties of England and Wales* (London, 1805), Vol. vi, p. 175.

④ C. Watkins, '“A solemn and gloomy umbrage”: Changing interpretations of the ancient oaks of Sherwood Forest', in C. Watkins (ed.), *European woods and forests: Studies in cultural history* (Wallingford, 1998), pp. 105—8; Price, *Essay on the picturesque*, pp. 80—3.

如画的风景缺乏对环境（从严格的审美意义上来看，和景观是相反的）和历史的关注（几乎没有记录树木的年龄），这有助于解释提高林地如新森林的风景价值为什么没有转化为18世纪末19世纪初的保护主义者运动。19世纪后期，如画的风景欣赏开始与新森林的概念融合，即新森林是一个具有历史价值的环境，因是民族遗产的一部分。这种对新森林的解读在政治经济气候发生变化的背景下，被越来越民主的旅游凝视所接受，新舒适是一种民族利益，它开始发挥重要的影响，最终影响政策。

当然，它有各种形式。其中之一仅仅涉及对原始自然、古老荒野和很大程度上没被人类改造过的新森林的影响。1893年发表在《康希尔杂志》的一篇文章描述了在参观森林时，“人是如何发现自己与大自然最美丽、最纯洁的一面相依存的”。在狼和野猪在此生
174 活的时代，这里即使真的有任何变化，也是微小得难以察觉[1]。从这个角度看，这与当代崇尚北美荒野的人所拍摄的照片有异曲同工之妙，新森林提供了一种回到史前的旅行地点[2]。尽管如此，它的景观却很少以这种方式被消费。如果说这片新森林是一片荒野的话，那也是一片平淡无奇的森林，而且在经过几个世纪的人类活动的深刻影响之后，现在的新森林无论如何都不再原始。大多数人都认同这一点，事实上，新森林与人类历史的紧密关联在很大程

---

① ‘In the New Forest’, *Cornhill Magazine*, n. s. 20 (January—June 1893), 591.

② R. Nash, *Wilderness and the American mind*, 5th edn (New Haven and London, 2014[1967]); D. Lowenthal, ‘The place of the past in the American landscape’, in D. Lowenthal and M. J. Bowden (eds.), *Geographies of the mind* (New York, 1976), pp. 89—117.

度上解释了为什么它的景观如此珍贵。这座新森林由木炭炉、平民、老教堂、修道院遗址、吉普赛人和古树组成，被认为是“如今擅长经营的民族的过去生活的迷人遗迹”①。正如韦兹所述，它为人们了解民族历史提供了独特而宝贵的途径。

> 这是关于英格兰风景的最好例子，与我们的历史息息相关。800 多年后，它依然是新森林……其主要风貌特征与征服者首次植树造林时相同。它的树林、溪流和平原的名字依然如同昨日。这几乎是英格兰曾经覆盖着的最后一片古老森林了。查恩伍德森林现在已经没有树木了；威克姆德森林也被圈地了；亚登的伟大森林——莎士比亚的亚登森林——也不见了踪影，只有一小部分舍伍德森林保留了下来。但是，这片新森林仍然满载着对过去的古老联想和记忆②。

与其他价值景观一样，新森林提供了一种重要的与英格兰过去关联的感觉，因此可以作为一种消解剂，以解除城市—工业现代化带来的认同缺失③。生物跨越了人类的许多代，新森林的树木在这方面特别重要，被视为历史的见证：正如约翰·罗斯金理解的那 175

---

① De Crespigny and Hutchinson, *New Forest*, pp. 2—3.

② Wise, *New Forest*, p. 3; also J. King, ‘The New Forest and the War Office’, *Westminster Review*, 137 (March 1892), 261.

③ See Readman, ‘Preserving’; and, for the importance of continuity, Readman, ‘Place of the past’.

样，“一棵非常古老的森林古树总是向我们倾诉着过去的事情”[1]。林德赫斯特附近的骑士森林橡树（Knightwood Oak）就是这样的一种树，在 20 世纪初，它就有几百年树龄了。自吉尔平以来，这棵树在旅游指南和纯文学作者的著作中广受赞誉，经常被游客们光顾，在早期英国陆军测量局森林勘测地图上也出现过[2]。

更特别的是，新森林始终与诺曼王朝保持着强烈的联系。这些关联中最突出的是与征服者之子威廉二世的故事，他在鲁弗斯
176 石碑附近戏剧性的神秘死亡是旅游指南文学讨论的最为引人入胜的一点，也是它作为备受欢迎的旅游胜地的根本原因[3]。尽管鲁弗斯石碑本身并不引人注目——它就是一块被铸铁包裹的破败的古老石头——1881 年，第一次来此的一名游客记录了这里“是如何生动地再现近一千年前国王死于臣民之手这一幕的”[4]。这里有一个激进的代表意义——威廉二世被认为是一个反复无常的暴君，热衷于推行血腥的森林法（有人因为杀了皇家鹿就被屠杀）；在某种意义上，鲁弗斯石碑纪念了盎格鲁-撒克逊人对该国新诺曼政权严酷统治的反抗。尽管威廉二世之死是否是谋杀还存在争议，但有评论家认为，鲁弗斯石碑标志着一个埋伏的地点，埋伏者可以在此迅速采取行动，“替被压迫民众遭受的伤害伺机报复”[5]。无论如

---

① Ruskin, *Works*, Vol. i, p. 68.

② For example, Ordnance Survey Office, *New Forest* (Southampton, 1900): British Library Cartographic Items, Maps 2565(2).

③ Rogers, *Guide to the New Forest*, pp. 60ff.

④ C. W. Wood, ‘In the New Forest’, *Argosy*, 31 (January 1881), 53.

⑤ F. G. Heath, *Our English woodlands* (London, 1878), p. 148.

何，很重要的一点是这块石头并不是鲁弗斯真正倒下的地方，而是一棵挡住致命箭的橡树曾经伫立的地方。因此，他的死亡就是自然正义的死亡。如果这是一起蓄意谋杀，那么新森林就成为了报复行为的合谋者。对鲁弗斯石碑含义的理解，与维多利亚—爱德华时期将新森林作为大众自由景观的更广泛概念相一致——作为最远古时期的保留物一直传递到现在。野生的、开放的和非封闭的，"好的绿林"被看作是几个世纪以来为普通民众提供庇护和帮助的地方①。这是一个"勇敢的自耕农躲避诺曼暴政"的地方，他和他的后代们享有的共同权利正是"撒克逊自由的遗迹"②。在更为普遍流行的过去的森林自由的观（罗宾汉的神话是其中最重要的一个）支持下③，这种将新森林作为当地自由的历史遗迹的观念被强烈的反独裁情绪所影响。事实上，在一些争论中，它甚至可能演变成一种激进的自由主义，主旨是质疑政府及其工作。对于哲学 177
家、政治家奥伯龙·赫伯特来说，以新森林为代表的"绿林时期的英格兰"受到森林办公室的官僚作风的危害，其目的就是用无法穿透的针叶林的异常单调取代开阔、多样的硬木景观④——这完全应该"留给自然去调整"。赫伯特在 19 世纪 80 年代和 90 年代提出的

---

① Art[icle] V.，*British Quarterly Review*，38（July 1863），81.

② *Ibid.*；Fawcett，'The New Forest—II：Historical'，50.

③ Barczewski，*Myth and national identity*，esp. pp. 208—9.

④ Evidence of Auberon Herbert，*Select Committee on woods and forests and land revenues of the Crown*，18（1890），pp. 43ff.（p. 46）；letters in *The Times*，20 April 1889，p. 7，and 24 April 1889，p. 13. See also A. Herbert，'The last bit of natural woodland'，*Nineteenth Century*，30（September 1891），346—60；A. Herbert，'*The slow destruction* of the New Forest'，*Fortnightly Review*，49（March 1891），444—65.

观点与他自己的反中央集权意识形态是一致的[1]，同时也与19世纪后期以来由代表平民利益的发言人提出的许多观点相似。这些观点认为，平民是新森林的幸存者，是自由的典型景观。通过行使和捍卫古老的权利，保持森林的开放和开阔，平民正在帮助维护英格兰人民的自由。

图22 《新森林：森林风景》，可能由J. G. 肖特摄于19世纪。照片由Hampshire Cultural Trust，Hampshire Record Office：HPP39/ 011提供。

这些自由表现为小农业主享有的由来已久的共同权利，但更普遍的是，这些自由体现在大部分土地的开放属性中，即所有人都可以享受这些土地。就像韦兹所说，"在这里，游客可以随心所欲地去任何地方，不会遭遇剥夺这种快乐的任何一种羁绊和障碍的影响[2]。"新森林中间穿插着荒地和牧场的开阔林地，宽敞壮观，大

---

① For which see S. H. Harris, *Auberon Herbert: Crusader for liberty* (London, 1943).

② Wise, *New Forest*, p. 8.

大增加了新森林作为“野生自由”景观的地位①。(图 22)。1880 年出版的一本手册向游客保证,他们可以“随心所欲地自由漫步,不受任何阻碍,呼吸到有生命的、自由的空气”②。作为新森林协会的领军人物,G. E. 布里斯科·爱在 1913 年向下议院特别委员会提供证据时提到了这些优势,他认为在开阔的森林里,杉树的自我繁殖 178
正在侵蚀着新森林的这些优势。如果允许这种繁殖继续下去,将会形成大量无法穿透的针叶林,从而扼杀“使新森林具有极大魅力的自由”。正如布里斯科·爱所解释的,“新森林的自由就是它的魅力源泉——事实上,你可以去你喜欢的地方,走你喜欢走的路,骑行到你喜欢的景点,或者你能够去的地方③。”

新森林作为一个可自由出入的历史景观概念,对于森林办公室政策的人来说,这个想法是他们主张的核心,他们主张存在一种普遍的“对景观的占有欲”,认为“真正的爱国主义是从自私的境界升华出来的”④。与公地保护协会在其他情况下提出的论点一致,这里的情况是,未封闭的公地是民众的土地——事实上,在这种情况下更是如此,因为新森林的所有者不是一个私人个体,而是整个民族。

① P. Walker, 'In the New Forest', *Fraser's Magazine*, 77 (February 1868), 218; W. Allingham, *Varieties in prose*, ed. H. Allingham, 3 vols. (London, 1893), Vol. i, p. 6.

② C. J. Phillips, *The New Forest handbook: Historical and descriptive* (Lyndhurst, 1880[1875]), pp. 9—12 (pp. 11—12).

③ *Select Committee on Commons (Inclosure and Regulation)*, 6 (1913), p. 75.

④ Heath, *Our English woodlands*, pp. 129—30.

毫无疑问，这一观点并非没有遇到挑战。森林官员们热衷于179用生长迅速的针叶树来取代古老而无利可图的观赏树木，他们试图利用1851年颁布的《1851鹿清除法案》。早在1854年，他们的砍伐和种植活动就在议会受到批评，此后公众的关注与日俱增[①]。事实上，森林办公室甚至在斯洛登砍倒了几百棵古老的紫杉——这也是阿尔弗雷德·丁尼生勋爵最大的担忧，这里是诗歌的灵感源泉[②]。这些紫杉木材以30英镑的价格卖给了南安普敦的一家升降机制造商，后来紫衫被“单调的苏格兰冷杉海洋”取代[③]。1868年和1875年，官方对“装饰用木材”的类似攻击引发了争议，并导致特别委员会对1851法案的实施进行了两次调查。森林办公室提倡植树造林，这就相当于将森林划分为王权和平民两部分——这对平民来说是不利的[④]。在这个阶段，面临着强烈的反对，以詹姆斯·肯尼思·霍华德为首的森林官员辩护说，他们的政策有利于民族利益。虽然海军对木材需求的争论早已经过时了，但他们仍然坚持认为，森林是王权土地，在乔治三世统治下，王室牺牲了税收收入作为公职人员薪俸，因此作为公职人员理应最大限度地发挥其创造收入的潜力。不这样做对纳税人而言是不公平的，甚至“违反

---

① *Hansard*, 3rd series, 135 (13 July 1854), 133—6.

② W. Allingham, *William Allingham: A diary*, ed. H. Allingham and D. Radford (London, 1907), pp. 136—7.

③ M. Collins, 'In the New Forest: Part i', *English Illustrated Magazine*, June 1885, 579; also Fawcett, 'The New Forest—ii: Historical', pp. 50—1.

④ 关于在特别委员会森林办公室的地点，See, e. g., evidence of J. K. Howard, *Select Committee on the New Forest*, 13 (1875), pp. 49—50.

宪法"①。从这一点出发，霍华德和他的法律顾问认为，新森林协会及其盟友自视自己代表公众是一种严重的误导，因为他们所服务的利益必然是地方性和部门性的，相比之下，森林办公室所主张的权利是国王的权利，本身是"为整个民族的利益而行使的"权利②。 180

在这里强调"民族"很重要，因为辩论的中心是要有助于民族利益。然而，这是一场霍华德和他的官员们正在输掉的辩论。霍华德的反对者并不反对"新森林是为了民族的利益而保留的民族土地"这一观点，但是反对者们坚持认为，与木材的高效生产相比，注重舒适性、遗产和保护更能达到这一目的。亨利·詹金森是一位影响深远的保护主义者，他在1875年的特别委员会上说，"公众有权要求将森林作为民族森林来使用"，虽然在过去，民族对森林的利益可能意味着森林被用于海军或其他目的，但那些日子已经一去不复返了。相反，詹金森建议，新森林的价值应该和"民族美术馆的画作相同"③。

这种将新森林与民族美术馆作品的比较经常听到，这并非偶然。新森林的艺术价值明确地被确立，这是一个很受画家欢迎的

---

① *Report June* 1871, *to Treasury*, *by J. K. Howard*, *Com. of Woods*, *on New Forest and position of Crown*, *and principles of management under Acts of Parliament*, PP, XXI (1875), pp. 11—12.

② Evidence of Horace Watson, Solicitor to the Office of Woods, *Select Committee on the New Forest*, 13 (1875), pp. 3—4 (p. 3); also evidence of Howard, *ibid.*, pp. 46ff.

③ *Ibid.*, pp. 120—1.

地方[①]。皇家艺术学院和水彩画家协会的成员们向议会提交了保护主义请愿书。1875 年 5 月,G. E. 布里斯科・爱的新森林协会组织了新森林景观艺术展览。显然,这是一种证明他们事业凭证的恰当方法[②]。这个类比还有更深的意义——它是一种强调森林美学价值的便捷方式,同时也暗示了新森林是"民族财产",是民族遗产的一部分,可以自由地为所有人提供灵感和享受[③]。这是亨利・弗西特等人在议会上提出的观点。就像伟大的民族收藏的艺术品
181 一样,新森林的观赏树木如果遭到破坏,就永远无法恢复,所以它们创造了一个绝对独一无二的过去[④]。因此,它们应该得到保护,就像国家机构保护民族遗产的其他组成部分一样。在对《1851 鹿清除法案》的实施情况进行进一步调查之前,弗西特成功地通过了一项决议,禁止新建围栏或砍伐观赏木材。威廉・考伯・坦普尔提醒英国下议院,议员"从未主张公共资金被浪费在为民族美术馆购买名画家作品上"。但是,森林委员会

---

① 到 19 世纪 80 年代,在英国皇家艺术学院夏季画展上展出的汉普郡风景画中,约有三分之一是以新森林为主题的。Howard,'Changing taste in landscape art',pp. 257—9.

② Evidence of Henry Fawcett, *Select Committee on the New Forest*, 13 (1875), p. 236; Evidence of Eyre, *ibid*., p. 243. 这次展览展出了近 250 幅新森林景观的画作,参观者被邀请在一份保护主义请愿书上签名。

③ J. Conlin, *The nation's mantelpiece: A history of the National Gallery* (London, 2006).

④ Fawcett, *Select Committee on the New Forest*, 13 (1875), pp. 236—9 (p. 238).

> 不敢相信民众为了保护英格兰现存的最美丽的自然景观而同意花钱。如果由局长负责民族美术馆，他会不会把这些画以油画和颜料的价格卖掉；如果他拥有大英博物馆的管理权，他是否会以制作埃尔金大理石的价格出售这些大理石[①]。

新森林应被视为民族遗产的一部分，这一观点得到了相当多人的支持，人们普遍认为这是一处具有英格兰特色的景观，这是一个符合爱国者情感的看法。新森林的开放景观——包括自耕林地和荒地——不仅与民族悠久的历史密不可分，值得作为"对英格兰曾经的某种记忆"[②]而保存下来；而且还被看作——虽然有误导之嫌——英格兰自然环境多样性和独特性的纪念碑。这就使得英格兰的新森林与德国的森林大不相同，据称，森林办公室想通过圈地和针叶树种植园创造这种森林——这让崇尚自由的森林的英格兰人感到不舒服。正如1875年布里斯科在特别委员会告知的那样，这个森林

> 不同于只种了庄稼的田地，在这里种的是树而不是小型蔬菜，它只是由这棵树或那棵树生长的一小块一小块地组成，一个接一个地有规律地轮作，就像农业中的轮作作物：效果很单一，木头很单调，彼此挨着，任何一棵树 182

① *Hansard*, 3rd series, 207 (20 June 1871), 328—44 (cols. 339—40).

② W. C. D. Esdaile, *Select committee on the New Forest*, 13 (1875), p. 179.

> 都没有任何独特性，因此也就形成不了如画的风景……感觉好似在一个巨大的林场里，这里的一切都是人为的、单调的、规范化的[①]。

新森林捍卫者所提出的民族爱国主义的理由，胜过了森林办公室所提出的民族观点——反对国王的政策只会有利于平民的局部利益，而与正确理解的公共利益相反。平民无疑在这场争论中起了主导作用，他们对森林的特殊要求贯穿始终。但是，杰拉尔德·拉塞尔斯在他的回忆录中敏锐地观察到，关于遗产与舒适之间的争论现在与当地平民的关切紧密"吻合"[②]。然而，这可不仅仅是花架式。首先，圈地和针叶树的种植是保护主义者和普通民众所痛恨的。公共权利的限制和牧场的破坏意味着古老的可观赏森林、野生自由和历史关联等导致景观的消失——而这类景观现在不仅受到森林工作者的喜爱，也受到广大民众的喜爱。观察敏锐的同时代人认识到了这一点。《星期六评论》在1871年关于造林问题的辩论中指出，"民众对愉悦的需求需要开放的空地，让骑车的人、步行者和野餐聚会者都可接受，而不是匍匐在地缠绕在一起的灌木丛；放牧和养猪的平民利益是一致的[③]。"此外，还有一个重要的意识形态因素。在民众对景观保护日益关注的时代，公地被赋
183 予了特殊的文化意义。在日益民主的政治背景下，民众是这片土地的守护者，人民对这片土地的权利保证了这片土地的开放，供全

① Eyre, *Select committee on the New Forest*, 13 (1875), pp. 242—3.

② Lascelles, *Thirty-five years*, p. 19.

③ The New Forest', *Saturday Review*, 29 April 1871, 531.

国人民享用;同样,小农业主的平民形象也符合英格兰人节俭、勇敢和自由的理想[1]。

这一观点不仅激发了希望纠正圈地错误的土地改革者,还激发了早期的保护主义运动。影响力越来越大的公地保护协会及其议会支持者称,除非能够证明这样做会让公众受益,否则公地是不会被封闭的。假设在大多数情况下,保护公地就能让民众得到最好的服务。每涉及公地的合理使用时,民众的利益越来越被视为优先考虑的问题,而这种利益也越来越被理解为首先体现在其遗产的美化价值上[2]。正是在这种思想转变的背景下,1877年通过了《新森林法案》。这项立法基本上是一项保护公地和权利的措施。根据《新森林法案》,禁止进一步圈地,保留具有开阔森林特征的古老树林(不得砍伐任何观赏木材)。作为一个更能代表其所管辖的平民权利的机构[3],古代皇室护林官法庭重新成立。《新森林法案》具有里程碑意义,它表明并承认了公众舆论正在转变,不再认为自然环境主要是经济性质的公共利益,而是将其概念化为具有相当民族重要性的社会文化资产。作为公地保护协会的重要成员兼国民基金的创始人之一,罗伯特·亨特爵士于1895年谈到《新森林法案》时说到,这是一个衡量"明显承认民族的最高权利,禁止破坏一

---

① See Readman, *Land and nation*, esp. 62 - 71.

② See Readman, 'Preserving'; and Readman, 'Octavia Hill'.

③ 新法院将由五个由平民选举产生的议员和一个由国王任命的议员组成。这引起了森林办公室的强烈不满,杰拉尔德·拉塞尔斯认为这个新体制是一个纯粹的平民委员会。Lascelles, *Thirty-five years*, p. 37.

个天然美丽和独特的地区"[1]。

亨特的观察很敏锐，但1877年并不是故事的结局。平民和保
184 护主义者受到《新森林法案》的鼓舞，发起了进一步反对森林办公室的运动。他们指控森林办公室违反了1877年的条款，妄想侵占更广泛的圈地权，且普遍忽视了它对开阔森林的保护义务。控告的主题包括为满足燃料权利而砍伐观赏木材；未阻止针叶树在种植园范围之外自行繁殖；奥伯龙·赫伯特所称的"非本地树木的新奇标本"，如猩红橡树、彩色枫树和雪松，将这些引入到这个典型的英格兰景观[2]中。森林办公室及其支持者重申，民众对森林——作为收入来源——的真正兴趣已经被一群自私的人群所颠覆，而这些人群"实际上是国家或民族的敌人"[3]，这种说法是徒劳的。现在舆论的风向不同了。连《泰晤士报》都乐于把官员描述成官僚主义的市侩人士，满足为了自己可疑的目的而摧毁民族遗产。1890年4月，一篇文章建议，如果官场能够为所欲为，允许更多的法定封地，"黑暗的行为就会悄然而至"：

> 对这个地方的天然价值没有给予足够的尊敬，甚至做不到不吹口哨，更做不到两手从口袋里掏出来，恭敬地昂着头；耀武扬威的官员手里拿着一罐红色的油漆，心血

---

① R. Hunter, 'Places of interest and things of beauty', *Nineteenth Century*, 43 (April 1898), 570—89 (p. 570).

② A. Herbert, 'Scraping, spending, and spoiling', *The Times*, 18 April 1890, p. 13.

③ Letter of J. Campbell Water, *The Times*, 30 April 1889, p. 9.

> 来潮地选择要被毁灭的种树，并在上面涂上标记。他乐于制造沟壑，用艳丽的外来入侵者——朱红色的橡树、彩色的枫树，最糟的是用雪松填平沟壑。树木表面将被刮得光秃秃的，好似刻有雕花柱头的法国大教堂正在进行深度的修复①。

民众情绪的性质决定了对 1877 年和解协议完整性的威胁或潜在威胁都会遭到抗议，无论这些威胁来自森林办公室或其他地方。19 世纪 90 年代初，1891 年《量程法案》的通过引发了争议。会议结束时，议会通过了这一法案，允许陆军部获得公地以用于步枪靶 185
场。政府提议之一是在林德赫斯特—普雷斯利路附近的布莱克当(Blackdown)建立 800 英亩的新森林。这项提议一经报道，新森林协会就在森林里组织了抗议会议，导致了公地保护协会领导的全国范围的骚乱，报纸和期刊大肆报道。从《晨报》和《帕尔玛公报》等受人尊敬的保守党支持报，到土地与劳工党——土地民族化协会的机构②——都发出了警告。参考所有现在标准的爱国主义观点，最终达成共识——“有害且居心叵测的”《量程法案》是“割断英格兰人权利根基的工具”，施加在“民众的”新森林攻击“历史悠久”

① *The Times*, 18 April 1890, p. 9.

② See, e. g., *Morning Post*, leader, 19 February 1892, pp. 4—5; *Saturday Review*, 20 February 1892, p. 203; *The Times*, 15 February 1892, pp. 4, 9, and 19 February 1892, p. 9; 'The New Forest and the War Office', *Land and Labor*, May 1892.

的英格兰的“民族遗产”①。面对来自科学机构、博物学家协会、工人阶级植物学家、机械研究所所长等各界人士的请愿书以及接踵而至的民族批评，政府屈服了，同意进行公开调查。在 T. H. 佩勒姆律师的主持下，调查听取了多方证据，证明新森林的公共利益及其公地的保护是民族和地方关注的问题。因此，报告正式提出不建议建立步枪靶场，1892 年 6 月政府采纳了此建议②。随后，《军事土地合并法案》进一步让步，取代了《量程法案》。这项措施已成为法律，明确将新森林排除在其活动范围之外，并禁止在未经议会同意的情况下将任何地方的公地用于步枪靶场③。

将新森林视为保护景观的原则也被纳入其他立法的细节。
186 1897 年的《军事演习法》中有一条规定，军队在使用森林的任何部分进行季节性演习之前，必须征求皇室护林宫法庭的意见，因为在同一地区，每五年举行一次以上的军事演习活动是不允许的④。同样，1894 年的《皇家土地法》删除了一项具有冒犯性的条款⑤，因为如果保留该条款，将允许圈新地。1902 年《新森林法案》的条款（为

---

① ‘The New Forest in danger’, *Nature Notes*, 3 March 1892, p. 41, and 3 April 1892, pp. 61—4; King, ‘The New Forest and the War Office’, 261—7.

② *Report of T. H. W. Pelham on suitability and safety of rifle-ranges proposed in New Forest*, PP, LXIV (1892); *Hansard*, 4th series, 5 (13 June 1892), 915.

③ Military Lands Act 1892 (55 & 56 Vict., 43); Shaw Lefevre, *Commons, forests, and footpaths*, p. 168.

④ Military Manoeuvres Act 1897 (60 & 61Vict., 43). For the government’s acceptance that the New Forest was a special case, see *Hansard*, 4th series, 39 (21 April 1896), pp. 1394—5.

⑤ Crown Lands Act 1894 (57 & 58 Vict., 43); *Hansard*, 4th series, 15 (19 July 1893), pp. 53—4; 28 (3 August 1894), pp. 113—14.

公共目的才能出售土地）充分考虑到了平民的权利。它赋予国王出售或出租有限部分土地以满足当地卫生需要的权利①。这种做法从第一次世界大战一直延续到第二次世界大战结束。根据1919年的《住房和城市规划法》的规定和1922年的《分配法案》，可用于住房的林地面积限制在30英亩以内。《分配法案》对用于分配用途的林地进行了严格限制②。

1877年以后对新森林的关注基于这样一种假设——遵守《新森林法案》将确保该区域作为一个重要的民族景观的遗产——舒适价值得到保护。在这样做的过程中，又提出了第二个假设——未被圈地的森林能够“自然”再生，人类干预——平民行使他们的放牧、规划等权利——是间接的。事实上，这是一个不成立的假设。开阔森林的古阔叶树不是自发生长的，它在很大程度上是早期森林管理的结果。许多受人尊敬的老橡树和山毛榉树在过去都曾被修剪过，这一做法对它们现在所呈现的造型做出了很大的贡献③。圈地也确保了许多阔叶树幼苗的生存。拉塞尔斯研究过爱 187
德华四世、亨利六世和亨利八世统治时期的历史证据，他在1915年写道，“如果没有围栏和人为的照顾，像马克·阿什这样伟大的古老森林就不可能存在，不可能在国王的鹿、平民的牛和小马的蹂躏

① New Forest (Sale of Lands for Public Purposes) Act, 1902 (2 Edw. VII, 198).

② Housing and Town Planning Act 1919 (9 & 10 Geo. V, 35). *Hansard*, 5th series, Lords, 35 (17 July 1919), 699—795; 50 (24 May 1922), 711. 根据1922年法案的条款，不得征用超过60英亩的新林地供地方当局分配，除了已经用于该目的的土地之外：Allotments Act 1922 (12 & 13 Geo. V, 51).

③ Lascelles, *Thirty-five years*, pp. 150—6.

下幸存下来[1]。”尽管这一观点受到挑战，但拉塞尔斯是正确的：鹿的消失可能使幼树皮不再被啃咬。在1877年之后，平民的大量牲畜在开阔的森林里自由地游荡，吃掉它们发现的任何可口的食物。由于森林办公室无法在树苗周围建起防护围栏，即便是临时性的也没有，这片古老的森林在逐渐衰败。财政大臣和新森林居民威廉·哈考特爵士在1894年6月下议院被问及，是否注意到“那些被牛毁掉的幼苗，以及一项善意但不合理的议会法案阻止提供任何保护；我们最伟大的民族荣耀正在慢慢地遭到破坏；树林正在逐渐消失；不久，森林里的树木就会完全消失”[2]。虽然哈考特在答复中不同意1877年的法案失败——这是可以预见的，因为他参与了法案的起草——但他确实承认，根据他对这个地方的个人了解，“为了防止森林被砍伐”[3]，还有更多的工作要做。

从纯造林的角度来看，“森林被蚕食”意味着潜在收入降低：本来可以生产大量木材的土地没有得到充分利用，森林办公室无法开发日益老化的开阔森林的生产潜力。这个观点在约翰·卢博克
188 男爵1885—1887年林业特别委员会中得到支持，专家如法国森林的检查员博普证实，“未被圈起来的土地加剧被毁，状况甚是凄惨。过不了多久，必将成为一处一文不值的荒地[4]。”著名科学作家卢博克显然受到这种证词的影响，他的委员会的态度基本也是如此。报告得出结论，大部分的新森林都处于退化状态，1877年的《新森

① Lascelles, *Thirty-five years*, pp. 138—46.

② *Hansard*, 4th series, 25 (14 June 1894), 1096.

③ *Ibid.*, 25 (14 June 1894), 1096—7.

④ *Select Committee on Forestry*, 8 (1884—85), appendix, p. 49.

林法案》的实施加速了这种退化的进程①。

这一结论并没有得到民众的广泛支持，科学和技术的主张被主流观点所压倒，主流观点认为新森林是一种独特的民族景观，不应该模仿欧洲大陆的做法，仅仅“为了利润和苏格兰冷杉”而牺牲民族景观②。然而，卢博克领导的委员会确实清楚地表明，一种不干涉主义的方法正在加速对这些备受珍视的古老观赏树木的破坏——而在后来的几年里，林业专家重新阐述了他们的论点，以解决遗产保护问题。他们认为，1877 年的《新森林法案》并没有把重点放在未开垦和收入损失上，这意味着新森林本身的衰退。虽然随着老树死亡，看着这片开阔的森林变成荒芜的牧场可能更适合平民，但事实上，这片森林应该被视为“一个巨大的牧场”③。如今，保护古老林地的公共利益早已确立，但与这点相冲突。在这一点上，成立于 1912 年的农业董事会林业部门，在第一个年度报告中悲观地讽刺《新森林法案》在强调森林对民族的文化价值而不是经济价值方面开辟了新的领域，阻止了皇家官员保护开阔森林的“美学价值”。由于圈地是不被允许的，“不可能保护和再生它们”，可以

---

① *Select Committee on Forestry*, 9 (1887), report, pp. iv—v. Lubbock, indeed, was personally responsible forinserting a paragraph in the report drawing attention to ‘the present unsatisfactory condition of the New Forest’ from a silvicultural point of view (pp. xi—xii).

② Editorial, *The Times*, 19 September 1885, p. 9.

③ Evidence of Arthur Cecil, Chairman of New Forest Commoners’ Defence Association, *Select Committee on Commons* (*Inclosure and Regulation*), 6 (1913), p. 61.

189 “肯定的是，这些构成森林主要美景之一的森林最终必会消失”①。因此，到第一次世界大战爆发时，森林文化的意见已经接受了“新森林的民族价值并不仅仅集中于其木材生产潜力”这一论点的合法性。

1918年以后，这些新观点对实际森林管理的影响更加清晰。在越来越多的经验证据表明古老的森林确实正处在消退的情况下，意见慢慢地转向另一种观点——需要进一步的干预以补充1877年的《新森林法案》。在两次世界大战期间，林业委员会（成立于1919年，接替森林办公室）为圈地、种植和选择性间伐成熟阔叶林找到了一个明确而最终成功的案例——不是为了增加收入，而是为了促进森林再生，保护森林舒适价值②。这证实了森林官员接受了“遗产—舒适”方案，并为进一步承认民族对森林的主权铺平了道路，而这最终在第二次世界大战之后得到承认。根据1946年新森林委员会的结论，1949年的《新森林法案》确认了该森林的地位——“伟大的民族公园”③。如今，该公园已被确认为是拥有

---

① *Joint Annual Report of the Forestry Branches* [*of the Board of Agriculture*], *for* 1912—13, PP, XII (1914), p. 29.

② 1927年，委员会主席克林顿勋爵告知上议院他的组织的责任应该被视为“三个方面……修剪树木，保持树木的如画的特点，以及补充这些树木。我承认，显然，风景如画的情况压倒了所有这些，但必须进行补充工作，以保持风景如画的长久性”。克林顿解释道，在森林里封闭的区域，针叶树只种植在橡树不能茁壮成长的地方，种植园里大量的硬木砍伐是为了刺激生长，阔叶树需要光照才能正常生长。Lord Clinton, *Hansard*, 5th series, Lords, 204 (7 April 1927), 910—11.

③ Thomas Williams (Minister for Agriculture): *Hansard*, 5th series, Commons, 469 (1 November 1949), 221.

“4700 万人口的民族遗产”①。这一认识为今后有关森林的政策奠定基础，最终在 2005 年正式建立民族公园。然而，这种思想的起源——以及它在政策上的表达——可以追溯到维多利亚晚期和爱德华时期。

19 世纪中，地方的权力几何发生改变。1914 年，拉塞尔斯的新 190
森林——一个曾经是皇家收入的主要公共来源，绅士娱乐的主要私人来源的地方——如今已黯然失色。在政治民主、城市化、民众旅游和民众遗产意识发展的背景下，一种可替代的新森林脱颖而出。这是作为一个民族景观、民族财产的新森林，它的文化很大程度归功于公地附带的关联。英格兰和其他地方一样，平民保护运动在建立一种古老的、正当的、不可分割的、受欢迎的土地事业的观念上发挥了关键作用；现在承认议会是代表全体民众的。民主爱国主义对自由的英格兰人、坚定的自耕农和自给自足的小农业主的美德大加颂扬，从这种爱国主义的角度来看，地方公共权利逐渐被视为民族更广泛诉求的代表。通过这种方式，新森林在 21 世纪早期正式成为民族公园之前，就已经成为民族景观、民族遗产的一部分。然而，在漫长的 19 世纪，不仅仅只有乡村景观才被视为民族财产。 191

① Lord Lucas of Chilworth: *Hansard*, 5th series, Lords, 154 (25 February 1948), 105.

第三部分
南国之外景观

第五章
曼彻斯特：令人震惊的景观？

伊丽莎白·加斯克尔的小说《北方与南方》(1854—1855)以新森林开篇。小说中的女主人公玛格丽特·海尔是赫尔斯顿牧师的女儿，生活在新森林一个僻静的村庄，那里是玛格丽特深爱着的地方。与许多维多利亚时代的崇拜者一样，新森林及其可接受的公共空间对于玛格丽特来说就是一片自由景观。它提供了直截了当地、无拘无束地与大自然接触的机会。这样，玛格丽特就有机会直截了当地、无拘无束地与乡村的普通民众——玛格丽特认为自己和普通民众的生活密切相关——进行接触交流：

> 玛格丽特七月下旬回到家。那时候森林里都是一片漆黑浓密、郁郁葱葱、灰蒙蒙的绿，树木下面的蕨类植物吸收了所有透射下来的阳光，天气闷热而阴沉。玛格丽特过去常常跟在她父亲的身边，把蕨类植物一一踩倒在脚下，这给她带来一种冷酷的快感，因为她能感到植物在她轻盈的脚下屈服，散发出它特有的香味——在广阔的

> 公地上，沐浴在温暖的芳香中。她看到许多野生的、自由的、生机勃勃的生物在阳光下狂欢，以及生物所带来的药草和花朵。这种生活——至少这些步行道——满足了玛格丽特所有的期望。她为她的森林感到骄傲。森林的民众就是她的民众。她时不时地想去拜望个别的朋友——男人、女人、孩子——他们生活在森林绿荫下的某间农屋
> 195 里。玛格丽特的户外生活是完美的[①]。

然而，玛格丽特自由自在的完美户外生活没有持续太久。受宗教信仰质疑的困扰，玛格丽特的父亲无法继续胜任圣公会神职，所以主动辞职。全家不得不从新森林搬到英格兰北部的工业重镇弥尔顿(the town of Milton)。玛格丽特感到心烦意乱，一想到要离开新森林，离开森林所带来的所有自由和欢乐，她就茫然失措。但她的父亲并没有向命运妥协，他唯一的希望就在弥尔顿，他们全家必须去那里。玛格丽特对弥尔顿这座城市的最初印象——一个被轻度虚构成曼彻斯特式的城市——一点儿也不令人兴奋：

> 玛格丽特全家到达弥尔顿之前的几英里，他们看见地平线上有一片铅灰色的浓云，正朝着它所在的方向飘着……靠近城镇的地方，空气中有淡淡的烟味，也许，比起任何让人积极兴奋的味道或气味，这里的味道缺少了草和草本植物的芳香。很快，一家人就奔波在那些又长、

① E. Gaskell, *North and south* (Harmondsworth, 1970[1854—5]), p. 48.

> 又直、又了无生气的街道上。街道两旁是常规建造的房屋，都是些小砖房。到处都可看到有着巨大长方形窗户的工厂，就像鸡群中的母鸡一样，喷着“违反议会法的”浓烟，这就解释了天空中为何乌云密布，玛格丽特原以为是要下雨①。

在弥尔顿稳定下来以后，玛格丽特很快就开始想念赫尔斯顿。她告诉她在弥尔顿的朋友贝西——一位病入膏肓的工厂女工——赫尔斯顿风景优美、静谧祥和，参天大树让人即使在“晌午也能在其深深的树荫下休息”。赫尔斯顿的“草皮像天鹅绒一样柔软细腻，溪水叮当响，蕨类植物翻腾起伏”②。这一自然景观与弥尔顿的城市环境形成了鲜明的对比。在弥尔顿，人们似乎被禁闭在密集的狭小房子和高耸的庞大建筑之间，还得常常忍受工业噪音和污物的侵袭。弥尔顿人狭窄而局促的生活不允许他们在树林里自由漫步，也不允许他们在玛格丽特所说的“位于高处的广阔的公地漫
步，就如同在树梢上那样高高在上”——当贝西听到玛格丽特的描 196
述时，她发现这些地方特别吸引她：

> “我一直想飞得更高，看得更远，在空中深深地吸一口气……我想，在这些公地上，应该没有什么噪音吧？”
>
> “没有，”玛格丽特说道；“除了空中的云雀，什么也

---

① E. Gaskell, *North and south* (Harmondsworth, 1970[1854—5]), p. 96.

② *Ibid.*, pp. 144—5.

没有[1]。"

玛格丽特对米尔顿/曼彻斯特的早期印象是一个与赫尔斯顿和新森林截然相反的地方。新森林，以其开放的公地，提供了自然、宁静、美丽、自由；弥尔顿却是一个反乌托邦式的城市，一个人为造出来的肮脏、丑陋、喧嚣、禁锢的地方。弥尔顿似乎代表了正确生活的对立面、文明进程中的错误转折、英格兰的耻辱。关于弥尔顿，加斯克尔在小说的后面还有很多话要说，但是她在书的前几部分对这个地方的保留，可以被看作是对曼彻斯特及其风景的一种既定的——确实是刻板的——看法的反映。一代又一代的评论家们对这个地方做出了负面的评价，甚至在 20 世纪 50 年代，A. J. P. 泰勒就认为这个城市"丑得无可救药"[2]。对很多人来说，曼彻斯特代表了工业化的丑陋阴暗，充斥着污染、肮脏、疾病、资本阶级压迫。曼彻斯特建筑景观常常被认为是面目可憎的，或者是被设计成纯粹的功利主义的——不值得被过多称赞。

对曼彻斯特的刻板印象在学术创作和更为普遍的文化话语中都很明显。历史学家、艺术史学家和历史地理学家通常不把工业环境与价值景观联系起来，即使承认城市环境的文化、经济和知识活力，侧重点也往往是消极的一面。尽管如此，对曼彻斯特的观点也有例外。不久前，安德鲁·李斯为 19 世纪英国和其他地方对城

---

① E. Gaskell, *North and south* (Harmondsworth, 1970[1854—5]), p. 96.

② A. J. P. Taylor, 'Manchester'[*Encounter*, 1957], in A. J. P. Taylor, *Essays in English history* (London, 1976), p. 309.

市持积极看法的持续存在提出了强有力的论据，尽管李斯关注的不是城市景观，而是对快速变化着的城市文化和社会生活的更广泛的学术反应[①]。李斯的书尚未注意到城市景观的全部面貌，但近 197 年来出版的作品不再仅强调城市的总体景观和城市环境的重要性。比如，理查德·丹尼斯强调维多利亚时代城市景观所体现的进步现代性；崔斯特瑞姆·亨特描述了实业家们如何通过各种方式来提高他们发家致富之地的民众生活质量[②]；凯蒂·莱顿-琼斯指出了19世纪曼彻斯特视觉表征的多样性，即使在工业革命的鼎盛时期，迅速转变的地方景观也不一定被看作是对美学理想的破坏[③]。

然而，尽管这些和其他类似的纠正措施很有价值、很有启发性，但曼彻斯特这座城市的景观通常并没有与民族特色的建设关联在一起——无论如何，乡村在这民族特色建设中扮演着更重要的角色这一假设仍然根深蒂固。克里山·库马尔在其具有里程碑意义的研究文章《英格兰民族认同研究》中评论道，到19世纪后期，英格兰的"核心是乡村"[④]。在这种解释中，城市—工业现代化的进步引发了它想象中的对立关系：和平的、田园的、乡村式的英格兰，

---

① A. Lees, *Cities perceived: Urban society in European and American thought, 1820—1940* (Manchester, 1985); and see also A. Lees and L. H. Lees, *Cities and the making of modern Europe, 1750—1914* (Cambridge, 2007).

② R. Dennis, *Cities in modernity: Representations and productions of metropolitan space, 1840—1930* (Cambridge, 2008); T. Hunt, *Building Jerusalem: The rise and fall of the Victorian city* (London, 2004).

③ K. Layton-Jones, *Beyond the metropolis: The changing image of urban Britain 1780—1880* (Manchester, 2016).

④ Kumar, *Making of English national identity*, p. 211.

以及随之而来的对这些特色的破坏——比如曼彻斯特——在这里得到了最有力的表达。这种观点认为，现代英国文化避开了“黑暗撒旦工厂”的环境，也普遍地避开了马丁·威纳所称的“工业精神”，构建一种另类的、乡村化的民族感，一种社会上——如果不一定是政治上——保守的、与时代潮流相悖的认同感[①]。英格兰的风景不是在曼彻斯特的街道上，而是在英格兰南部的田野和小巷里。

198 18世纪末19世纪初的工业革命，在维多利亚和爱德华时期，人们对曼彻斯特及其景观的看法远比人们通常认为的要乐观。这并不仅仅是因为小镇的精英们希望通过公共工程和公共建筑展现商业和城市活力的形象，正如崔斯特瑞姆·亨特所展示的那样[②]。尽管如此，这座城市的社会状况还是引起了人们的关注，尤其是在“饥饿的40年代”，更普遍地说，这个地方的景观是整个饥荒时期爱国自豪感的强大源泉，地方舆论主张城市的民族重要性，民族文化话语也承认城市的重要性。这样，曼彻斯特成为爱国主义景观关联的组成部分，其城市环境支持而不是反对民族认同的主流建设。显而易见，曼彻斯特开始被看作一个重要的民族景观——英格兰的精髓不仅仅在于乡村。

曼彻斯特是世界第一座工业城市。它坐落在平坦的大地上，有良好的水源供应，气候潮湿，有利于纺纱棉花的生长，这些是开发18世纪后纺织制造业的技术进步的有利条件。艾尔维尔河、艾

---

① Wiener, *English culture*.

② Hunt, *Building Jerusalem*.

瑞克河和梅德洛克河沿岸的小镇上建起了大型棉花纺纱工厂。1782年，理查德·阿克赖特建造了英格兰第一家统一棉纺厂，这是一个由巨大水轮驱动的五层工厂[1]。蒸汽发电厂紧随其后，在布里奇沃特公爵运河的推动下，蒸汽的使用极大地提供了便利。布里奇沃特公爵运河于17世纪60年代初修至曼彻斯特，极大地降低了煤炭的运输成本[2]。1789年皮卡迪利工厂安装了一台瓦特的发动机，它的成功促使了蒸汽技术从18世纪90年代开始在曼彻斯特棉纺厂的广泛应用[3]。伴随工业发展而来的是镇上人口的爆炸性增长。在1758年，曼彻斯特大约1.7万人；到1788年，人口数量已经 199
上升至近4.3万人；到了18世纪末19世纪初，人口已经超过了7万人[4]。在1832年《大改革法案》颁布的时候，人口达到14.2万的曼彻斯特已经发展成为“棉都”，阿萨·布里格斯将其称为“震惊时代的城市”[5]。

工业化对曼彻斯特的城市面貌产生了革命性的影响。巨大的块状工厂如雨后春笋般涌现，成千上万的房屋、商店、办公室和其他建筑拔地而起；城镇迅速扩张。一些评论家不喜欢他们所看到的景象。早在1789年，“严重的大气污染”就很明显了，一位游客曾

① H. L. Platt, *Shock cities: The environmental transformation and reform of Manchester and Chicago* (Chicago, 2005), p. 38.

② W. H. Chaloner, ‘Manchester in the latter half of the eighteenth century’, *Bulletin of the John Rylands Library*, 42 (1959—60), 40—60 (pp. 46ff.); Platt, *Shock cities*, p. 28.

③ Platt, *Shock cities*, p. 39.

④ Chaloner, ‘Manchester in the latter half of the eighteenth century’, pp. 41—2; A. Briggs, *Victorian cities*, 2nd edn (Harmondsworth, 1968[1963]), pp. 88—9.

⑤ Briggs, *Victorian cities*, pp. 88ff. (p. 96).

描述说，在前往曼彻斯特的路上，“浓烟滚滚，尘土飞扬”，这个城市本身也变得“沉闷乏味、烟雾弥漫、肮脏不堪”①。其他人的评论就更加不堪了。约翰·宾以及后来的子爵托灵顿在18世纪参观曼彻斯特两次，都认为曼彻斯特是一个“伟大的、肮脏的、制造业的城市”，没有任何值得推荐的东西。市场和书店令人失望、学院教堂里的歌声令人作呕、旅店里的食物难吃（葡萄酒难以下咽）。他在街上游荡了一整天，也“没有看到任何希望再次看到的东西”。他觉得这地方就像一个“狗洞”，被困在“阴暗和肮脏”之中。曼彻斯特对那些敏感的、有教养、有品位的人什么也提供不了，“除了商人，还有谁能住在这样的洞里呢?”他思索着②。

约翰·宾是一名乡村绅士，从他的言论中可以看出贵族对“贸易”的蔑视。约翰·宾认为，“贸易”在曼彻斯特的地位是以牺牲传统的土地利益为代价的。18世纪晚期曼彻斯特发生的戏剧性变化，从来没有受到普遍欢迎；约翰·宾这样的批评可以看作是对流
200 行抗议的一部分。但是，也有许多其他评论家对这座城市在民族发展中所扮演的角色抱有积极的热情，它通过工业改造景观成为爱国自豪感的强烈目标③。1771年，苏格兰作家罗伯特·桑德斯认为，“在这个富裕的城市里，贸易和工厂，特别是各种棉花的贸易和

① A. Walker, cited in C. Bowler and P. Brimblecombe, ‘Air pollution in Manchester prior to the Public Health Act, 1875’, *Environment and History*, 6 (2000), 71—98 (p. 76).

② Andrews, *Torrington diaries*, Vol. ii, pp. 116—17, 206—9.

③ See, e. g., M. W. Thompson (ed.), *The journeys of Sir Richard Colt Hoare through Wales and England 1793—1810* (Gloucester, 1983), p. 155.

工厂，可以被认为是大不列颠王冠上最璀璨的宝石之一[1]。”另一位苏格兰文学家、作家威廉·汤姆森，撰写了关于自然美和艺术美的原则的专著，在1785年访问曼彻斯特时，也产生同样深刻的印象。与桑德斯一样，他乘机借曼彻斯特这座城市为英国人服务，称“在这里和附近进行的制造业，不能不激发所有英国人心中最愉悦的情感”[2]。

对于18世纪晚期和19世纪早期有品位的人士来说，曼彻斯特制造的财富是骄傲和奇迹的来源。更特别的是，它被认为对美学是有益的。正如我们将在泰晤士河谷的案例中看到的，贸易和制造业的收益在视觉上和物质上都对景观产生了丰富的影响。大约在19世纪初，游历甚广的西部古物学家理查德·华纳从北方来到曼彻斯特。他来到城外约两英里（约合1.6公里）处的一座小山的山顶，从那里可以俯瞰“艾尔维尔河灌溉下的广袤原野”。这里遍布艺术品、宅第、村庄、工厂，摩天大楼遍布曼彻斯特城[3]。非但没有伤害城市风景，曼彻斯特的美反而被加强了——尤其是通过改进和装饰。金德·伍德1813年的流行诗歌《曼彻斯特及其邻近地区的前景》(*A prospect of Manchester and its neighbourhood*)中也表达了这一观点，赞美了曼彻斯特所在的“高贵、富饶、人口众多、

---

① N. Spencer[Robert Sanders], *The complete English traveler; or, A new survey and description of England and Wales* (London, 1771), p. 535.

② T. Newte[William Thomson], *A tour in England and Scotland in 1785: By an English gentleman* (London, 1788), p. 39.

③ Warner, *A tour*, Vol. ii, p. 140.

201 美丽、色彩斑斓的平原”①。这首诗描述了这片平原的景色，那里是一片广阔的扩展的场景，在那里，“商业的扩张，/英国人最喜欢的孩子，/取代了牧羊人的芦苇，/和多利克的测量地”。这里是“商业的欢乐之源”，制造业遍布世界各地的地方，“你的盛名甚至可以从一个极点延伸到另一个极点”。于是，曼彻斯特非但没有使土地退化，反而养育了周围的“附属乡村”，“附属乡村”就像“柔嫩的常青藤”，被蓬勃发展的棉花之都的大橡树庇护②。

到英格兰西北部去欣赏如画风景的游客也有这种感受。18 世纪后期，这一地区的游客越来越多，很大程度上是由于湖区的吸引力。一位旅行者在 1791 年从伦敦到湖区的旅途中在曼彻斯特停留了一站，他认为，与坎伯兰和威斯特摩兰的著名风景相比，这个人造的城镇一点也不逊色。他对两者都很赞赏，只不过曼彻斯特风景如画的景点相对较少(虽然他提到学院教会和切瑟姆学院这两处)，这是一个财富在逐渐积累，景观越来越文明的地方：

> 看到起伏的丘陵和山谷在一片祥和的气氛下欢笑和歌唱，仁慈的心产生了最愉快的感觉……看到很大一部分旧建筑被拆除，腾出空间来建造宽敞的观赏性豪宅——商业啊，这些都是你的祝福！工业啊，这些都是拜

① [K. Wood], *A prospect of Manchester and its neighborhood, from Chamber, upon the rising grounds adjacent to the Great Northern Road: A poem* (Manchester, 1813), p. vi.

② *Ibid.*, pp. 15, 17—18.

你所赐[1]！

风景如画的自然与现代的、不断扩大的城市景观共存[2]。这与当时的观点是一致的，礼貌和社会美德——广义的文明——的确 202
只有在城市环境中才能得到充分的表达[3]。从18世纪晚期开始，这一观点越来越多地出现在城市历史书籍和旅游指南中[4]。这些出版物不仅面向巴斯这样的时尚社会目的地，也面向曼彻斯特等地。詹姆斯·奥格登的《曼彻斯特的描述》(*Description of Manchester*)是这座城市的第一本旅游指南。指南于1783年首次面世[5]，19世纪早期和中期也出现了类似的书籍[6]。这些指南以及城市历史书籍使曼彻斯特在全国的重要性与日俱增。它们表达了民众的自豪感，让英格兰公众感受到这种重要性，事实上——正如人们所说的——"成为了英国的第二大城市"[7]。内容涉及了曼彻斯

① A Gentleman[Adam Walker], *A Tour from London to the Lakes: Containing natural, economical, and literary observations, made in the summer of 1791* (London, 1792), pp. 30—3.

② Layton-Jones, *Beyond the metropolis*, esp. pp. 42—6.

③ R. Sweet, *The English town, 1680—1840: Government, society and culture* (Harlow, 1999), pp. 220—2.

④ R. Sweet, *The writing of urban histories in eighteenth-century England* (Oxford, 1997), esp. pp. 100ff.

⑤ J. Ogden, *A description of Manchester* (Manchester, 1783), pp. 3—4.

⑥ See, in particular, J. Aston, *The Manchester guide: A brief historical description of the towns of Manchester and Salford, the public buildings, and the charitable and literary institutions* (Manchester, 1804); and *The new Manchester guide* (Manchester, 1815).

⑦ Aston, *Manchester guide*, p. 1.

特的工业、财富，以及利用财富改善其他的方式。棉花生产被认为是对环境的支持而不是破坏。人们充分利用优雅的新街道的布局，拓宽狭窄的旧街道，拆除旧街道的建筑，为创造新街道腾出空间。1802 年，一位游客说，为了修建一条“宽敞、健康”的大道，这里建起了“宽敞、美观、统一”的房屋①。许多人还称赞了现代公共建筑的建筑风格，比如医务室(1755)、受约翰·索恩启发托马斯·哈里森设计的门廊图书馆(1802—1806)和庄严肃穆的交易所大楼(1806—1809)。1815 年，曼彻斯特的一本旅游指南写道，近年来，曼彻斯特的市民建筑和街道布局有许多重大改善，“超出了人们的看法”②。工业财富与高雅品位结成了幸福联盟：

> 203 用于奉献、慈善、娱乐和商业的为数众多的公共设施，在最适宜的情况下，以一种优越的优雅风格，将大片新建的住宅分布在街道和广场上……以某一种角度展示了由天才指导的工业的影响，以及由具有公众精神和仁慈性格的人们支持的工业③。

曼彻斯特城市风貌的发展和认可没有受到任何日益增加的不安情绪的影响，相反正是这种不安情绪使得城市的改善成为可能。至少在 19 世纪 20 年代之前，对曼彻斯特棉纺厂的负面评论很少出

---

① Ogden, *Description of Manchester*, pp. 63—71; Aston, *Manchester guide*, *pp*. 42—3; Warner, *A tour*, Vol. ii, p. 142.

② *New Manchester guide*, pp. 45—7.

③ *Ibid.*, pp. 45—6.

现。考虑到工业革命时期厂房的实用主义设计似乎有些奇怪，早期英格兰西北部的棉花工厂主们并不想让他们的作品美化风景。然而，他们所建造的建筑在视觉上不可否认地对景观的认知产生了巨大的影响，事实上，这些建筑凭借自己的力量成为了城市的重要特征。曼彻斯特的工厂虽然庞大而新颖，却没有逃过同时代人的注意，对他们中的许多人来说，与其说它们是一件碍眼的东西，不如说它们是引人注目的甚至是旅游胜地。温文尔雅的游客把棉纺厂当作“风景”来消费，消费方式与他们在湖区或怀伊山谷欣赏美景的方式并无太大不同。1800 年 7 月，古董商理查德·柯尔特·霍尔爵士在曼彻斯特，他决定带着精美的中世纪典籍参观切瑟姆学院的图书馆，他还参观了附近的纺织厂[1]。同样地，古董商理查德·华纳也在世纪之交来到曼彻斯特，他特意参观了镇上的纺织厂，在阿特金森先生的棉纺厂[2]里发现了“最漂亮的机器”。事实上，这种活动非常普遍以至于 1804 年的《曼彻斯特指南》称，“参观纺纱厂正在成为未来过曼彻斯特人的一种时尚”[3]。

这种时尚是一种更广泛现象的一部分。正如弗朗西斯·柯林
安德和埃斯特·莫尔所认为的，尽管近年来美丽风景的影响很大，204
但工业革命时期的风景具有相当的审美吸引力。除了兰开夏郡的棉纺厂、康沃尔的锡和铜矿、柴郡的盐矿和什罗普郡的铁厂都吸引

① Thompson, *Journeys of Sir Richard Colt Hoare*, pp. 155—6.

② Warner, *A tour*, Vol. ii, p. 145.

③ Aston, *Manchester guide*, p. 279.

了游客的兴趣[1]。德比郡马特洛克附近的阿克赖特·克罗姆福德棉纺厂(1771),是世界上第一座水力纺纱厂,在当时引起了轰动,不仅是因为它的现代化技术,还因为它的外观——尤其是在夜晚,纺纱厂的火焰和煤气灯闪烁耀眼。此类景得到了诸如汉弗莱·里普顿这样有影响力的鉴赏家的赞许[2]。此类景象甚至被看作艺术家的合适题材,激发了约瑟夫·赖特等画家的灵感[3]。

有时候,特别是在世纪之交前夕,工厂和矿山可以有一种独特的美感。许多著名景点的乡村位置是原因之一,创新的生产技术融于迷人的自然景观中,让人有一种视觉上的惊人的对比。然而,随着时间的推移,对工业前景的解读出现了问题。城市化和与蒸汽动力相关的规模经济的不断增长,使得这片风景如画的土地与工业的兼容性大大降低。工厂规模变大,更显著地矗立在建筑区域。但它们保留了一些视觉吸引力。特别是,它们被视为崇高的建筑。正如爱德蒙·伯克在《哲学研究》(*Philosophical enquiry*)中所说,建筑要产生崇高的效果需要有晦涩、权力、匮乏、浩瀚、无

---

① F. D. Klingender, *Art and the Industrial Revolution*, 2nd edn (Chatham, 1968[1947]); E. Moir, 'The Industrial Revolution: A romantic view', *History Today*, 9 (September 1959), 589—97; E. Moir, *The discovery of Britain: The English tourists 1540—1840* (London, 1964), pp. 91ff. See also B. Trinder, *The making of the industrial landscape* (London, 1982), pp. 54—5, 96. 正如莫尔写道,"沿着怀伊旅行的游客寻找着如画的风景,在牧师威廉·吉尔平的启发下,他看到了廷特恩修道院所有辉煌的细节,然后转向附近的铁厂,获得了几乎同样的乐趣。"Moir, 'Industrial Revolution', 593.

② 对他来说,利兹大型豆荚加工厂(1792)和世界上最大的毛纺厂"在白天看起来有趣;在夜晚,煤气灯光的照明极为灿烂"。Jones, *Industrial architecture in Britain 1750—1939* (London, 1985), p. 27.

③ Klingender, *Art and the Industrial Revolution*.

限性、连续性、统一性，以及“从光明到黑暗的快速过渡”的品质[①]。205
那些巨大的、直线状的工厂和仓库，以及它们整齐的线条、一排排整齐排列的窗户和夜间耀眼的灯光效果，毫无疑问都正好具有上述特点。到了19世纪初，曼彻斯特的棉纺厂虽然还不是美丽的风景，但却因为其崇高而成为风景中视觉上有趣的元素。巨大块状、散发着巨大力量的塞奇威克工厂和安科茨的麦克康奈尔工厂就是两个典型的案例。

进入19世纪，曼彻斯特的工业景观激起的惊奇和敬畏远超过了它引起的不满。这些工厂本身就是令人印象深刻的旅游“景点”，它们创造的财富对城市空间产生了文明的影响。同时，它们也使“英国在欧洲成为一个强大的国家……使我们能够与周围和嫉妒我们的王国争夺世界的主权”[②]。工业在做爱国主义的工作——特别是在与革命的拿破仑统治下的法国的战争中——它的景观是爱国主义的英勇典范。然而，对许多历史学家来说，这种典范并没有持续多久。这种观点认为，随着工业化进程的推进，人们听到了越来越多的批评声音，哀叹工业化的不良影响，比如工业化毁坏了乡村风景，污染了环境，压迫了民众。1842年，爱德温·查德威克发表了一份《关于劳动阶级卫生状况的报告》，将“英格兰状况”问题推向了高潮。在许多人看来，这与其说是民族的福祉，不如说是民族的罪恶。对于景观历史学家巴里·亨德如来说，“从

---

① Burke, *Philosophical enquiry*, pp. 54—74 (p. 73).

② J. Butterworth, *The antiquities of the town, and a complete history of the trade of Manchester* (Manchester, 1822), p. 46.

1815年到1850年，尤其是1840年前后，采矿业和制造业的流行形象变成了烟雾弥漫、肮脏不堪、拥挤不堪、街道泥泞、酗酒滋事、混乱不堪。英格兰的工业景观成了一个耻辱的染缸"[①]。工厂和车间所产生的一切审美情趣到此时都已经消失殆尽了，或者至少呼声是这样的。埃斯特·莫尔写道，"工业的浪漫主义已经完全消失了。游客们现在只在别处寻找乐趣，因为用越来越丑陋的材料建206 造的工厂、廉价的砖和石板、恶劣情况超过了乡村环境，在北部农村绵延数英里的地方散布着一排排劣质房屋，几乎没有留下什么赏心悦目的东西[②]。"

这种解释是有道理的。毫无疑问，在19世纪30年代和40年代，质疑工业区生活条件的声音比以往任何时候都要多，弗里德里希·恩格斯的《工人阶级状况》(*Condition of the working class in England*)是英格兰最著名的例子(尽管崔斯特瑞姆·亨特认为这本书在英国的历史意义常常被夸大。直到19世纪80年代和90年代，英语版本才出现，1886年首次出现在美国，六年后出现在英国)[③]。持这种观点的人认为，致力于工业发展的人没有看到工业化不可避免或系统性影响的社会问题，或者是工业制造带来的环境问题。可以肯定的是，曼彻斯特贫穷劳工肮脏的生活条件是无法否认的，"许多人家的穷苦程度和圣吉尔斯(臭名昭著的伦敦贫

① Trinder, *Making of the industrial landscape*, pp. 198—201.

② Moir, 'Industrial Revolution', 597.

③ F. Engels, *The Condition of the working class in England* (London, 2009 [1845]). For the publication history sees *ibid.*, pp. 24—5; and Hunt, *Building Jerusalem*, p. 33. 亨特写道，这本书"在19世纪的英国几乎没有什么政治影响"。

民窟)最糟糕的地方没什么两样。有些已经破败不堪,几乎无法出租,阁楼和地窖里挤满了人,饥肠辘辘的动物则像饿狼一样在门口徘徊"[①]。但是,很多人并不认为城市化和工厂发展体系导致了这种贫穷、肮脏。城市化—工业世界是不可避免的,它本身是一件好事[②]。有些人说,"贫穷劳苦工人的罪恶行径是他们所谓痛苦的主要来源[③]。"另一些人,如詹姆斯·菲斯普·凯在他对《受雇于曼彻斯特棉花制造业的工人阶级道德和身体状况》的调查中,或者威廉·库克·泰勒在《兰开夏郡制造区的旅行记录》(*The moral and physical condition of the working classes employed in the cotton manufacture in Manchester*)中,认为"外来人口和意外"是罪魁祸首[④]。凯、泰勒等人认为,最重要的原因是《谷物法》提高了面包的价格,他们称爱尔兰移民也带来了一系列的问题[⑤]。和利物浦一样,曼彻斯特在 19 世纪早中期从爱尔兰吸引了大量的移民。爱尔兰西海岸极其恶劣的生活条件迫使人们不得不背井离乡。到 1841 年,曼彻斯特超过 3 万的居民都是爱尔兰裔(1787 年只有 5000 207

① H. Heartwell,'Characteristics of Manchester',*North of England Magazine*,1 (1842),166.

② Lees,*Cities perceived*, pp. 39ff.

③ J. Wheeler,*Manchester:Its political,social and commercial history* (London,1836),p. 201.

④ J. P. Kay,*the moral and physical condition of the working classes employed in the cotton manufacture in Manchester*,2nd edn (London,1832),p. 78;also W. C. Taylor, *Notes of a tour in the manufacturing districts of Lancashire*,2nd edn (London, 1842),pp. 14—15,288.

⑤ Kay,*Moral and physical condition*, pp. 80ff;M. Poovey,'Curing the "social body" in 1832:James Phillips Kay and the Irish in Manchester',*Gender and History*,5 (1993),196—211;Lees,*Cities perceived*, pp. 42—3.

人);10 年后,这个数字已经达到 45 136 人,相当于曼彻斯特城市全部人口的 15.2%[1]。这些人生活在极度贫困的条件下。牛津路西南的“小爱尔兰”地区尤其臭名昭著,棉花生产商、政治激进分子理查德·科布登谴责它揭露了“所有玷污其祖先土地的污秽、堕落和野蛮”[2]。对于科布登这样的评论家来说,这个问题不亚于“道德毒瘤”,爱尔兰人习惯了比曼彻斯特土生土长的英格兰人更野蛮的生活方式。也许是因为他们的种族差异,来自爱尔兰来的移民降低了劳动力成本,从而普遍降低了生活水平,并鼓励人们采取堕落的
208 “爱尔兰习惯”行为[3]。的确,即使是少数认为环境因素使得“道德和品性”生活在“物质上不可能”的曼彻斯特穷人,也逐渐注意到“下层社会或爱尔兰人”的恶劣影响,“他们深谙家中的肮脏和不舒服,满足于任何能接纳他们的住所”[4]。

认为曼彻斯特的问题是外来的而不是英格兰本身的,这是对“英格兰问题”的一种回应。当这个问题影响到曼彻斯特时,这是

---

① M. Busteed, ‘Little islands of Erin: Irish settlement and identity in mid-nineteenthcentury Manchester’, in D. M. MacRaild (ed.), *The Great Famine and beyond: Irish migrants in Britain in the nineteenth and twentieth centuries* (Dublin, 2000), pp. 95—127 (p. 99).

② [R. Cobden], *England, Ireland, and America*, 6th edn (Edinburgh, 1836), p. 18. 19 世纪 40 年代恩格斯参观“小爱尔兰”,发现那里的农屋“破旧、肮脏、极其狭小、街道凹凸不平,坑坑洼洼,部分没有排水沟或人行道,成堆的垃圾、脏物和令人作呕的污物散布在四面八方的积水中;这些工厂排放的废气污染了大气,十几个高大的工厂烟囱冒出的烟熏得空气又黑又沉;一大群衣衫褴褛的妇女和儿童在这里成群结队,像在垃圾堆和水坑里滋长的猪一样肮脏”。Engels, *Condition of the working class*, p. 98.

③ [Cobden], *England, Ireland, and America*, p. 18.

④ G. R. Catt, *The pictorial history of Manchester* (London[? 1845]), p. 36.

保护本地形象不受(外来)污染的一种方法。另一个更为实质性的回应是通过塑造曼彻斯特的景观本身来实现的。从 19 世纪 20 年代,18 世纪后开始的民众生活改善工程显著加强。人们曾试图减轻工业化造成的空气污染的恶劣影响。受限于技术不足而非意志失败,这些努力远比人们惯常认为的更加系统,更加有成效[1]。然而,比这更为重要的是这个城市正在进行的建筑改造。在强烈的地方自豪感的激励下,曼彻斯特中产阶级(在没有任何重要贵族存在的情况下控制着权力的杠杆)信心十足,这是这一转变背后的强大动力[2]。新的街道建设紧锣密鼓,旧的街道被拓宽和改善。19 世纪 20 年代和 30 年代,一些狭窄的道路,如陶德巷(以前是"曼彻斯特城镇上最肮脏的郊区之一")、国王街和市场街被开发成繁华的交通要道,更符合曼彻斯特作为世界棉花之都的城市身份[3]。19 世纪 40 年代,曼彻斯特(和索尔福德)修建了三个公共开放的公园,这体现了当地制造商对平民福利的仁慈关怀[4]。中产阶级进一步参与慈善事业,公民机构和协会数量大涨,许多机构和协会的办公地 209

---

① Bowler and Brimblecombe,'Air pollution in Manchester'.

② 曼彻斯特和其他北方工业城市维多利亚时代中产阶级的自信的城市文化和活力。see in particular Hunt, *Building Jerusalem*; and S. Gunn, *The public culture of the Victorian middle class: Ritual and authority and the English industrial city, 1840—1914* (Manchester, 2000).

③ 市场街道的改善尤其重要。正如 1836 年一位当地作者写道,"市场街道先前只是一条'小巷',窄到几乎无法并排停下两辆马车。这些房子都是古色古香的建筑,大部分已经破败不堪,多地方的石板路都不足一码宽。"Wheeler, *Manchester*, p. 258.

④ E. g. H. G. Duffield, *The stranger's guide to Manchester* (Swinton, 1984 [Manchester, 1850]), p. 37.

点都设在令人印象深刻的建筑里①,其中最引人注目的是曼彻斯特雅典娜博物馆知识促进和传播俱乐部(1835)。它提供会员课程,包括各种学科的讲座、外语教学,免费提供图书馆和报纸室。雅典娜博物馆从 1837 年起就在普里萨斯街的一座查理·巴里设计的宫廷式建筑内办公,受到当代评论家们的高度赞扬(一本旅游指南称赞这座建筑"美极了")②。早期修建的曼彻斯特皇家学院(1823)也很重要,它在曼彻斯特的美学推广中发挥了主导作用,是一座同样由巴里设计的令人钦佩的希腊复兴建筑("非常漂亮",是"现代建筑的典范",这都是典型的评价)③。与曼彻斯特城市政府有关的公共建筑也拔地而起。虽然曼彻斯特 1838 年才成为一个行政区,直到 1853 年才成为城市,但 1822 年新市政厅的建成为地方市政当局提供了一个有形的、看得见的代表;为现实世界提供了一个享有盛誉的建筑代表——至少在 1838 年获得自治市地位之前是这样——其他地方城市的政府机构一片混乱④。由弗朗西斯·古德温设计,耗资 4 万多英镑(在当时是一笔巨款)的曼彻斯特市政厅是仿照雅典

① M. E. Rose, 'Culture, philanthropy and the Manchester middle classes', in A. J. Kidd and K. W. Roberts (eds.), *City, class and culture: Studies of social policy and cultural production in Victorian Manchester* (Manchester, 1985), pp. 103—17.

② G. Bradshaw, *Bradshaw's hand-book to the manufacturing districts of Great Britain* (London, [1854]), pp. 74, 75—6.

③ *Osborne's guide to the Grand Junction, or Birmingham, Liverpool, and Manchester Railway*, 2nd edn (Birmingham, 1838), p. 333; T. Roscoe, *The book of the Grand Junction Railway* (London, 1839), p. 131.

④ For this confusion, see the summary in A. J. Kidd, *Manchester: A history* (Lancaster, 2006), pp. 58—63.

卫城的伊瑞克修姆神庙建造的，室内装饰有特别委托制作的壁画[1]。但是到19世纪60年代，该市政厅的实际缺陷暴露无遗（因此需要一个新的市政厅）。维多利亚时代早期的意见一致，称赞这 210
座建筑及其显著特色，认为它“精致、美丽、堪称宏伟”，恰如其分地象征着曼彻斯特城市的一贯主张——对盈利的坚定追求并未妨碍培养品味[2]。

皇家艺术学院和市政厅等新古典主义建筑反映了18世纪礼貌城市美学的延续。事实上，它甚至可能创建和维护一个“文明”的城镇空间——基于希腊庙宇的城镇大厅等——正是因为曼彻斯特作为一个新兴工业中心的地位而被认为更加必要：制造业商业文化需要通过表达高尚的文化来被抵消，甚至被掩饰。然而，虽然“礼貌”视觉词汇元素当然可以在话语中检测到，但它并不是主要的存在。这从当时流行的曼彻斯特风景画中可以明显看出。工人阶级、普通的过路人，甚至闲逛的路人和乞丐，在这些地方都很显眼。乔治·凯特的《曼彻斯特的画报历史》（*Pictorial history of Manchester*）（约1845）描述的场景充满了“风尘碌碌和商业活动的氛围，逐渐演变成为英格兰北部的大都市”[3]。乔治·谜塞姆在《西北铁路官方指南》中有一幅画，描绘的是贫穷的路边小贩在市政厅外奔波忙碌；1857年出版的《康沃尔指南》（*Cornish's guide*）有市场街、学院教堂和其他地点的插图，展示了各种阶层的民众的人行道状

① For descriptions, see *Manchester as it is* (Manchester, 1839), pp. 145—6.

② *Cornish's stranger's guide to Liverpool and Manchester* (London, 1838), p. 96; Roscoe, *Book of the Grand Junction Railway*, p. 132; *Osborne's guide*, p. 333.

③ Catt, *Pictorial history*, pp. 8—9.

View of Market Street, from a Photograph by Mr Pyne.

图 23 《市场街道景象》,出自从《未去过曼彻斯特和索尔福德的康沃尔指南》,(曼彻斯特,1857),版画。图片由 British Library,London,UK/ Bridgeman Images 提供。

况(图 23)①。

到了 19 世纪中期,曼彻斯特景观的视觉表现形式通常表现当时背景下的审美,而不是按照传统的礼貌审美,因为后者的这种审美的痕迹仍然存在(尤其是因为老照片很容易被复制)。这种视觉

---

① G. Measom, *The official illustrated guide to the North-Western Railway ... Including descriptions of the most important manufactories in the large towns on the line* (London, 1859), p. 439; *Cornish's stranger's guide through Manchester and Sanford*, 2nd edn (Manchester, 1857), pp. 3, 37.

词汇或者是与视觉词汇相关的市民自豪感和流行精神，都很好地 211
体现在民谣《曼彻斯特一天一天在进步》（“Manchester’s improving daily”）的文字中，1820 年至 1850 年间，市面充斥着各种版本：

啊！曼彻斯特这个著名的城市！
先生们，
这个贸易的大都会，
名声还在不断攀升。
先生们，
每天都在快速进步。
陌生人都惊讶地看着它。
城镇上的人几乎不敢相信自己的眼睛，
环顾四周，愉悦地高呼，
曼彻斯特正在日新月异。
先生们，
旧时的木质布莱克佛艾尔桥，
过桥是很危险的，
现在换成了坚固的石制桥。 212
先生们，
煤气灯照得灯火通明。
旧时的市场街，狭窄肮脏，
现在的市场街，开阔宽广，

六辆马车可以并驾齐驱①。

这种新的视觉词汇不仅与当地爱国主义景观的通俗表达相一致，也没有回避工业场景的图像表达。事实上，工业化、环境污染和社会问题之间的联系日益加强的背景下，在曼彻斯特的视觉渲染中，引人注目的是工业化及其附属特征并未被边缘化。比如，威
213 廉·亨利·派恩的《兰开夏画报》(*Lancashire illustrated*)(1829—1831)非常关注新的、优雅的城市地标，如皇家艺术学院，但是，从它对这个地方的图像处理中，制造业的实物证据远非缺乏。一些版画捕捉到了大型棉纺厂的壮观视觉效果。有些人明确指出，在总体上工业化是不可避免的。其中一幅版画展示的是新耶路撒冷教

---

① 版本来自 MS Song book, c. 1842, in Vol. x of twelve scrapbooks compiled by Luke, James and Sam Garside, New Mills History Society, D983/ 10. 另一个不同的版本：这是曼彻斯特难得的好地方，/对于贸易和其他类似的运动；/没有哪个城镇能保持这样的速度，/正如我们所做的主要改进那样……我们花费不菲建造的精致市政厅，/堪称其他建筑的模范；/他们说，先生，那会大出风头，/它是从格里坎神庙复制来的……曾经的市场街道是一条小巷，/老托德兰街也是如此，先生；/危险的角落仍然存在，/几乎没有停靠马车的地方，先生/但是现在开阔敞亮，先生，/路两边都是时尚的商店，先生……街道是用石块铺成的，/好似被啄起的面包散在地面一样升起；/所有的颠簸和摇晃都一去不返/现在的这个城镇棒极了；/坎农街光滑又柔软，先生/(anon.,'Manchester's improving daily', in A. Clayre (ed.), *Nature and industrialization: An anthology* (Oxford, 1977), pp. 119—20)

See also T. Swindells, *Manchester streets and Manchester men*, 2nd series (Manchester, 1907), pp. 97—8; and R. W. Procter, *Memorials of Manchester streets* (Edinburgh and London, 1874), p. 40. Ballads celebratory of Manchester life and landscape remainedpopular into the late nineteenth century. See P. Joyce, *Visions of the people: Industrial England and the question of class, 1840—1914* (Cambridge, 1991), pp. 230ff., esp. pp. 241—2.

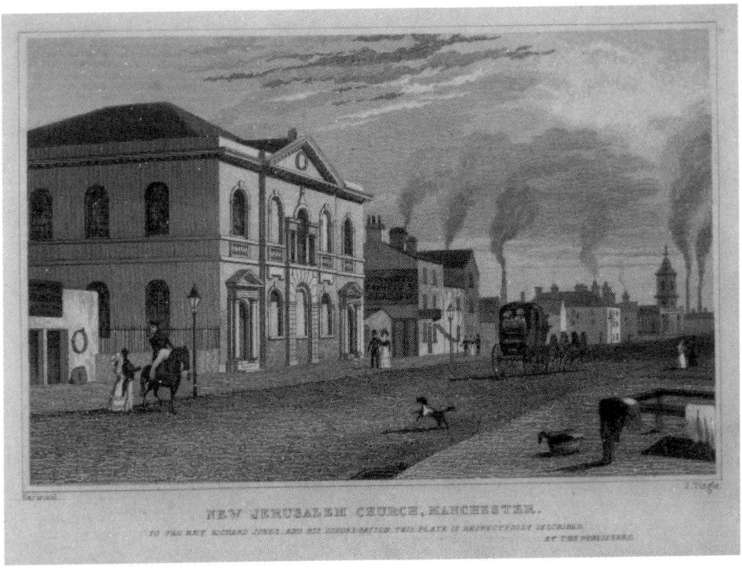

图 24　詹姆斯·伍德,《新耶路撒冷教堂》,R. 沃利斯依照威廉·亨利·派恩《兰开夏画报》雕刻,(伦敦,1829—1831)。经 Syndics of Cambridge University Library:Eb. 9. 28 许可转载。

堂,后面是浓烟滚滚的烟囱(图 24);中世纪的切瑟姆学院同样体现了明显的工业现代性的标志[①]。

后来出版的兰开夏郡图解指南也是在“英格兰条件”争论最激烈的时候出版的,它同样满足于描绘工业和民众和宗教生活紧密相连的日常现实。这种特别引人注目的景观也被用于其他地方[②],刚刚建成的维多利亚大桥横跨艾尔维尔河,图中间是学院教堂,旁 214
边是一个大型工厂烟囱(图 25)。与其说这是一种视觉上不协调的

① W. H. Pyne, *Lancashire illustrated*, *in a series of views* (London, 1829—31).

② E. g. Catt, *Pictorial history*, p. 22; Measom, *Official illustrated guide*, p. 438.

好奇，或者低俗不堪的设计，不如说是一种任何参观者都应该从中找到乐趣的景象：

> 从维多利亚时代的桥上看到的景色很有趣。在曼彻斯特，我们瞥见了古老的学院教堂和切瑟姆学院……往索尔福德的方向看，可以看到该地区建造得最好、最高的工厂烟囱。确实，有些建筑效果很好，是用石头而不是砖砌成的，当它们不再喷烟的时候，就会被当作凯旋的圆柱①。

乔治·谜塞姆是提供工厂雕刻景观的主要雕刻艺人，他凭借广受欢迎、价格低廉和多次再版的“官方”铁路指南赚了不少钱。这类书的目的不仅是提供关于铁路旅行的实用信息，它还向游客提供值得一看的风景的建议。这类指南包括对现有景点的广泛报道，湖区、美丽的老集镇和中世纪城堡都有涉及；还有导游对工业英格兰的旅游胜地发表的许多看法，反映在原文的注释中。更多的说明可能在谜塞姆自己完成的附送版画中。谜塞姆的《西北铁路指南》(*Guide to the North-Western Railway*)1859 版本包含牛津的 18 个景点、切斯特的 15 个景点和沃里克城堡的 10 个景点，还重点展示了曼彻斯特的 30 个景点②。在这些照片中，更多的是学院

---

① [C. Redding], *An illustrated itinerary of the county of Lancaster* (London, 1842), p. 33.

② Measom, *Official illustrated guide*.

图 25　曼彻斯特维多利亚桥，出自乔治·谜塞姆，《西北铁路指南》(伦敦，1859)。经 Syndics of Cambridge University Library：1859.7.324 许可转载。

教堂的景色、铁路桥梁、烟囱和工厂的景观，以及工厂本身的照片[①]。 215

谜塞姆可能也意识到有必要讨好曼彻斯特企业家，企业家的建筑业在谜塞姆的指南中得到了认可，但他将棉都展现为一个旅游胜地绝非臆造。事实上，整个 19 世纪，工业化的英格兰一直保持着相当大的旅游吸引力。伊丽莎白·加斯克尔是曼彻斯特居民，她喜欢带游客去参观帕特里克罗夫特令人印象深刻的布里奇沃特

① Measom, *Official illustrated guide.*, pp. 428, 438, 456, 471.

铸造厂。她的朋友詹姆斯·内史密斯是蒸汽锤的发明者,也是约翰·桑顿(《北方与南方》(*North and south*)中女主人公钟爱的对
216 象)的原型,将铸造厂建设在城镇外围①。的确,加斯克尔常常为曼彻斯特的来访者作介绍,以便游客们不会错过参观一些比较著名的工厂。在1864年写给一位男士的信中,加斯克尔很贴心地“附上了自己的名片”,她写道,

> 你会看到曼彻斯特最有价值的东西;莫里的优良纺丝工厂,在安科茨巷旁边的友联街(我认为)有几家不错的纺纱厂……你可以在那里看到整个棉花的制备和纺纱过程……
>
> “霍伊尔”的印花作品,伦敦路旁的巴克斯顿街(阿德维克)……你会看到印刷棉织品的过程,带你四处转悠的人也会解释得很清楚。
>
> “惠特沃思”的机械工作……这些作品很有趣,如果你没有找到一个幽默诙谐的优秀年轻人给你带路,不如试着找一个工人②。

进入维多利亚时代后期,中产阶级的旅行者发现去曼彻斯特参观工厂是件手到擒来的事。旅游文献也鼓励工厂参观。布拉

① E. H. Chadwick, *Mrs Gaskell: Haunts, homes, and stories* (London, 1910), p. 216.

② Letter to an unknown man, 9 March 1864, in J. A. V. Chapple and A. Pollard (eds.), *The letters of Mrs Gaskell* (Manchester, 1997[1966]), pp. 729—30.

德萧在著名的铁路手册中提到,“工厂是曼彻斯特的主要景点之一”,可以给游客提供更有趣的内容①。以这种方式推荐的公司预计会有游客前来参观,另外许多公司不管有没有介绍信都会积极欢迎游客们来参观。内史密斯在帕特里克罗夫特的作品就是一个例子②。另一个原因是安科茨巨大的阿特拉斯火车头工程,游客数量之多,导致该公司管理层贴出告示,建议游客向员工疾病基金项目捐款,而不是直接给带他们参观的工人支付报酬③。19 世纪 20 年代,麦金托什的印度橡胶厂在曼彻斯特西南部成立,为了满足感 217
兴趣的游客们的好奇心,他们甚至在工厂里开设了一个样板房④。

当然,好奇心是一个很好吸引游客的因素。正如加斯克尔在信中所暗示的,许多参观者对工业生产的过程都很感兴趣。特别是在指南的鼓励下,他们对现代机械的力量和在工厂里进行生产操作的规模都很着迷。游客们在看到冲床和剪纸机的铁铸锻压台时,感到一阵愉快的敬畏,“锻压台那下垂的刀能轻而易举地对付最粗的铁条,就像女人的剪刀对付一块细布一样”⑤。1836 年,乔

① *Bradshaw's descriptive railway hand-book of Great Britain and Ireland* (Oxford,2012[1863]),Section iii,p. 38.

② James Nasmyth, *James Nasmyth: Engineer: An autobiography*, ed. S. Smiles,new edn (London,1885),pp. 295—6;*The pictorial history of the county of Lancaster* (London,1844),p. 8.

③ *Cornish's stranger's guide through Manchester and Salford*,p. 142;Duffield,*Stranger's guide*,pp. 45—6.

④ Duffield,*Stranger's guide*, pp. 41—2; Measom,*Official illustrated guide*, pp. 455—61.

⑤ T. A. Bullock,*Bradshaw's illustrated guide to Manchester and surrounding districts* (Manchester,1857),p. 15.

治·海德爵士在《英格兰制造业地区的家乡之旅》(*Home tour through the manufacturing districts of England*)中,生动地描述了这种生产操作。用于紧固成品织物的液压机和由内史密斯发明的强力蒸汽锤[1],引起了大量的讨论。就像用于压缩运输衣物的机器一样,"阿尔卑斯山脉被几千加仑的水、大量的燃料和必要的大型机械压成粉末是多么容易"[2]。

这种评论强调机械的力量和规模令人愉悦和震惊,反映了工业和崇高之间的紧密关联。崇高美学保留了一些英国文化的想象力,例如,维多利亚时代登山者的动机以及[3]——和我们在此的目的更相关的——约翰·马丁的启示录。但并不意味着仅仅依靠工厂火热的内部生产运营成就了这种崇高美学,工厂的外观对此也功不可没。1844年,本杰明·迪斯雷利在他的同名小说中描写了科宁斯比深夜抵达曼彻斯特的情形,"他曾在平原上四处游荡,那里的草皮和玉米被铁和煤取代,肮脏得像地狱的入口,炉火熊熊;
218 现在他置身于灯火通明的工厂之中,窗户比意大利宫殿还多,烟囱冒着黑烟,滚滚浓烟比埃及方尖塔还要高"[4]。

可以肯定的是,这不属于传统风景的乐趣,但它吸引了众多游客,看上去是如此的激动人心,令人目瞪口呆。出于这个原因,游客们不仅仅是在曼彻斯特工厂内部探险;他们还试图在工厂建筑

---

① G. Head, *A home tour through the manufacturing districts of England in the summer of* 1835 (London, 1836), pp. 73—7.

② Bullock, *Bradshaw's illustrated guide*, p. 19.

③ See P. Readman, 'William Cecil Slingsby, Norway, and British mountaineering, 1872—1914', *English Historical Review*, 129 (2014), 1098—1128.

④ B. Disraeli, *Coningsby*, 3 vols. (London, 1844), Vol. ii, p. 5.

外观的视觉——在夜间“明亮外观”的煤气灯窗户特别吸引人①——街景中漫步。旅游指南请游客“注意烟囱旁的伯利书店，有243英尺高，底座有21英尺见方，45英尺高，可以看到在艾尔维尔河及其支流上的漂白剂和染料工厂；指南还提醒游客注意烟囱旁的伯利餐馆，它有243英尺高；位于梅德洛克河畔的有趣的建筑群；出了牛津街，在右手边，河岸上有大量牛津路纺织厂，诸如此类”②。这样的建筑迎合了现代工业建筑的吸引力，被认为是了不起的、令人敬畏的，它们的景观特征保留了唤起崇高美学的能力，这种崇高在18世纪晚期首次变得明显。正如对来曼彻斯特的参观者的建议所说，“为了对曼彻斯特制造业的规模有深刻的印象，参观者应该到工厂里走走。无论参观者对工厂的烟雾、蒸汽和尘埃的态度如何，他都不得不对工厂震撼的外观感到震惊”③。这种文字使人回想起同时代人用来描述自然界的崇高文字。对许多人来说，棉都的风景提供了与在瑞士的高山、甚至是遥远的新世界荒野一样令人敬畏的体验——当然，它们在外观上各不相同。托马斯·卡莱尔将曼彻斯特描述为“像尼亚加拉大瀑布一样让人敬畏，甚至比它还要更让人生畏”④。一位兰开夏郡的作者，不止一次建 219
议游客去曼彻斯特一家棉纺厂参观，他说，“机械的轰隆声弥漫整

① Catt, *Pictorial history*, p. 10.

② *Bradshaw's descriptive railway hand-book*, p. 38; *The visitor's guide to Manchester and hand-book to the attractions of the city and suburbs* (London, 1857), p. 67.

③ *Manchester as it is*, p. 201.

④ Thomas Carlyle, 'Chartism', in *Sartor resartus / Lectures on heroes / Chartism / Past and present* (London, 1894[1839]), p. 51.

个城市，使尼亚加拉瀑布的瀑布声都黯淡失色[①]。”

维多利亚时代早期到中期的曼彻斯特，与其说是一处优雅的风景，不如说是一处充满剧烈变化、令人敬畏的、商业繁忙的城市。街道的改善和公共建筑的建设是这个城市日益自信的中产阶级的责任，这并没有违背城市形象，而是补充了它。如此大规模的改造被认为在建筑上有益城市健康的用途，这削弱了工厂建筑正在对该城镇的性格和人口产生负面影响这一观点的说服力。到19世纪中叶，即使是在“40年代饥荒”时，对曼彻斯特整体建筑环境的积极评价仍是习以为常的。1845年，《建造者》(*Builder*)认为，曼彻斯特在建筑上展现出了“优秀品味”'；三年后，《建造者》甚至称，“曼彻斯特的建筑质量并不比伦敦差”[②]。

随着时间的推进，对曼彻斯特景观的赞许变得更加普遍。曼彻斯特在商业和制造业方面变得越来越重要。棉纺织生产对城镇的经济至关重要，事实上也是商业扩张的主要动力[③]。但是，正如R. J. 莫里斯所说，到19世纪中期，“曼彻斯特既是仓库、银行和商店的所在地，也是工厂的所在地”[④]。如今，在内陆聚集的奥尔德姆等卫星城，人们发现了更多这样的城镇。曼彻斯特现在不仅是英

---

① Redding, *Illustrated itinerary*, p. 10.

② *Builder*, 3 (15 November 1845), p. 546; *Builder*, 6 (2 December 1848), p. 577 (emphasis in original).

③ R. Lloyd-Jones and N. J. Lewis, *Manchester and the age of the factory: The business structure of Cottonopolis in the Industrial Revolution* (London, 1988).

④ R. J. Morris, 'Structure, culture and society in British towns', in M. Daunton (ed.), *The Cambridge urban history of Britain*, Vol. iii: *1840—1950* (*Cambridge*, 2000), p. 401.

格兰西北部整个纺织业的中心，而且成为广泛意义上的贸易和金融中心。这座"美妙的城市现在是一个商业中心"，它是"英国制造业的大工厂"①。这种经济转型对这个城镇的外貌产生了至关重要的影响。在中心街道，旧房和其他建筑被拆除，为巨大的、美艳的仓库腾出空间。曼彻斯特交易所不断重建，建筑规模越来越大，建筑设计也越来越复杂，除了作为贸易交易场所的实际功能之外，它演变为曼彻斯特商业活力的一座丰碑。宏伟的新古典主义建筑中央大厅在19世纪30年代末被誉为欧洲最大的贸易交易所②，既是受游客喜爱的旅游目的地，也是令民众自豪的目标。指南建议，周二可以去参观代理商召集的"棉花议会"，看看他们是如何"只用一个词或点头"，就能促成一桩非常有价值的交易③。有人认为，这是"激起曼彻斯特游客好奇心的第一个伟大的目标"；有人认为这座"漂亮宽敞的大厦内部，是曼彻斯特能够呈现给陌生人的最吸引人的景观之一"④。 220

事实上，最引人注目的是仓库。据估计，到1857年，共有1724座⑤仓库。它们成为曼彻斯特及其景观的象征，以至于约翰·海伍德在1857年出版的《指南》上写道，"仓库是曼彻斯特的主要组成部

① Measom, *Official illustrated guide*, pp. 428, 450.

② Briggs, *Victorian cities*, p. 107.

③ Redding, *Illustrated itinerary*, p. 9; *Manchester as it is*, p. 200; Bullock, *Bradshaw's illustrated guide*, pp. 28—9.

④ Redding, *Illustrated itinerary*, p. 9; J. Perrin, *The Manchester handbook: An authentic account of the place and its people* (Manchester, 1857), pp. 121—2, 123.

⑤ Bullock, *Bradshaw's illustrated guide*, p. 6.

分，要描述曼彻斯特就必须要描述它的仓库[1]。”在其有限的范围内，这些通常具有巨大结构的仓库大门里面容纳的是相同的审美感知，即重视棉纺厂外观。夜间，尤其是当它们被点亮的时候，能产生吸引人的崇高或神秘的效果。一个特别受欢迎的旅游建议
221 是，傍晚花点时间欣赏天空中高高的仓库窗户里透出的璀璨灯光，也许可以多待一会儿，等工人下班的时候，再看着璀璨的灯光一排一排地消失在夜空中[2]。

然而，傍晚仓库所呈现的与其说是一种崇高，不如说是一种壮丽，甚至可以说是一种美丽的外观。建筑师爱德华·沃尔特斯（1801—1872）和约翰·埃德加·格雷根（1813—1855）等人效仿巴里设计的宫廷式的雅典娜博物馆，在仓库设计中向意大利建筑寻求灵感[3]。这是一个明智的选择。纯粹的实用主义砖盒子不再适合曼彻斯特日益自信的商业贵族阶层，他们希望自己的公司向世界展示一张独特而有吸引力的面貌，更具体地说，应该是向他们的客户展示这种面貌，因为客户们会亲自去仓库采购，达成交易。以柱顶和圆柱为基础的古典主义建筑风格，其规模、建筑材料、门窗的尺寸和位置都有恰当的限制，因此，它们不能用于仓库[4]。相反，

---

① A. Heywood, *Heywood's pictorial guide to Manchester and companion to the Art Treasures Exhibition* (Manchester, 1857), pp. 35—6 (emphasis in original).

② *Cornish's stranger's guide through Manchester and Salford*, pp. 142—4; Duffield, *Stranger's guide*, p. 40; Heywood, *Heywood's pictorial guide*, pp. 35—6.

③ C. Stewart, *The stones of Manchester* (London, 1956), pp. 34—8; R. Dixon and S. Muthesius, *Victorian architecture* (London, 1978), pp. 127—8.

④ J. H. G. Archer, 'Introduction', in J. H. G. Archer (ed.), *Art and architecture in Victorian Manchester* (Manchester, 1985), pp. 14—16.

一种以意大利文艺复兴时期的公馆为基础的风格提供了更多的灵活性，使建筑可以设计成任何尺寸，并由砖、石或多种材料组合而成，满足仓库建筑所要求的大量窗户。

然而，除了这些实际的考虑之外，意大利风格的设计——比如沃尔特为詹姆斯·布朗父子在波特兰街的设计——完美地展现了曼彻斯特作为一个伟大的贸易首都的城市形象。在不牺牲功能的情况下，建筑师如沃尔特斯和格雷根——以及他们的客户——打算建造巨大的、装饰大胆的仓库，以唤起意大利文艺复兴时期城邦的辉煌和财富。他们在这方面的尝试取得了胜利。1847 年 11 月，《建造者》证实，“我们现在不需要专门指向意大利的商业城市”证明“仓库可以按照其本身的用途而创造出某种特色设计”，且“没有 222
任何优雅艺术的缺失”[①]。六年后，一位观察者在《弗雷泽杂志》写道，曼彻斯特市中心的仓库在建筑上“可与威尼斯的宫殿媲美”[②]。指南称，莫斯利街、波特兰街和其他地方的仓库已成为“陌生人十分关注的对象”，是曼彻斯特街道上“最吸引人的特色之一”。他们确信，如果不是为了专门来观看仓库，“没有人会想到来这个城市”[③]。当然，似乎很多来曼彻斯特的游客都听从了这样的建议，直到第一次世界大战之前，旅游指南一直在向游客提供值得参观的

① *Builder*, 5 (6 November 1847), p. 526.

② ‘Manchester, by a Manchester man’, *Fraser’s Magazine*, 47 (June 1853), 615.

③ *Cornish’s stranger’s guide through Manchester and Salford*, p. 142; H. G. Duffield, *The pocket companion; or, Stranger’s guide to Manchester* (Manchester, [c. 1852/3]), p. 23; Bullock, *Bradshaw’s illustrated guide*, p. 17.

仓库以及如何更好地游览仓库内部的说明①。

除了仓库,其他建筑也有助于提升曼彻斯特的城市形象。用当地建筑师托马斯·沃辛顿的话来说,曼彻斯特是"19世纪的佛罗伦萨"②,其中最突出的是沃尔特的自由贸易大厅(1853—1856,图26)。这座大厅建于1819年彼得卢大屠杀的旧址,当时士兵们暴力驱散了一场要求议会改革的群众集会。这座大厅是这座城市政治自由主义和繁荣商业身份的强大纪念碑。两者都与支持自由贸易有着密切的联系,尤其是考虑到曼彻斯特在19世纪40年代的《反谷物法》运动中发挥的主导作用。

这座建筑过去是,现在也是建筑杰作。尼古拉·佩夫斯纳在1969年的作品中评价它"也许是英格兰文艺复兴风格中最高贵的
223 纪念碑"③。它是经过精心设计——就像沃尔特的仓库一样——唤起文艺复兴的精神。这在当时是很容易理解。海伍德的1857年指南将这座建筑描述为"意大利风格,又或是伦巴第—威尼斯风格。这种风格与曼彻斯特的许多新建筑相关联,恰如其分地让人回想起意大利商业城市鼎盛时期的辉煌"④。其他评论家们也一致认为,自由贸易大厅的意大利风格——无论自由贸易政策的是非曲直如何——是曼彻斯特城市的一大建筑亮点,一个城市商业和民

① *Black's guide to Manchester and Salford* (Edinburgh,1868),p. 24;J. E. Morris,*Black's guide to Manchester and Salford*,14th edn (Edinburgh,1909),p. 32.

② Stewart,*Stones of Manchester*,p. 86,quoting Thomas Worthington.

③ N. Pevsner,*Lancashire*,Ⅰ:*The industrial and commercial south* (Harmondsworth,1969),p. 270.

④ Heywood,*Heywood's pictorial guide*,p. 39.

图 26　曼彻斯特的自由贸易大厅，出自《我们自己的国家》，(伦敦，1898)。图片由 Universal History Archive/ Universal Images Group via Getty Images 提供。

族伟大的恰如其分的象征①。

宫廷式风格的主导地位在 19 世纪 50 年代和 60 年代达到顶峰。此时，意大利风格的影响甚至可以在工厂设计中感受到，在一些工厂建筑上可以看到布满脏迹的立柱、石模和装饰性的窗户②。曼彻斯特东侧的维多利亚工厂(1867)就是这样的一个例子。建筑 224
师乔治·伍德豪斯是意大利风格工厂设计的杰出代表。维多利亚

① Bullock, *Bradshaws's illustrated guide*, pp. 25—7; *Varley and Robinson's guide for the stranger in Manchester* (Salford, 1857), p. 9; *Visitor's guide*, pp. 51—2.

② M. Williams with D. A. Farnie, Cotton mills in Greater Manchester (Preston, 1992), p. 79.

工厂大楼最引人注目的特点之一是其华丽的拱形烟囱，且烟囱竖井从一个巨大的七层八角形底座上高耸起来①。烟囱提供了建筑表达的时机，也确实从 19 世纪初就被称赞为“优雅”②。沃辛顿——受意大利文艺复兴影响的建筑师——甚至在索尔福德建造了一座锡耶纳塔风格的火炉烟囱③。但折衷主义风格开始悄然而至。这个趋势一个早期值得注意的例子就是 S. 瓦茨和 J. 瓦茨的位于波特兰街的新仓库综合建筑体（图 27）。它由建筑师亨利·崔维斯和威廉·曼格尔设计，于 1856 年完成。这座“宏伟的建筑”④背
225 离了沃尔特斯倡导的连贯、克制的意大利风格；从文艺复兴时期到伊丽莎白时代，每一层楼都装饰得富丽堂皇，呈现出不同的建筑风格。

然而，尽管瓦茨的建筑风格兼收并蓄，但却被同时代的人称赞为富丽堂皇的艺术杰作，是曼彻斯特商业力量，是曼彻斯特在英格兰民族生活中意义的恰当象征。1857 年，布拉德萧的指南对欧洲大陆的情况巧妙地挖苦了一番：

> 瓦茨的建筑结构适合国王居住，许多君主可能会青睐这种建筑。德国大约有 8 至 10 位君主，就算倾其所有人的全部收入都无法支付这些仓库的成本。培育工业和

---

① I. Beesley and P. De Figueiredo, *Victorian Manchester and Salford* (Halifax, 1988), n. p., Plate 12.

② Layton-Jones, *Beyond the metropolis*, p. 96.

③ Stewart, *Stones of Manchester*, pp. 80—1.

④ Bullock, *Bradshaw's illustrated guide*, p. 18.

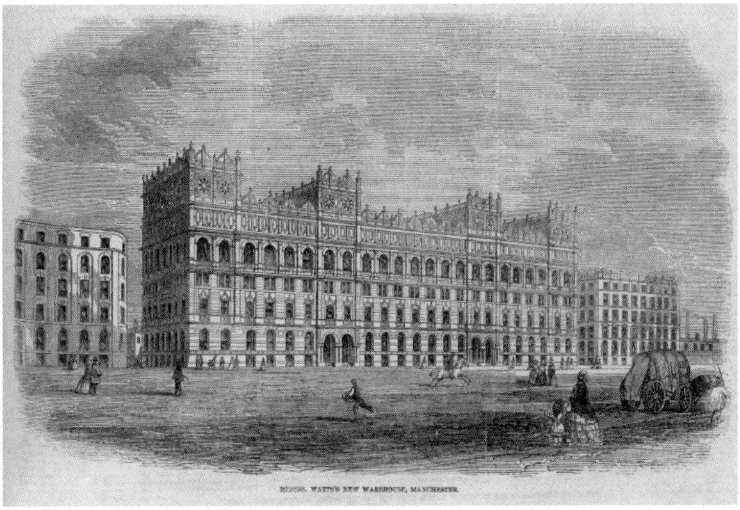

图 27 《曼彻斯特沃茨的新仓库》，出自 1856 年 12 月 6 日《伦敦新闻画报》。经 Syndics of Cambridge University Library：NPR. C. 313 许可转载。

> 科学能源是我们国家的荣誉，可以为曼彻斯特的未来打好形象基础。艺术展示几乎等于赋予了其生命的崇高事业。的确，建筑结构是这座城市最华丽的装饰①。

旅游文学中经常提到瓦茨的“高贵建筑”是曼彻斯特的风景之一。那些“高贵建筑”俨然成为了这座城市维多利亚时代商业特色的纪念碑，也是爱国自豪感的象征②。后来的仓库建设——虽然没有超过瓦茨丰富的装饰风格——也都具有大胆泼辣、富丽堂皇、装

① Bullock，*Bradshaw's illustrated guide*，pp. 17—19.

② W. A. Shaw，*Manchester old and new*，3 vols.（London，1894），Vol. ii，pp. 38，39.

饰风格迥异，完全是其典型的视觉效果①。早在1880年，一个仓库就被改造成了一家高档酒店，这很好地说明了仓库建筑与奢华的关系（这种重新利用在20世纪和21世纪变得更加普遍，在撰写本文时，瓦茨酒店属于不列颠尼亚酒店集团）②。

仓库设计中越来越多的折衷主义风格是维多利亚时期建筑
226 “风格之战”的一部分呈现，其不确定性导致了建筑形式的多样性。正如约翰·莫当特·克鲁克展示的那样，建筑风格上的争奇斗艳是那个时代的历史作用，是维多利亚时代的一种习惯：回顾过去，寻找进步的灵感。克鲁克称之为“敏锐的历史意识”；这种对过去非常自觉的认识，呈现了一系列可供选择的建筑风格，并引发了激烈的争论③。关于哥特式建筑作为英国建筑典范稳定性的争论是这场争论的核心，并对曼彻斯特建筑风格产生了重大影响。和其他地方一样，自19世纪初以来，哥特风格在曼彻斯特及其周边地区一直是其教堂设计的主要特征，比如，弗朗西斯·古德温设计的位于休姆区的圣乔治大教堂（1826—1828）、巴里设计的位于卡斯菲尔德区圣马修大教堂（1822—1825）④中都可以找到哥特风格。在这方面，哥特风格的流行一直持续到维多利亚时代中期，在建造宗教建筑方面，如位于丹顿的吉尔伯特·斯蒂芬·斯科特设计的基督

---

① S. Taylor, M. Cooper and P. S. Barnwell, *Manchester: The warehouse legacy* (London, 2002), pp. 28—33.

② Jones, *Industrial architecture*, p. 89.

③ See J. M. Crook, *The dilemma of style: Architectural ideas from the picturesque to the post-modern* (Chicago, 1987), esp. pp. 98, 126—31 (p. 131).

④ C. Hartwell, *Manchester* (New Haven and London, 2002), p. 20.

教堂(1853),位于戈顿的皮金设计的圣法西斯教堂(1836),位于斯文顿的斯瑞特设计的圣彼得教堂(1868)。然而,随着1836年新哥特式议会大厦的启用,这种风格作为一种迎合世俗用途的建筑,受到了越来越多的欢迎。在英格兰北部尤其如此,许多人认为哥特式建筑为新兴的人口日益增长的市中心所需要的新市政建筑风格提供了理想的模式。

当然,曼彻斯特就是这样一个中心。哥特在其世俗建筑和宗教建筑上都留下了持久的印记。在罗斯金的倡导下,威尼斯—哥特式美学得到早期发展。它令人想起商业上的伟大和高雅的品位,在曼彻斯特的背景下显得尤为贴切,比如阿尔弗雷德·沃特豪斯的比扬和弗莱耶仓库、曼彻斯特巡回法院(1859—1864)。这种风格在公共建筑上的应用取得了惊人的成就,巡回法庭深受同时代人的赞赏(包括罗斯金,他认为这是“英格兰按照我的原则所做的最好的事情”)[①]。指南称巡回法庭是“建筑史上的胜利”、“现代最 227
精致的哥特式建筑之一”[②]。它的威尼斯—哥特式风格为其他曼彻斯特建筑师的工作提供了一个有影响力的模式,比如沃辛顿的纪念馆(1863—1866)、警察法庭(1868)、爱德华·所罗门的改革俱乐部(1870)。

巡回法院完成后不久,沃特豪斯为曼彻斯特设计了一座可能

---

① Cited in G. Tyack, ‘Architecture’, in F. O’Gorman (ed.), *The Cambridge companion to John Ruskin* (Cambridge, 2015), p. 109.

② *J. H.’s complete pocket guide to Manchester and Salford* (Manchester, [1869]), pp. 14—15; *Black’s guide to Manchester and Salford*, p. 10; also E. P., *Hand-book to the Manchester Assize Courts* (Manchester, 1864).

更令人印象深刻的哥特式公共建筑：一座崭新的市政厅（1867—1877，图 28）。该市政厅位于市中心阿尔伯特广场外一个尴尬的三角形场地上，是维多利亚时代中期曼彻斯特地方政府占主导地位的中产阶级自由商人（尤其是约瑟夫·汤姆森和阿贝尔·海伍德）的创意。这座建筑是海伍德担任第二任市长期间开放的[1]。建设动机出自一种强烈的、具有历史意义的公民自豪感、爱国的愿望，正如海伍德后来说的，向世人“展示曼彻斯特工业化的伟大、向世人展示一个外在的、看得见的标志：我们曼彻斯特并没有完全被金钱所征服，我们同样没有忽视高等文化”[2]。这样，他们——以及他们的建筑仓库——获得了成功。在完成后的几年里，这座建筑在英国被誉为“英格兰最具代表性的市政厅”，后来延伸为“世界上最好的市政建筑”[3]。这座市政建筑很快成为了曼彻斯特城市的著名景点之一。正如市政厅导游手册所解释的，每天游客都可以参观市政大楼的主体部分，如国宾厅和会议厅（一张三人合票需要
228 6 便士）；周六早上，市政大楼的走廊和大房间会向公众免费开放[4]。

沃特豪斯是市议会举办的一场建筑竞赛的获胜者，该竞赛共

---

① For detailed discussion of the town hall and its construction, see C. Dellheim, *The face of the past: The preservation of the medieval inheritance in Victorian England* (Cambridge, 1982), Chapter 4; for Heywood, see M. Beetham, 'Heywood, Abel (1810—1893)', *in* Oxford dictionary of national biography.

② Dellheim, *Face of the past*, pp. 144—5.

③ *Official guide to the Midland Railway* (London, 1893), p. 247; *Manchester of today* (London, 1888), p. 50. See also, e. g., W. Tomlinson, *Gossiping guide to Manchester and Salford* (Manchester and London, 1887), p. 113.

④ [W. E. A. Axon], *Guide to the new town hall* (Manchester, [1878]); *Guide to Manchester town hall* (Manchester, [1884]).

图 28 曼彻斯特市政厅，出自《英格兰和威尔士的风景》，（伦敦，约 1899 年）。照片由 The Print Collector/ Getty Images 提供。

吸引了 137 人参赛。这次，沃特豪斯的设计灵感并非来自威尼斯，相反，它来自 13 世纪出现在法国北部和比利时的中世纪市政建筑中的哥特式建筑。散发着强烈的自由和自治精神，人们认为正是这种精神推动了中世纪北欧繁荣的贸易城镇。这座 19 世纪的城市急于纪念其在工业化和商业上的卓越地位，这种哥特式语言似乎和它的意大利变体一样，是一个恰到好处的典范（现在看来，它显然比旧市政厅那种优雅的古典风格更合适。无论如何，这座建筑还是规模太小，无法容纳处理大量事务的地方政府）。正如一位评论者在 1894 年写道：

229 这座建筑配得上曾是自由贸易和19世纪商业发源地的城市。如果烛台从其中间移开，曼彻斯特的商业荣耀也消失了，让我们希望市政厅会像那些低地国家的古老市政厅一样，成为一个被人纪念、回忆起来的纪念建筑。时至今日，它的商业成就依然令人难忘，不仅是因为商业本身，而是因为它与最崇高的民族事业有着密切的关联①。

这座建筑的纪念力量在它的装饰细节上进一步体现，其中很多装饰都是为了庆祝曼彻斯特与自由贸易、商业繁荣和工业化进程的联系——为民族认同、民族伟大和民族历史进程方面做出的贡献。外部装饰是纺纱和织布常用的圆形装饰物、主要制造商的盾形纹章，以及圣乔治、维多利亚女王和伊丽莎白女王的雕像。室内装饰同样充满了地方和民族的自豪感：以三个巨大的楼梯为特色，每一个都是由来自英国不同地区的花岗岩建造而成；伟大的自由贸易商约翰·布莱特的巨大雕像，和——最引人注目的——前拉斐尔派艺术家福特·马多克斯·布朗的一系列壁画。这些画作讲述了一个自信而乐观的中世纪曼彻斯特的历史故事，备受瞩目地关注着这座城市的经济发展，包括《佛兰德织工在曼彻斯特的建立，1363年》、《航天飞机的发明者约翰·凯，1753年》和《布里奇沃

① Shaw, *Manchester old and new*, Vol. i, p. 96.

特运河的开通,1761 年》①。

在其所有不同的迭代中,曼彻斯特的维多利亚时代的哥特式复兴并没有反映出任何对棉花城尖锐的商业工业现代性的反感。在市政厅的设计中,沃特豪斯认为自己设计的建筑符合当地政府当前的需要。功能并没有因为形式而牺牲,设计对于建筑的实际 230
操作就像它对于外观和图像意义一样重要(事实上,市建局在选择沃特豪斯为比赛冠军时,对公用设施的考虑是非常重要的一项)②。正如指南所写,"市政厅的风格可以用 13 世纪的哥特式来形容",但是——小心翼翼地补充说——"它在运行上远不是中世纪模式的,它在概念和适应当今时代各种各样的要求方面显然都是现代范式的"③。这种适应包括提供最先进的供暖系统、其他现代化的便利设施,所有这些都融入了沃特豪斯的整体设计④。这种现代与历史的完美结合,在维多利亚时代后期的其他哥特式建筑中也得以实现。伦敦市的一个例子就是 1894 年向公众开放的塔桥,这座仿中世纪的建筑虽然俗不可耐,但正如理查德·丹尼斯所展示的那样,伦敦塔桥是维多利亚时代城市"传统与现代融合"特征的有效且受

① 在壁画的艺术作品上,see J. Treuherz,'Ford Madox Brown and the Manchester murals',in Archer,*Art and architecture in Victorian Manchester*, pp. 162—207. 在壁画上作为一种愿望的证据,在民间领袖的部分,借鉴过去来创作一个积极和前瞻性的叙述,可 see Joyce,*Visions of the people*,pp. 182—3.

② Dellheim,*Face of the past*, p. 149.

③ *Guide to Manchester town hall* (Manchester,n. d.),p. 10;*Guide to the new town hall*, 2nd edn (Manchester,n. d.),p. 6.

④ Dellheim,*Face of the past*, pp. 136—9.

欢迎的体现[1]。曼彻斯特市政厅完工后的几年里，也许在此方面最突出的一座建筑例子——比塔桥更能满足艺术需求——就是巴兹尔·尚品尼的艺术与工艺结合的世纪末杰作——约翰·瑞兰兹图书馆(1890—1899)。图书馆采用了典型的英式垂直哥特式风格，并刻意借鉴了牛津和温彻斯特的建筑风格。这座图书馆被同时代的人称赞为“出类拔萃的、建立在英格兰风格基础上的英格兰建筑”[2]。然而，尽管承载着哥特式风格的想象力，但它在功能设计上仍然强调现代感。除此之外，该图书馆还是英国第一批从内部电力照明中受益的公共建筑之一，拥有高科技通风系统，可以过滤掉曼彻斯特被污染的空气，保证大楼周围循环干净的空气[3]。

然而，尽管如此，崇尚哥特的设计师还是对当今社会的种种需求给予了极大的关注，不可避免地唤起了人们对前工业时代的回
231 忆。查尔斯·德尔海姆对维多利亚时代中后期的曼彻斯特哥特式建筑进行了调查，发现“所有这些建筑都在现代化的主要堡垒中创造一种历史感”[4]。在某种意义上，这是一个奇怪的组合。文艺复兴时期的威尼斯和繁荣的中世纪低地贸易城市，以其商业财富和工业辉煌的内涵，为曼彻斯特的建筑景观提供了合适的历史模式，

---

① Dennis, *Cities in modernity*, pp. 10—14 (p. 10).

② W. Whyte, 'Building the nation in the town: Architecture and identity in Britain', in W. Whyte and O. Zimmer (eds.), *Nationalism and the reshaping of urban communities in Europe, 1848—1914* (Basingstoke, 2011), p. 219.

③ J. Hodgson, '"Carven stone and blazoned pane": The design and construction of the John Rylands Library', *Bulletin of the John Rylands Library*, 89 (2012), 60—4.

④ Dellheim, *Face of the past*, p. 132.

但是为什么要参考这些先例呢？为什么现在那些傲慢自信的棉都市民和商人们如此需要借鉴过去呢？

这些人强烈地感受到他们对过去的渴求，也许这种感觉非同寻常。哥特式复兴风在曼彻斯特城市的影响比在英国其他城镇的影响都要强大。但它的混搭并不是衡量这座城市与历史关系的唯一指标——或许甚至不是最重要的指标。人们对过去感兴趣，对曼彻斯特的过去尤其感兴趣，这种兴趣在19世纪期间稳步增长。早期的历史以约翰·惠特克的《曼彻斯特历史》(*History of Manchester*)为先锋，提出了曼彻斯特城市的历史渊源[1]。虽然很少有人像惠特克那样断言曼彻斯特的历史可以追溯到前罗马时代，但是认为曼彻斯特这个地方是罗马堡垒(曼楚尼)的遗址，曼彻斯特是由阿格里科拉在公元79年左右建立的这一点经常被提及。在这些文献中，人们还对这个城镇的中世纪和早期近代史给予了大量的关注，作家特别希望追溯制造业的起源和发展[2]。当地历史学家的发现被同时代的游客指南引用和借鉴，以展示城市的历史叙事，强调了一个伟大的时代，乍一看，这个时代可能是现代城市中最现代的一个[3]。“曼彻斯特对过去有很高的要求”，这些常常都是研究 232

① J. Whitaker, *The history of Manchester*, 2 vols. (London, 1771—3).

② See, e. g., Aston, *Manchester guide*; Wheeler, *Manchester*. 当时人们对这个城镇的早期记录感兴趣的一个迹象是它的出版：in 1839, of a new edition of Hollingworth's 'Chronicles of Manchester': R. Hollingworth, *Mancuniensis; or, An history of the towne of Manchester and what is most memorable concerning it*, ed. W. Willis (Manchester, 1839[*c.* 1656]).

③ See, e. g., *Cornish's stranger's guide through Manchester and Salford*, pp. 8—16.

和叙述的主题[1]。

从这些著作中可以明显看出，建筑与曼彻斯特历史的接触既是这座城市复古主义发展的原因，也是其发展的结果。与植物学、地质学、艺术收藏和其他自我完善的学术活动一样，古物学和地方历史对曼彻斯特中那些盛产棉花的中产阶级成员和团体都有着相当大的吸引力，这些组织和团体也因为致力于自己的追求而繁荣起来。这些组织中最重要的是成立于1843年的切瑟姆学会和成立于1884年的兰开夏和柴郡古物学会(LCAS)[2]。两个学会都吸引到了积极高产的会员们，发表了众多论文和会议记录。尤其到了维多利亚时代中期，会员们已经在城市生活中占据了重要地位。其中许多学会的会员由于他们过去的经历成为当地的重要人物。兰开夏和柴郡古物学会的创始人兼《曼彻斯特年报》(1886)的作者"从最早的时间"就对当地的历史有了年复一年的让人印象深刻的全面的理解；记者、民俗学家、图书管理员威廉·阿克森也是这样的一个人[3]；威廉·阿瑟·萧是切瑟姆学会社会卷的编辑、欧文斯学院研究员(欧文斯学院是现代曼彻斯特大学的前身，建于1873年，

---

① *Manchester as it is*, p. 12; and for an example of extensive treatment, Perrin, *Manchester handbook*, pp. 11—40.

② For the histories of these societies, see A. G. Crosby, *A society with no equal: The Chetham Society*, 1843—1993 (Manchester, 1993); J. W. Jackson, 'The Lancashire and Cheshire Antiquarian Society, 1883—1943', *Transactions of the Lancashire and Cheshire Antiquarian Society*, 57 (1943—4), 1—17. See also B. Hollingworth, 'Lancashire writing and the antiquarians', *Journal of Regional and Local Studies*, 6(1985), 27—35.

③ W. E. A. Axon (ed.), *The annals of Manchester* (Manchester and London, 1886).

位于市中心以南牛津路由沃特豪斯设计的漂亮的哥特式建筑内），后来成为英国17世纪知名的经济历史学家，他对兰开夏郡和曼彻斯特的当地历史以及1894年出版的反映此类兴趣的其他作品都有着浓厚的兴趣，尤其是配有华丽插图的三卷古物地形图《曼彻斯特的过去与现在》(*Manchester old and new*)①。

这本书出版的时候，公众对曼彻斯特过去的参与已经在当地的民众文化中根深蒂固。这反映了19世纪晚期全国范围内大众历史意识的普遍扩大和深化，在曼彻斯特和其他地方一样明显②。这种历史意识与地域有着密切的联系，迅速变化的曼彻斯特越来越被视为传奇。詹姆斯·克罗斯顿的1875年的《老曼彻斯特》(*Old Manchester*)展示了“曼彻斯特及其周边地区50年前出现的更古老 233
建筑的一系列景观”③。也许更能说明景观和历史之间的联系的是《曼彻斯特风貌与景点》杂志。它成立于1889年10月，内容包括介绍当地名人和名胜古迹的文章，以及“精美的人像复制品、公共建筑、市内及周边的名胜古迹”④。与众不同的是，在它对“地方”的报道中，关于过去影响的内容占比很大。像中世纪的切瑟姆学院这样的历史地标建筑备受关注，甚至连看起来非常现代化的街景也受到了历史学会的关注。都铎时代和伊丽莎白时代的国内建筑尤其引人注目。在各类学术文章中，人们注意到并讨论了市中心遗

---

① Shaw, *Manchester old and new*.

② Readman, 'Place of the past'.

③ J. Croston, *Old Manchester: A series of views of the more ancient buildings in Manchester and its vicinity, as they appeared fifty years ago* (Manchester, 1875).

④ 'To our readers', *Manchester Faces and Places*, 1 (1890), 90.

留下来的那些小型而古雅的黑白建筑，同时期的规模大得多的木结构庄园，如沃德利庄园，在内陆地区仍然可以发现。

16 世纪的乡村建筑的价值表现在同期的全国范围内，体现了更古老、更美丽、更“欢乐”的英格兰的理想，其中，民歌舞蹈的复兴和一定程度上的新兴景观保护运动也是其表现形式。随着这一现象的流行，对曼彻斯特变化解读可能会被理解为一种保守冲动，是一种文化保守对当今高速发展的现代化的排斥。然而，这种解读
234 是错误的。随着 19 世纪的发展，与过去的文化接触变得更加强烈、更加普遍，曼彻斯特等城镇也不例外[1]。事实上，这些地方的工商业环境本身可能是这种接触的一个重要的刺激因素。毕竟，曼彻斯特的工业扩张和发展导致了市内及周边许多 16 世纪建筑群的消失。帕特里克·乔伊斯说，“在新英格兰北部的工业城镇，城市和工业变化形成了会转瞬即逝的过去的意识；历史被认为是国家和工业进步的象征；由于有了这个血统，经济和社会的进步才会更加显著[2]。”因此，曼楚尼人对其历史表现出越来越大的兴趣，这不代表他们厌恶现在，这反映了他们为了当代和后代的利益希望了解过去，希望保持和歌颂与过去的连续性。与此同时，伦敦也发生了类似的事情，历史和美丽风景的吸引力持续表现在大规模的改善工程中，改变了大都市的景观[3]。在曼彻斯特，同其他地方一样，这种对过去的坚持代表一种维护公民身份民族意义的连贯性，它有

① Joyce, *Visions of the people*, esp. Chapter 7, ‘The sense of the past’, pp. 172ff.

② *Ibid.*, pp. 180, 181.

③ Nead, *Victorian Babylon*.

助于更好地理解城市的民族意义及其实现过程，建立现代化的地方自豪感。从指南中的描述可以明显看出，曼彻斯特悠久而连续的历史是许多人认为值得夸赞的话题。在维多利亚时代晚期和爱德华时代，世界似乎比以前变化得更快①，但是伴随而来的遗产意识的上升与这些变化的步伐是一致的，而不是相反的。对过去和其景观的认识和关心，包括欣赏仍然现存的建筑和支持过去时代的认同的连续性，使得改变的体验不像以前那样混乱——也许这种情况下改变也更有可能实现。

对维多利亚时代晚期曼彻斯特的文化景观的态度很好地说明了这一现象的作用。更重要的是，由于该城镇的现代性持久不变，巩固了它作为 19 世纪“令人震惊的城市”的地位。在这方面，一个特别具有启发性的案例是 1887 年的展览，它是为庆祝维多利亚女 235
王登基 60 周年而举行的一项精心策划的市民活动。与 1857 年早期的艺术珍品展览不同，这次市议会决定庆祝制造业、科学、手工艺、高雅文化。为了实现这个目标，在老特拉福德广场建造的巨大展览馆被分成几个部分，意在强调曼彻斯特对民族生活贡献的多样性。此展览会上既有乐器、绘画、雕塑和陶器的展出，还有化学、工业产品和机械领域的展示。展览大厅建筑完全用于机器展示，展示了——至少组织者是这么宣称的——迄今为止规模最大、质量最高的收藏②。展览取得了巨大的成功，与同期举办的同类活动

① Kern, *Culture of time and space*.

② W. Tomlinson, *The pictorial record of the Royal Jubilee Exhibition, Manchester*, 1887 (Manchester, 1887), p. 103.

相比，参加人数相当多[①]。在5月至11月的166天内，共有470多万人参观，单日有近7.5万人参观[②]。

指南将此展览描述为"恐怕是所有展览中最精彩的一次"，老曼彻斯特和索尔福德的户外展览是这次展览真正吸引人的地方之一。由当地建筑师阿尔弗雷德·达比郡策划，展出真人大小的展品，展现了曼彻斯特从罗马时代到乔治亚晚期时代的建筑。观展人经过仔细研究打造的、有古罗马士兵守卫的、仿制古代曼楚尼人的波尔塔戴库马纳门进入博物馆，穿过市场—斯特德巷和其他曼彻斯特的老街道的仿制街道。人们徜徉在仿制的古建筑中，不断
236 遇到穿着历史服装的雇员。组织者的意图是强调曼彻斯特丰富的建筑遗产，描绘了这座城市从罗马时代就开始的漫长历史。这既是对当地历史景观的纪念，也是遗产意识不断增强的有力证明，反映了对16世纪的乡土建筑的担心(后来在《曼彻斯特风貌与景点》中也有所展现)。在古老的曼彻斯特、索尔福德，半木制结构的商店、客栈和庄园房屋比比皆是，而如今已基本消失的早期现代城镇黑白相间的建筑正在复兴，以满足现代人们细细品味[③]的消费需求。

都铎王朝的美学价值取向渗透在展览的每一个角落。组织者

---

① 出席的总人数是4 765 137。1886年的利物浦展览在156天里吸引了2 668 118位游客；1886年爱丁堡国际展览在151天里吸引了2 769 623位游客。周年庆展上的足球甚至比1857年的艺术珍品展上的展品(在141天里吸引了1 336 715)。See *ibid*., p. 142.

② *Ibid*.

③ 详见A. Darbyshire, *A booke of olde Manchester and Salford* (Manchester, 1887).

没有像人们预期的那样，从外部寻找大英帝国的视觉线索，而是把目光转向了英格兰的过去。用理查德·丹尼斯的话来说，现代性需要的有力证明可从“美丽的风景装饰上”[①]找到，比如主展厅的墙壁上、走廊、入口都陈列着大量的机械设备，装饰着都铎式的框架。正如官方《画册》(*Pictorial Record*)描述的，“展览馆的两侧装饰得出奇地别致，主要是仿古英国山墙和半木结构的房屋正面[②]。”与古老的曼彻斯特和索尔福德一样，这种装饰手法表达了一种愿望，即在一个历史背景下，把过去融入到现代化的服务(复杂的新机器等)中，来展现现代化的巨大进步。当然，都铎王朝的“快乐英格兰”美学并不是维多利亚时代晚期的发现。正如曼德勒所展示的，这种美学激发了 19 世纪早期流行的对旧时代、过去的狂热崇拜[③]。近年来，这种美学又重新流行起来，在音乐品味、艺术、设计中无处 237 不在，而在爱德华时代，这种美学的历史盛况空前[④]。不像 18 世纪

---

① Dennis, *Cities in modernity*, pp. 175—7.

② Tomlinson, *Pictorial record*, pp. 18, 20.

③ P. Mandler, '"In the Olden Time": Romantic history and English national identity', in Brockliss and Eastwood, *Union of multiple identities*, pp. 78—92. See also P. Mandler, 'Revisiting the olden time: Popular Tudorism in the time of Victoria', in T. C. String and M. Bull (eds.), *Tudorism: Historical imagination and the appropriation of the sixteenth century* (Oxford, 2011), pp. 13—35.

④ S. Banfield, 'Tudorism in English music, 1837—1953', in String and Bull, *Tudorism*, pp. 57—77, esp. p. 63; J. M. Woodham, 'Twentieth-century Tudor design in Britain: An ideological battleground', in String and Bull, *Tudorism*, pp. 129—53, esp. p. 134; Readman, 'Place of the past'. Queen. 伊丽莎白二世是爱德华时代最受欢迎的历史人物。See A. Bartie, P. Caton, L. Fleming, M. Freeman, T. Hulme, A. Hutton and P. Readman, *The redress of the past*, www.historicalpageants.ac.uk/pageants/ (accessed 12 May 2017).

那种自觉的“文明”建筑（在老曼彻斯特和索尔福德指南中遭遇诸多诋毁）[1]，都铎王朝的建筑看起来风景如画、朴实无华，让很多人联想到欢乐和舒适；让人想起粗俗但有益健康的快乐，也让人想起富足的生活方式，无论对普通人还是伟人都是如此。这有助于解释近年来都铎王朝对激进改革者和社会主义者的吸引力[2]，也解释了它在一个社会文化和政治方面日益民主的国家更普遍的吸引力。像曼彻斯特这样的大城市是迅速发展的民主意识的重要中心，因此，像1887年展览这样的公民庆祝活动反映了如此强烈的对过去及其景观的参与。

和其他地方一样，在曼彻斯特传统与现代之间的关系是互为支持的，而不是互相冲突的，整个城镇团结统一。老曼彻斯特和索尔福德的展览将传统与消费主义相结合的方式更能体现这一点。政府鼓励游客购买图文并茂的指南和其他纪念品，其中一些纪念品可以从仿制的旧建筑里那些穿着制服的小贩那里买到。比如，在哈罗普印刷局，现代曼彻斯特出版商约翰·海伍德和他的儿子利用古老的木制印刷机，出版影印版的1769年11月28日的《哈罗普的水星报》出售。其他公司在老曼彻斯特和索尔福德的房屋内和周围设展，展示珠宝、手表、糖果和许多其他产品的制造过程，游客可以买到这些产品的样品。“康柏的制管工人主要从事石英根管和海泡石管的制造，以及琥珀的钻削、塑形和抛光，这些活动都极大地吸引了男人们的注意。”人们或许会认为，孩子们更喜欢“老

---

① Darbyshire, *Booke of olde Manchester*, pp. 53—4, 56, 67, 81.

② Ward, *Red flag and Union Jack*; also Readman, *Land and nation*, esp. pp. 187—8.

休姆厅前"的场景;在那里,"年轻姑娘们穿着安妮女王时代的漂亮 238
衣服,在先生们的庇护下,拿着冰激凌、奶油和巧克力走来走去"[①]。

传统与消费主义并不是混乱地交织在一起,在《曼彻斯特风貌与景点》杂志里二者是共同存在、互为弥补,既有对现存的16世纪风景如画的建筑的欣赏,也有对市场街刘易斯百货公司的最新商业主义的狂热("一个巨大的商场,里面什么都有,外表装饰着一座漂亮而华丽的建筑应有的所有建筑装饰……夜晚灯火通明,万盏灯火倒影相映")[②]。在《曼彻斯特风貌与景点》杂志中,有文章鼓吹"我们的商业场所"(主要是商店)的优点,也有文章赞美"风景如画的"古代遗迹的吸引力。这反映了既要保留对过去的记忆,又要颂扬城市景观中所体现的现代性的光明福祉。有时这些记忆所依附的老建筑之所以成为人们关注的对象,正是因为它们成为了更糟糕的过去的纪念碑,成为了自它们建立以来所取得的进步的纪念碑。例如,《罗孚归来》中坐落在修德山上的一座古色古香、风景如画的小酒馆,《曼彻斯特风貌与景点》中断言,这样的建筑"为人们描述了这个城市早年的面貌:那时的曼彻斯特街道稀少、狭小拥挤、蜿蜒曲折;那时市场街还是一条古老的小巷,房屋是两端山形墙的尖顶屋,彼此离得很近,宽轮马车通行时,行人必须既要有耐心,又要有想象力,以避免碰坏马车"[③](图29)。

① 老曼彻斯特和索尔福德对孩子们的吸引力,可看配有插图的平装书E. E. Haugh, *The adventures of little Man-Chester; or, Recollections of the Royal Jubilee Exhibition* (Manchester, 1887)。重要的是,这本书的唯一焦点是老曼彻斯特和索尔福德,而不是展览。

② *Manchester Faces and Places*, 1 (1890), p. 175.

③ *Ibid.*, 4 (1893), p. 76.

图29　塞缪尔·L.科尔特赫斯特的《罗孚归来》，出自《曼彻斯特风貌与景点》，1893年。图片由British Library，London，UK/ Bridgeman Images提供。

这种观点认为变革和现代化是不可避免的，且受欢迎的。因此，《曼彻斯特风貌与景点》杂志可以相对乐观地看待城市中心许多残存旧建筑正在遭受的破坏，刊登详细介绍其历史和关联的文章。（类似的事情也发生在其他的城市环境中，正如耐德在她关于

伦敦的作品中所展示的那样，从 19 世纪 60 年代开始，《伦敦新闻画 239
报》就“承担起了城市的档案管理员的角色，刊登在改善工程中被拆毁的旧建筑的图片以及相关文字记录”[①]。）因此，记住 1891 年被拆毁的圣玛丽教堂这样的建筑很重要，这与认识到它们什么时候已经“不是必需品”同样重要[②]。类似地，朗米尔盖特大街上的半木
制结构的七星旅馆和太阳旅馆酒吧让人想起了几个世纪以前，被 240
当地协会奉为神圣场所（作为“诗人角”的太阳旅馆是维多利亚时代早期文学界的聚会场所），现在却不符合现代城市的特点：

> “诗人角”很可能是老式曼彻斯特最古老之地……酒馆摇摇欲坠，破旧的门墙靠在它的木材支撑上向前歪着，仿佛一个昔日的幽灵倚靠在现代文化傲人的座椅上，想从少年的说话声和笑声中捕捉一段欢乐，又从酒馆的屋檐下永远地逃走了。“诗人角”现在演变成了街角不美观的一个角落。“诗人角”的存在意味着阻碍，甚至对过去遗迹的容忍都不能长期推迟对它的清除[③]。

事实上，“诗人角”一直保存到 1923 年，但《曼彻斯特风貌与景点》杂志对这座现代城市的中心地带、残存的古代遗迹的态度在维多利亚时代后期很典型。古物学和地形学的调查指出，这些残存

---

① “在固定专栏中，以《古英格兰的角落》和《本月考古学》为标题，描绘了伊丽莎白时代伦敦正在消失的客栈和房屋”。Nead, *Victorian Babylon*, pp. 30—1.

② *Manchester Faces and Places*, 1 (1890), pp. 163—5.

③ *Ibid.*, 2 (1891), p. 103.

的文物在视觉上是不协调的。它们似乎与城市中心的景观格格不入，破坏了城市本应体现的改善话语。在1875年《老曼彻斯特》中，詹姆斯·克罗斯顿认为，迪安斯盖特仅存的几栋老建筑“完全不符合旧貌换新颜的特点”，他注意到“直到最近，迪安斯盖特还只是一条狭窄拥挤的街道。但在现代企业精神的推动下，它已经成为英国最宽敞、最漂亮的街道之一”①。20年后，迪安斯盖特还保留一些这样的建筑，这在W. A. 萧的《曼彻斯特的过去与现在》中更直接：“当我们想到这些奇怪的建筑和它们与现代城市的古老联系时，它产生了一种荒诞怪异、互相冲突的效果；在棉纺厂和繁忙的仓库生活中，这正演变成为它的主要特点②。”

241 这里的问题不是建筑本身，而是它们在曼彻斯特中部现代景观中的生存。这个观点更广泛地反映了对英格兰景观的文化态度。尽管有一些历史学家持不同的观点，但维多利亚时代晚期和爱德华时代晚期的观点并不认为过去的乡村景观更具“民族性”，比现在的城市景观更具有英格兰特色，这是一种在民族主义地形上兼容两者的文化。这种文化在其恰当的地点庆祝两者。对有些评议者来说，城乡之间鲜明的对比是一件好事，仿佛曼彻斯特等地的城市化程度越高，它们与英格兰乡村截然不同的景观之间的互补性就越强。记者T. H. S. 艾斯科特乘火车抵达曼彻斯特时发现他周围的情景“令人印象深刻”。他看到了“永不停息的劳作所点燃的灯塔之光”和“工业烽火所带来的无穷无尽的景象”；“比独眼

① Croston, *Old Manchester*, p. 20.

② Shaw, *Manchester old and new*, Vol. i, p. 26.

巨人更厉害的锻铁声”震耳欲聋。曼彻斯特的工业景观与他所来自的英格兰乡村田野和荒原形成了鲜明的对比，这是不可避免的；但与此同时，他感到“民族生活和感情的连续性得到了完整的维护……新的东西总是与旧的东西结合在一起，这一过程的结果是利益和感情日益一致”[①]。

这种情绪体现了对变革的爱国信心。越来越多的人认为，风景——或某些风景——因其与过去的联系，或因其自然美而具有价值，这种看法与这种信心并不矛盾。维多利亚时代和爱德华时代的曼彻斯特人可以欢迎城市的现代化改造，同时也可以参与历史社会、自然研究、甚至保护主义运动。很多普通的曼楚尼人在植物俱乐部、步行道和人行道协会等都很活跃，充分利用了曼彻斯特城市接近湖区和峰区这一地理优势[②]。这些活动并不意味着他们 242 对人们日常生活所处的城市景观感到厌恶。从19世纪50年代开始，教育先驱、植物学家利奥·哈特利·格林登关于自然的文章经常出现在当地报纸的专栏上，同时他也著书[③]。对格林登来说，曼

---

① T. H. S. Escott, *England: Its people, polity, and pursuits*, new edn (London, 1885), pp. 74—5.

② See, e. g., A. Secord, 'Elizabeth Gaskell and the artisan naturalists of Manchester', *Gaskell Society Journal*, 19 (2005), 34—51; J. Percy, 'Scientists in humble life: The artisan naturalists of south Lancashire', *Manchester Region History Review*, 5(1991), 3—10. 为了平衡19世纪后期休闲步行作为一种涉及所有社会阶层的有组织活动的发展，see Taylor, *Claim on the countryside*.

③ L. H. Grindon, *Manchester walks and wild-flowers* (London and Manchester, [1859]); *Summer rambles in Cheshire, Derbyshire, Lancashire, and Yorkshire* (Manchester and London, 1866); *Country rambles and Manchester walks and wild flowers: Being rural wanderings in Cheshire, Lancashire, Derbyshire and Yorkshire* (Manchester, 1882).

彻斯特（“美丽的城镇”）的迅速发展并没有威胁到野生的自然，因为这是一个很容易借助铁路到达的城市。对植物学家格林登来说这是一个巨大的恩惠[1]，他认为：“让砖头和灰泥在绿草地上随意地大步向前走吧；在风景优美的地方之外，总会遇到一些避难所，我们可以在那里聆听鸟儿的歌唱、摘取报春花和海葵[2]。”此外，尽管格林登深爱伟大的大自然和户外活动，但是他——曼彻斯特的历史作家——对城市环境保持着积极的看法。正如他在《曼彻斯特的小路和野花》中（*Machester walks and wild-flowers*）写道：

> 街道和田间小路一样，都是通往快乐的道路。以牺牲城镇为代价来赞美乡村，这只不过是一个轻率的错误。……就像两性一样，两者彼此互补，彼此都能提供只有自己才能给予的快乐。每个人都轮流下注，并对我们在对方身上留下的东西给予充分的补偿[3]。

然而，到了19世纪后期，格林登和其他许多人一样，越来越强烈地意识到大城市对环境的负面影响。尤其对于曼彻斯特的居民来说，这几乎是不可避免的。房屋和工厂排放的烟雾不断地笼罩
243 着城市，城市的建筑物变黑，呼吸系统疾病增加。由于大气污染严

① “斯蒂芬森的名字将永远受到尊敬！正是在促进人们与自然的交流，以及在他们能够享受和能够从事的最纯粹和最高尚的娱乐活动中，铁路的社会福利才得以最大化”：Grindon，*Manchester walks and wild-flowers*，p. 7.

② *Ibid.*，p. 1.

③ *Ibid.*，p. 82.

重，雨水都经常被煤烟污染（所谓的“黑煤”）。很多年以来，曼彻斯特市内及周边河流两旁的工厂向河水中排放废物，从19世纪中叶开始，外国观察人士就把艾尔维尔河、梅德洛克河和艾瑞克中心河段形容为“又黑又臭”①。但在大多数英格兰人看来，这些都是曼彻斯特和英格兰的伟大所不可避免要承受的后果。它们对民族环境造成更严重破坏的能力尚未充分认识（正如格林登所说，还会有很多自然会被毁掉）。这样想是有充分理由的。正如詹姆斯·温特所证明的，维多利亚时代的技术对环境有害的潜力和影响相对有限，虽然也造成了一些变化，但这些改变的效果在很大程度上是局部性的，蒸汽动力造成的损害远不及20世纪内燃机普及导致的大范围破坏严重②。也许正因为如此，当时的人们并不认为曼彻斯特的城市景观是可憎恨、丑陋的。艾尔维尔河被誉为“一条每天都在工作的高贵河流，虽然面庞肮脏，但它辛苦劳作为子女们赚取面包，这种劳动只有在古代大力神赫拉克勒斯的传说中才有记载”③。事实上，曼彻斯特河污染本身就可以作为它们是价值的景观的证据。格林登认为，“山间清澈的小溪也许是可爱而富有诗意的……在所有的河流中，最令人愉快的是那些河岸上居住着的勤劳而聪

---

① M. L. Faucher, *Manchester in 1844* (London, 1844), p. 17. For other examples, see L. D. Bradshaw (ed. and comp.), *Visitors to Manchester: A selection of British and foreign visitors' descriptions of Manchester from c. 1538 to 1865* (Manchester, 1987), pp. 34—5 (Alexis de Tocqueville; Victor Huber), 36 (Eugène Buret); also Engels, *Condition of the working class*.

② Winter, *Secure from rash assault*.

③ T. Newbigging, *Lancashire characters and places* (Manchester, 1891), pp. 126—7.

明的民众河流[1]。”如果曾经丰富的鳟鱼现在在梅德洛克河和艾尔
维尔河灭绝了，“我们应该低声抱怨吗？我们应该觉得被抢劫了
244 吗？”当然不能。任何与工业发展和伟大民族繁荣昌盛无法分割的
东西都不值得遗憾。假期很快就到。在火车上坐上几个小时，就
能听到像“清澈明亮的溪水流动的声音”[2]。

更有些人在欣赏曼彻斯特河道方面走得更远。艺术家和摄影师开始在其中发现兴趣，甚至寻找美。在这方面，他们受到了当代视觉文化趋向于美化城市景观的趋势影响，其中两个重要的作品是詹姆斯·阿伯特·麦克尼尔·惠斯勒在19世纪70年代创作的《泰晤士河夜曲》，以及克劳德·莫奈的伦敦系列绘画（1900—1903），其中泰晤士河是其中的焦点。1903年1月，《曼彻斯特风貌与景点》刊登了一篇关于曼彻斯特城市内外摄影的文章，题目为“风景如画的曼彻斯特”。在曼彻斯特业余摄影协会最近举办的一次展览中，没有一张照片比T.朗沃斯·库珀从黑修士的桥上看到的朦胧而多雾的艾尔维尔河更加吸引人注意力了，文中重点描写了驳船、烟囱和其他工业设施。作者写道，“这张美丽的照片”证明了“棉都”拥有的美丽风景，即使是“在这墨臭难闻的艾尔维尔河沿岸”[3]。类似的场景在艺术家中越来越受欢迎，尤其是阿道夫·瓦莱特，法国印象派画家，1904年来到英格兰，定居曼彻斯特，在市立

① Grindon, *Manchester walks and wild-flowers*, p. 47.

② L. H. Grindon, *Lancashire: Brief historical and descriptive notes* (London, 1892), pp. 101—2.

③ *Manchester Faces and Places*, 14 (1903), pp. 50—3.

艺术学院任教①,其作品有《曼彻斯特印度屋》(*India House, Manchester*)(1912)、《在艾尔维尔河上的温莎桥下》(*Under Windsor Bridge on the Irwell*)(1912)等。从这个城市潮湿、黑暗的河流和运河中,瓦莱特创造出惊人的美景(图 30),瓦莱特笔下的曼彻斯特水道在当时很受欢迎。他是曼彻斯特现代画家协会的会员,《曼彻斯特卫报》在关于该协会首届展览的报道中称赞了他,“由于受大气效应的极度微妙影响,运河或河流正被一座沉重的铁桥横跨”,
“这是我们所见过的对城市景观最好的诠释之一②。” 245

直到 20 世纪,曼彻斯特仍然是一个有价值的民族景观。到第一次世界大战,曼彻斯特的企业建筑在设计上是辉煌的,当时的舆论也认为如此。曼彻斯特的街道熙熙攘攘,它的仓库和百货公司富丽堂皇,它的公共建筑恰如其分地唤起了商业的伟大和公民的美德,即使是那些被污染的河流也被认为是美的符号。正如观察家在 1900 年指出的那样,它作为“北方毋庸置疑的大都市”的地位可以从它的景观中看出:

> 曼彻斯特在许多方面是英格兰的缩影和伦敦的再
> 现。在其公共精神和企业精神中,我们看到了造就现代 246
> 英格兰的民族特征。曼彻斯特的主要街道,让人想起了

① For Valette, see Manchester Art Gallery, *Adolphe Valette: A French Impressionist in Manchester* (Manchester, 2007); S. Martin, *Adolphe Valette: A French influence in Manchester* (London, 2007); C. Lyon, *Adolphe Valette* (Chichester, 2006).

② *Manchester Guardian*, 19 September 1912, p. 5.

伦敦市，市场街是齐普赛街的翻版，有轨电车代替了公共汽车，货车代替了面包车，在熙熙攘攘的人群中穿梭，人们都在忙着做生意或购物。可以想象自己能看到那幢大

图 30　阿道夫·瓦莱特，《曼彻斯特印度屋》，1912 年，纤维油画。图片由 Manchester Art Gallery，UK/ Bridgeman Images 提供。

厦，不同之处在于，北部中心地区的差距往往更大[①]。

旅游指南文献[②]仍然推荐曼彻斯特城市值得参观的风景，甚至曼彻斯特的工厂在景观中也保留了视觉价值，尤其是设计中更加注重的装饰——比如，使用多色砖装饰、无釉赤陶装饰、楼梯塔的装饰，有扶手、栏杆，甚至还有铜圆顶[③]。当然，曼彻斯特城市环境的负面因素从未被忽视，但它与工业、企业和现代化的内涵常常将其演变成为一个伟大的民族景观。尽管在19世纪40年代引起了极大的关注，但它不仅承载着棉都居民的爱国骄傲，也承载着整个国家的爱国骄傲，而且一直持续到整个19世纪和20世纪。虽然历史学家们对这一景观的联想不如本书中讨论的其他景观那么明显，但它们确实很有价值：曼彻斯特也是一个传奇之地。它们的关联被纳入了一种对公民进步的前瞻性叙述中，这种叙述把过去变成了对现在和未来的服务。在两次世界大战期间，这种对过去的利用在该市举行的大型历史盛会和公民周活动中变得更加明显，1926年和1938年的活动就是其最重要的例子。正如汤姆·休姆展示的那样，曼彻斯特盛会——就像北美的许多同类活动一样——是一个伟大的公民促进节日，它重新规定了过去，作为一种 247

① F. W. Newland, 'The city of Manchester: 1', *The Sunday at Home*, 1 January, 1900, 150.

② K. Baedeker, *Great Britain*, 3rd edn (Leipzig, 1894[1887]), p. 334. 'No traveller should quit Manchester without having seen one at least of its great factories': K. Baedeker, *Great Britain*, 7th edn (Leipzig, 1910), p. 358.

③ Williams with Farnie, *Cotton mills*, pp. 100—1. 由阿肯顿砖与砂岩和陶土装饰，帕拉贡工厂和皇家工厂(1912)就是这样结构的例子(*Ibid.*, pp. 166—7)。

激励对过去成就的自豪的手段，以期鼓舞对未来的希望①。在曼彻斯特的例子中，这意味着对这座城市在世界工厂中心的工业和商业遗产的爱国庆祝，庆祝它对民族经济和民族认同感中做出的伟大贡献。它没有为一个失去的、常常被认为是更真实的英国乡村田园而举行任何怀旧的哀歌。

曼彻斯特盛会讲述的故事反映了人们对变化的接受，特别是英格兰从一个以乡村为主的民族转变为以城市为主的民族。然而，这个故事长期以来一直体现在这座城市的景观中，体现在对这座城市景观的解读中。伊丽莎白·加斯克尔的《北方与南方》中，玛格丽特在曼彻斯特弥尔顿定居后，意识到她再也回不去南方了。最后，她再次拜访位于赫尔斯顿故居，她突然深深地意识到“回不去”了，虽然那里的景观仍保持着其优美的吸引力——赫尔斯顿“对于玛格丽特来说将永远是世界上最美的地方”——但玛格丽特置身于弥尔顿这种截然不同的城市环境，改变了她对待变化的态度。在玛格丽特年轻的时候，她曾陶醉于她认为的森林之家那看似永恒的一面；现在，她看到了、感受到了“无处不在的变化”（甚至是在赫尔斯顿），她想站在变革的一边，“如果世界停滞不前，它将变得倒退和腐败……从我自己和我自己痛苦的变化感来看，我周

① T. Hulme, '"A nation of town criers": Civic publicity and historical pageantry in inter-war Britain' *Urban History*, 44 (2017), 270—92. For details of the Manchester pageants, see A. Bartie, L. Fleming, M. Freeman, T. Hulme, A. Hutton and P. Readman, 'The Manchester Historical Pageant[1926]', *Redress of the past*; and Bartie, Fleming, Freeman, Hulme, Hutton and Readman, 'The Manchester Pageant[1938]', *Ibid*.

围的进步是正确和必要的”。回到北方后，玛格丽特决定嫁给她的爱人——工厂主约翰·桑顿，让自己投入到弥尔顿的烟囱和工厂的生活中——尽管如此，她仍然对新森林的公地、田野、花草树木怀有强烈的感情①。玛格丽特转变、发展的情感代表了更广泛的文 248
化接受态度。尽管在19世纪和20世纪初，英格兰人对困扰城镇的贫穷、肮脏和疾病问题表现越来越敏感，但曼彻斯特这样的城市景观仍与变化、进步和民族的伟大联系在一起，并因此受到越来越多的重视。英格兰19世纪的爱国主义景观是宽泛的，包括乡村地区 249
和城市街道。

---

① Gaskell, *North and south*, pp. 481, 488, 489—90.

第六章
泰晤士河

1801年出版的《英国著名河流概况》(*General account of all the rivers of note in Great Britain*),亨利·斯克林关注最多的就是泰晤士河,称它是"英国所有河流中最伟大的一条,在美丽程度和重要性上都举世无双"[①]。从书的卷首插图就可以清清楚楚地看出这种突出强调,斯克林描述道,"Thamesis是泰晤士河的河神,受苏格兰泰族仙女塔瓦和威尔士怀伊河仙女瓦加悉心照料。泰晤士河与英国的其他河流纵横交错,向海神尼普顿展示了大英帝国的航海图[②]。"(图31)也许,在与法国持续不断的战争背景下,这幅图恰如其分地展现了英国的团结。白崖和海军舰队是本书爱国精神的基石,激发了英国四面环海、孤立无依的民族认同感。和多佛的白崖一样,作为英国最伟大的河,泰晤士河很容易与英国人特有的主流观点发生冲突,在英国爱国主义关联中的重要性早已根深蒂固。

---

① H. Skrine, *A general account of all the rivers of note in Great Britain* (London, 1801), p. 319.

② *Ibid.*, frontispiece; also preface, p. ix.

图 31　亨利·斯克林,《英国著名河流概况》卷首插图(伦敦,1801)。经 Syndics of Cambridge University Library:Ll. 34. 16 许可转载。

自 18 世纪以来,泰晤士河被经常描述为"英国第一河流"[①],人们为此常常对它倾慕不已。历史学家们也讨论过泰晤士河在英国 250 文化上的重要性。乔纳森·施内恩和皮特·艾克罗伊德调查研究了泰晤士河几百年的历史[②]。本章节重点展示泰晤士河在漫长的 19 世纪在英国民众的想象中演变得如此重要的原因和过程,考察河流景观通过与商业、文化以及最重要的历史进程的关联,以不同的方式支持着民族认同的塑造和发展。人们说,泰晤士河的象征

---

① W. Westall and S. Owen, *Picturesque tour of the River Thames* (London, 1828), p. iii.

② J. Schneer, *The Thames* (New Haven and London, 2005); P. Ackroyd, *Thames: Sacred river* (London, 2007).

力量主要归功于它与民族历史的关联。泰晤士河发源于格洛斯特郡的乡村，流经伦敦，最终一直延伸到北海。人们认为泰晤士河见
251 证了英格兰从默默无闻到伟大进步的发展历程。与此同时，泰晤士河还代表着过去与现在、乡村与首都、泰晤士河的穷乡僻壤与熙熙攘攘的码头港口之间存在的宝贵联系。

泰晤士河之所以具有全国意义，部分原因在于它与英国首都伦敦的联系。尽管这个洞察是有成效的，但是这个发现也只能让我们到此为止。当然，与规模小一点的河流相比，规模大一点的河流往往更能获得人们的赞赏，泰晤士河是不列颠群岛上第三长的河流（继香农河和塞文河之后）。虽然泰晤士河全长 215 英里，但是从其长度上来看，泰晤士河从未被看作是世界上伟大的河流之一。事实上早期的英国崇拜者们也意识到了，因此他们常常承认泰晤士河是一条真正高贵的河。这种声称是由斯克林著作的卷首语提出的。某种程度上，这种声称指的是英国的海军力量，以及英国宣称拥有的海洋主权，它同时暗示了河流与海洋之间更为密切的关系。英国河流图显示，很多河流在很大程度上都是潮汐河流，与欧洲大陆那些潮汐河流较少的典型现象形成鲜明对比。其实这是英国岛屿地位的一种功能，一般认为这是上天赐予英国天然的地理位置的一部分。在这方面，泰晤士河的条件无人能出其右。从伦敦西部的泰丁顿水闸到河口，泰晤士河水道大约有 100 英里是潮汐，这就自然而然地使得泰晤士河更容易航行，尤其是蒸汽船出现之前的时间里，在此之前的帆船可以利用潮汐很容易地升降。正如 18 世纪 70 年代泰晤士河前往伦敦的旅游指南所言，“每一次涨潮都会聚拢来自各地的新船。因此，可以说，世界上的财富正源源

不断地流向泰晤士河[1]。”很大程度上正是因为泰晤士河的潮汐，伦敦才被认为是一个伟大的港口、一个真正伟大的城市。随着18世纪、19世纪英国商业繁荣的进一步推进，泰晤士河与财富的联系变得更加紧密。有大量文字形容泰晤士河是伦敦蒸蒸日上、欣欣向 252
荣的“财富辉煌”、“富丽堂皇”[2]的“主要源泉”。约翰·德纳姆的《库珀山》(*Cooper's Hill*)(1642)和亚历山大·蒲柏的《温莎森林》(*Windsor-Forest*)(1713)至今仍广受欢迎，

> ……从这泥泞的河底
> 老泰晤士河抬起他高贵的头。
> 发丝被露水打湿，
> 他闪亮的角散发着金色的光芒：
> 月亮倾洒在他的骨灰盒上，
> 指引着河水的涨溢、潮汐的交替；
> 溪水如银色波浪般翻滚奔腾，
> 泰晤士河畔，奥古斯塔在金色中起舞[3]。

这种奥古斯都时期的繁荣与泰晤士河的潮汐特性密切相关，这似乎是一种令人愉快的自然状态，既是由上帝(或月亮)决定的，

---

① *A companion to every place of curiosity and entertainment in and about London and Westminster*, 4th edn (London, 1774), p. 8.

② *The ambulator*; *or*, *The stranger's companion in a tour round London* (London, 1774), pp. 166—8; *A view of London*; *or*, *The stranger's guide through the British metropolis* (London, 1803—4), pp. 55, 92.

③ A. Pope, *Windsor-Forest* (London, 1713), p. 14.

也是由人类决定的，世界的物品也“源源不断”地流入大都市[①]。

从18世纪中期开始，在英国民族形象的塑造中，商业与民族的伟大有着密切的关系[②]，泰晤士河因其创造的财富而很快发展成为英国爱国主义自豪感的源泉。旅游指南和地图学文献把伦敦港的“桅杆森林”描绘得十分丰富，赞颂“这条大河的商业特色”是“所有英国人的骄傲”[③]。但泰晤士河为盈利和财富提供便利还只是故事的一部分。人们认为，潮汐带来的财富不仅支持着物质
253 繁荣，而且支持着品味、优雅和美丽。这些美好在泰晤士河流域的景观中随处可见。蒲柏早期在《温莎森林》表达了这一点，后来在18世纪的散文叙述中被放大了。例如，托马斯·彭南特在对伦敦的描述中，将这条河带来的财富与自然农业的肥力结合起来，创造出一幅宁静优雅的田园风景。他写道，“整条泰晤士河的全程”，

> 流经俯拾皆是丰衣足食、物产丰饶、乡村娴雅的国度：草地上覆盖着大量的干草，或被大批牛群覆盖着；旁边是起伏着的丘陵，和高耸着的树林；雍容的宫殿、华丽的席位、漂亮的别墅、古代士绅们的一些世袭府邸点缀在

① *Pigot and Co.'s metropolitan guide and book of reference to every street court lane passage alley and public building in the cities of London and Westminster* (London, 1824), p. 5.

② P. Langford, *A polite and commercial people: England 1727—1783* (Oxford, 1989) esp. pp. 1—7.

③ T. Nicholls, *The steam-boat companion* (London, 1823), p. 7; J. Britton, *The original picture of London*, 26th edn (London, 1828[1802]), p. 386.

其中。虽然罪恶和放荡的行径致使大部分财富转移到诚实的财富所有者那里，但是这些财富本身都是通过商业或勤劳的职业获得的[①]。

田园风光在18世纪后期的地形学文学艺术中得到了广泛的赞美，既满足了传统精英阶层和工商业新兴富裕阶层的喜好，也满足了正在兴起的“中产阶级”的喜好；装饰华丽的书籍和版画普及了景观的美感，克劳德、萨尔瓦托·罗莎和加斯帕德·普桑画作的流行就是明证。正如约翰·布鲁尔所言，“到本世纪末，这些景观的印刷品，无论是单独出售、成批出售，还是作为旅游书籍的插图，都已经比比皆是[②]。”如果说此刻的湖区是大家关注的焦点，那么应该说泰晤士河也是如此，尤其是在伦敦西部的豪宅区和带有球场的公园里。塞缪尔·爱尔兰的《泰晤士河上的美丽风景》(*Picturesque views on the river Thames*)(1792)是这一时期著名的著作，接下来的几十年里，这本书被大肆效仿，其中最直接的效仿者就是威廉·康姆的《英国主要河流历史》(*History of the principal rivers of Great Britain*)(1794)。这本书聚焦在泰晤士河，贯彻威 254
廉·韦斯特尔和塞缪尔·欧文的《泰晤士河如画风景之旅》(*Picturesque tour of the River Thames*)(1828)的风格，创作了一部配

---

① T. Pennant, *Some account of London*, 5th edn (London, 1813[1791]), pp. 628—30.

② J. Brewer, *The pleasures of the imagination: English culture in the eighteenth century* (London, 1997), p. 458.

有 24 幅彩色风景的巨著[①]。

在这些地形学作品中，受人敬仰的景观都是善气迎人、温文尔雅的。沿着泰晤士河的漂亮房屋建筑、风景旖旎的公园和乡村座椅都是人们愿意关注的地方，其中许多都是新近修建的[②]。当然，自然环境是美丽旖旎、“蜿蜒”、“优雅”的河流塑造出美丽的蛇形线条[③]。但人们认为，这种天然线条被儒雅的富人的河边庄园、公园和花园“美化”和“装饰”之后，天然线条里就夹杂着一种谄媚奉承的情愫[④]。牛津附近的努尼汉姆库特奈公园——伯爵哈考特的所在地——在很多方面都受到了赞赏，有评论说，“自然赋予了其美丽概貌，香气为这幅美景锦上添花[⑤]。”亨利·西摩·康威将军在亨里附近的帕尔广场上精心布置的庭院也是如此：有“乡村”桥、动物园、“德鲁伊教寺庙”和罗马圆形剧场的人工废墟。威廉·康姆曾

① S. Ireland, *Picturesque views on the river Thames from its source in Glocestershire to the Nore*, 2 vols. (London, 1792); [W. Combe], *An history of the principal rivers of Great Britain*, 2 vols. (London, 1794). Later books included Skrine's *General account*; *The Thames*; *or*, *Graphic illustrations of seats*, *villas*, *public buildings*, *and picturesque scenery*, *on the banks of that noble river*, 2 vols. (London, 1811); and Westall and Owen, *Picturesque tour*.

② See, e. g., *Forer's new guide for foreigners*, *containing the most complete and accurate description of the cities of London and Westminster*, *and their environs*, *that has yet been offered to the public* (London, [1798]), pp. 50ff.; *A new display of the beauties of England*; *or*, *A description of the most elegant and magnificent public edifices*, *royal palaces*, *noblemen's and gentlemen's seats*, *and other curiosities*, *in different parts of the kingdom*, new edn, 2 vols. (London, 1787), Vol. ii, pp. 47ff., 286ff.

③ Skrine, *General account*, pp. 340, 385.

④ *The ambulatory*, p. 167; Skrine, *General account*, pp. 333—4.

⑤ W. B. Cooke and G. Cooke, *Views on the Thames* (London, 1818), n. p.

经评论道，“大自然做了很多事情，香气也做了很多贡献：这个地方的天赋之处在于，它体现了所有者的集思广益，创造了生动的景象[1]。”那些拥有精致品味的人如康威和哈考特家族结合河畔风光的自然魅力，创造了一幅美丽的、亲切的、典雅的风景画，符合克劳德式的审美概念，也反映了泰晤士河为促进繁荣所做的巨大努力和贡献[2]。 255

在这里，品味和自然竟能如此和谐地搭配，继承了财富、商业的爱国主义自豪。这一点在里士满附近的泰晤士河河段体现得最为明显。里士满位于伦敦市中心西南约 8 英里（约合 48 公里）处，其吸引力堪比欧洲大陆大型巡回赛上的雄狮：塞缪尔·爱尔兰称其为“英格兰的弗雷斯卡蒂”[3]。特别是从里士满山的平台上俯瞰河流及其周围的乡村，自然和艺术理想被完美地融合在一起，人们能感受到其强烈的独特魅力。就像康姆描述的，“山脚下的泰晤士河蜿蜒曲折，流经草地和花园，沿途自然繁茂，品味高雅；泰晤士河两岸的别墅、座椅、乡村，与泰晤士河交相辉映出浑然一体的美丽，烘托出迷人的景色[4]。”作为艺术家（包括约书亚·雷诺兹爵士，他在 1788 年画过泰晤士河，和约瑟夫·马洛德·特纳）的主题，这一

---

① [Combe], *History of the principal rivers of Great Britain*, Vol. i, p. 250.

② Skrine, *General account*, pp. 333—4.

③ Ireland, *Picturesque views*, Vol. ii, p. 107. “弗雷斯卡蒂”是意大利中部一座历史城镇，以 16 世纪在这里建造的别墅而闻名，是罗马精英的乡村住宅。

④ [Combe], *History of the principal rivers of Great Britain*, Vol. ii, p. 25.

观点越来越受欢迎，既反映了泰晤士河的吸引力，也为它增添了光彩[1]。泰晤士河与文学的联系也是如此。与泰晤士河有关的两位著名诗人是约翰·德纳姆和亚历山大·蒲柏，他们都住在泰晤士河附近。对泰晤士河影响最大的人是詹姆斯·汤姆森。其作品《四季》(*The Season*)记录了一系列诗歌，首版创作于 1725 年到 1730 年，在 18 世纪和 19 世纪仍然非常流行（大英图书馆记载，到 1820 年，这本书已经重印了 130 多次）[2]。其中《夏季》的第二部分中，汤姆森大加赞赏了从山上看到的“静谧祥和却又壮观美丽的景色”，让人联想到“幸福的大不列颠”、富足丰饶的田园。汤姆森的这句话在地志和旅游指南文献中多次被引用[3]。

里士满山的文学和艺术价值有助于在 18 世纪末和 19 世纪初的旅游和审美想象上假定一个关键地点。和许多其他泰晤士河边
256 的景观一样，里士满泰晤士河段在托马斯·格雷极具影响力的《英国之行》(*Tour through Great Britain*)中[4]，被称赞为“值得游客特别注意”。在革命战争和拿破仑战争的背景下，对里士满泰晤士河段的欣赏与爱国主义情怀联系在一起——就像当时英国其他风景

① Sir J. Reynolds, *The Thames from Richmond Hill* (1788); Howard, ‘Changing tastein landscape art’, p. 297.

② 汤姆森的一生中多次修改了《四季》的文本。1745 年首次出版的版本中，对里士满山的景观的引用似乎已经增加了。Thomson, *The seasons* (London, 1744).

③ *Ibid.*, pp. 112—14.

④ T. Gray, *A supplement to the tour through Great-Britain, containing a catalogue of the antiquities, houses, parks, plantations, scenes, and situations, in England and Wales* (London, 1787).

名胜的美丽或独特一样，最著名的例子是湖区①。许多如此珍贵的景观因其独特的品质而受到赞扬，它们遵循了吉尔平、普莱斯和其他普及这种新的审美情趣的人所设定的模式②。从里士满山往下看到的美丽景观与主流观念中模糊定义的风景如画的概念相一致。主流观念从18世纪80年代开始发展与泰晤士河的关系——爱尔兰的《风景如画》(*Picturesque views*)、韦斯托尔和欧文的《如画风景之旅》(*Picturesque tour*)都代表了这些主流观念，两人都对里士满及其周边地区赞不绝口③。从19世纪早期开始，特纳通过大量的作品来表达他对泰晤士河的赞许，尤其是《从里士满露台看泰晤士河》(*The Thames from Richmond Terrace*)(1836，图32)，《英格兰和威尔士如画风景系列》(*Picturesque views in England and Wales*)(1825—1838)中的一幅水彩画。该画与他早期受克劳德启发而绘制的风景画不同④，特纳向人们展示了里士满山是一个现实生活中很受人们喜爱的旅游胜地——的确，对于所有的社会阶层，贵族阶级、中产阶级和工人阶级都一样(工人阶级在右边出

① J. Buzard, 'The Grand Tour and after (1660—1840)', in P. Hulme and T. Youngs (eds.), *The Cambridge companion to travel writing* (Cambridge, 2002), pp. 37—52.

② W. Gilpin, *Observations on the river Wye* (London, 1782); Price, *Essay on the picturesque*.

③ Ireland, *Picturesque views*, Vol. ii; Westall and Owen, *Picturesque tour*.

④ D. Hill, *Turner on the Thames: River journeys in the year 1805* (New Haven and London, 1993), pp. 53—62, 150—2.

图 32 J. M. W. 特纳,《从里士满露台看泰晤士河》,1836 年,纸本水彩。图片由 Walker Art Gallery,Liverpool 提供。

现,穿着最好的周日休闲服装在露台上漫步)①。

特纳画作中的许多人物都可能是乘坐汽船来到里士满的。19
257 世纪早期蒸汽动力船的出现对泰晤士河影响力的推广起到了至关重要的作用,使得里士满一度成为英国娱乐活动的中心。它不仅是里士满周边地区的娱乐中心,也是整个发展的关键。事实上,受影响最大的是泰晤士河的下游,而不是上游,至少一开始是这样。大约从 1820 年开始,蒸汽旅行船就开始出现在泰晤士河上,主要集中在格雷夫森德和马盖特一带的下游交通上,这两个城市在这一时期发展成为海滨度假城镇。1831 年,乘坐三个小时的蒸汽船就

① E. Shanes, *Turner's picturesque views in England and Wales 1825—1838* (London, 1979), p. 48.

可从伦敦抵达格雷夫森德;1839 年,旅行时间被缩短到大约两个小时,这就使得游客半天的出游计划成为可能[①]。运营这条线路的公司提供了快速可靠的服务,其一就是按照时间表运行的优势。和以前在这条路线上运行过的帆动力平底船相比,新的蒸汽船代表了一个相当大的进步,它不会像过去的蒸汽船那样易受潮汐和反复无常的天气的影响(1797 年,一艘平底船从伦敦到马盖特花了 258
27 个小时)[②]。至少对中产阶级来说,旅行费用也是相当实惠的。1827 年去格雷夫森德的一日来回游需要 1 先令 6 便士,而到了 1834 年只需要 1 先令[③]。成千上万的民众很快充分利用了这种实惠。到 19 世纪 30 年代初,每年在格雷夫森德出入境的旅客人数已达 30 万;到 19 世纪 40 年代早期,旅客人数已经超过 100 万[④]。

这些乘客中很大一部分是通勤者,这项服务的稳定性和高效性使得格雷夫森德早在 19 世纪 30 年代就成为伦敦白领的宿舍城(至少在夏季的几个月里是这样)。但更多的民众是特意来此的度假者和远足者。白天的旅行很受欢迎,特别是在星期天。为了满足游客星期天旅行的这种需求,很快就开设了特别的星期天服务。到 1836 年,仅一天就有 8000 多人到达格雷夫森德[⑤]。对这些旅游

① D. M. Williams and J. Armstrong, 'The Thames and recreation, 1815—1840', *London Journal*, 30 (2005), 25—39 (p. 27).

② J. Whyman, 'Water communication to Margate and Gravesend as coastal resorts before 1840', *Southern History*, 3 (1981), 111—38 (p. 116).

③ *Ibid.*, p. 129.

④ *Ibid.*, pp. 123—6; Williams and Armstrong, 'The Thames and recreation', p. 32.

⑤ Williams and Armstrong, 'The Thames and recreation', p. 28; Whyman, 'Water communication', p. 132.

者来说，出游的诱惑与目的地无关，不管是格雷夫森德还是马盖特，更大的吸引力是在泰晤士河上的经历。另外，蒸汽船的魅力和标新立异也是吸引力的一部分，尤其是在早期。但这种新奇很快就被河流景观本身的魅力所掩盖。显然，当时的很多文学作品都是为了迎合这些下游游客的喜好。这包括为蒸汽船船上使用而设计的两岸建筑物和带注释的风景全景插图、价格低廉的平装版本旅游指南（在 1835 年 6 便士就能买到），以及越来越多的通常是由旅游公司发行的指南[①]。这些出版物成功地把民众的注意力吸引到这些风景如画、景色优美的地方。肯特和埃塞克斯的河岸风光
259 给了游客们英格兰乡村的印象（然而，这种游览的范围不可避免地受到了限制，泰晤士河河口的平原不太可能被纳入 19 世纪任何一个美学范畴）。人们更加关注景观的关联价值，特别是景观与民族历史的联系，以及从伦敦塔附近出发的船只。除了伦敦塔，游客们的目光还被引导到格林威治医院等地。格林威治医院是英国皇家海军退休水手们的家园，这与昔日英国海军的霸主地位有着令人愉快的关联（英格兰民族特别感谢那些维护它的人）；在斯旺斯科姆森林，“肯特人”从征服者威廉那里学到了按照男子均分土地（一

① Examples included G. H. Davidson, *The Thames and Thanet guide, and Kentish tourist*, 6th edn (London, [? 1840]); W. Camden, *The steam boat pocket book: A descriptive guide from London Bridge to Gravesend, Southend, the Nore, Herne Bay, Margate, and Ramsgate* (London, 1835); *A new picturesque companion, in an excursion of Greenhithe, North fleet, Gravesend* (London, [1834]); *The steam-boat companion from London to Gravesend* (London, 1830); *Boyles's Thames guide* (London, [? 1839/ 40]). 所有这些文学作品的本源似乎都是尼可斯的《汽船伴侣》(*Steam-boat companion*)，其他的指南从中引用了很多资料。

种土地、财产继承制度或习惯)的习俗;提尔伯里堡是西班牙无敌舰队时期伊丽莎白女王对英国军队发表振奋人心的演讲的地方。甚至在流行的全景导游中,历史的关联也显得非常重要。《博伊尔斯泰晤士河指南》(*Boyles's Thames guide*)就是其中之一,在指南插图的注释的显著位置标注了深奥的解说词,比如,在西堤尔伯里教堂的入口标有,“西提尔伯里似乎是塞达或圣查德(在西撒克逊时代)的圣公会所在地,这也是基督教教义在英国最早的传播地之一”[1]。

不管人们是否知情,这些出版物所关注的历史关联反映了一种爱国主义情怀,这种情怀就像在更为学术的地形学文献中所描述的那样明显。正如 18 世纪 90 年代和 19 世纪美丽风景的疯狂崇拜者们一样,19 世纪 30 年代和 40 年代也鼓励泰晤士河上那些不同社会背景的旅行者将旅行与“爱国主义乐趣”结合起来[2]。这一点从托马斯·尼科尔斯 1823 年的《汽船伴侣》(*Steam-boat companion*)中可以看得很清楚。《汽船伴侣》恐怕是最早的蒸汽船指南,也是后来许多旅游手册的基础,其主旨由扉页上的警句阐明:“在你看到、了解自己国家的海岸之前/别去管其他的外国海岸[3]。”尼克尔斯的模仿者称,泰晤士河下游的风景,“充满了回忆和关联,不仅让诗人、画家、商人、博物学家和古董商们爱不释手,还让每一个对自然美景有鉴赏力的人,或者对国家权力和荣耀和丰碑感兴趣的人”[4]都乐在其中。 260

---

① *Boyles's Thames guide* .

② Cf. Brewer,*Pleasures of the imagination*, p. 633.

③ Nicholls,*Steam-boat companion*.

④ Camden,*Steam boat pocket book*, p. iii.

在为这种爱国主义遗产——旅游——提供机会的同时，轮船公司自然也提供了越来越多的物质条件：提供舒适的住宿、食物和饮料，有时还提供音乐和其他娱乐活动。例如，1833 年夏天，从伦敦到诺尔的一次特别出游套票中就包含一场音乐会、魔术、一场球类运动和乐队。从它的发起人发布的广告中可以明显看出，这些娱乐活动都将与欣赏河流风景和历史爱国主义内涵结合起来。广告中提到，“船只”

> 将沿着肯特和埃塞克斯海岸前进。从甲板上可清晰地看到各种各样的艺术、自然作品，它们为这些浪漫的场景增彩不少。民族科学和工业的进步不断改进着泰晤士河隧道，隧道如果完工将会是世界的荣耀。此外，还有格林威治医院那座为老水手建造的富丽堂皇的宫殿、伍尔维奇船坞、格雷夫森德码头渔场、提尔伯里堡，从伊丽莎白女王向她的爱国党派发表演说到西班牙无敌舰队的最终覆灭，一直到诺尔。该公司还将有机会见证滑铁卢 120 炮的发射①。

当然，要恢复民众对这些景象的积极响应是非常困难的。泰晤士河上游的游览者们对他们所看到的传奇风景有多大的兴趣？根据约翰·厄里的观点，“游客的目光”就像在其他情况下一样，很

① F. Burtt, *Steamers of the Thames and Medway* (London, 1949), pp. 23—4.

大程度上是为了标新立异和悦心娱目，与获取知识的真实性脱节①。然而，正如德国等地的旅游史研究表明的，对超越市场的“知识”和“真实”认同的追求——甚至是那些看似“无知、商品化旅游行为的特征”的追求——“发现旅游业能够提升民族认同”，这就是在“市场之外寻找意义的一个例子”。按照这种解释，旅游者不仅 261
是“被动的”消费者，他们还希望通过旅游体验来发展自己的知识和认同感②。英国的情况也是如此。对于19世纪早期至中期的泰晤士河旅游者们来说，蒸汽船旅行的独特新奇以及船上五花八门的娱乐活动是吸引他们的部分原因，但与景观相关的爱国主义情怀(主要是历史方面)也是一个很重要的原因。毕竟，考虑到轮船公司和旅游指南出版商都是在一个竞争激烈的市场上经营，所以发行的旅游指南和广告内容既反映了民众的喜好，也反过来刺激、开拓了民众的喜好。安格斯·白求恩的《泰晤士河上的伦敦》(*London on the Thames*)(1848)记录了一系列在泰晤士河上寻欢的滑稽画作，它反映了到19世纪中叶，为工人和中产阶级家庭提供泰晤士河下游旅行很流行③。《泰晤士河上的伦敦》中的一幅素描

---

① Urry, *Tourist gaze*.

② R. Koshar, '"What ought to be seen": Tourists' guidebooks and national identities in Modern Germany and Europe', *Journal of Contemporary History*, 33 (1998), 323—40 (p. 325). See also, e. g., the essays in S. Baranowski and E. Furlough (eds.), *Beingelsewhere: Tourism, consumer culture and identity in modern Europe and North America* (Ann Arbor, 2001).

③ A. B. Reach[Angus Bethune], *London on the Thames*, 2 vols. (London, [1848]), Vol. i, esp. pp. 49—50, on the activities of benefit clubs and philanthropic societies.

里，白求恩描绘了一艘汽船启航后船上的情景，“格雷夫森德人”被装到船舷上缘：

> 现在，人们都是为了追求有用的知识，带着“某个目的”而航行，比如拍摄泰晤士河一便士的全景照片、寻找有 470 英尺(约合 143 米)的海关大楼的“长厅”、裘力斯·恺撒建造的塔、伊桑巴德·布鲁内尔设计的泰晤士河隧道。现在，满怀深情的父母们向比利、汤米和简指出了一道水门，叛徒就是通过水门被送到格林威治医院的。这是“英格兰民众对她勇敢的捍卫者们表达感恩颂歌的一种纪念”。现在，受人敬仰的先生们都会聚集在发动机上面，观看沉重的铁梁有规律地发出轰鸣声和机械装置有规律地搏动，大概五分钟左右，然后彼此间谈论了一番，“蒸汽是个好东西，先生。而且这还只是在萌芽期。”现在，许多家庭的小孩子都出去度假，他们开始要求享受快
> 262 乐，如果不听话就要受到体罚。现在，由小提琴、长号和短号组成的乐队，开始用《朱利安的波尔卡》这个新奇的曲子来取悦所有听众。①。

正如白求恩观察到的，在泰晤士河下游可以接触到不一样的乐趣。但是很明显，无论娱乐的形式多么简单，民众参与的都是河流景观遗产所呈现的。单纯的快乐与理性的消遣相结合，旅游是

① *Ibid.*, Vol. i, pp. 17—18.

爱国自强的一种手段。

沿河游览一直流行到维多利亚时代中期。然而,1878 年 9 月 2 日的“爱丽丝公主号”灾难给了河上旅游沉重的一击。在那场灾难中,一艘以爱丽丝公主命名的泰晤士河轮船从希尔内斯返回伦敦,船上大约有 900 人,与伍尔维奇附近特里考克角的“拜威尔城堡号”相撞。“爱丽丝公主号”被撞成两半,迅速沉没,造成 650 多人死亡。造成此次灾难中死亡的主要因素是泰晤士河中的严重污染,许多落水获救的人后来由于误吞这些污水死亡①。这一沉船悲剧引起巨大轰动,令人对河流旅游望而生畏,同时也给泰晤士河下游的观光造成了沉重打击,自此再也没有恢复到正常水平②。然而,从另一个意义上说,这场灾难预示着人们对泰晤士河景观的态度发生了转变。“爱丽丝公主号”被一艘螺旋动力的运煤船撞翻,这艘运煤船于 1850 年前后问世,后来被证明对泰晤士河下游工业的发展起到了重要作用。到 19 世纪末,这种运输船将占泰晤士河所有船只的一半以上。螺旋式运煤船让建造大型的临河煤气厂成为可能,就像格林威治和贝克顿建造的煤气厂一样,这些工厂都需要大量的、定期的、特定的煤炭供应,只有像“拜威尔城堡号”这样的船只才能保证供应③。随着伦敦桥下游工业化进程的加快,作为旅游景点的泰晤士河下游在现实生活和想象关联中都变得越来越难 263

① For an account of the *Princess Alice* disaster, see *The Times*, 4 September 1878, p. 7.

② Burtt, *Steamers*, pp. 52—3.

③ A. Pearsall, 'Greenwich and the river in the 19th century', *Transactions of the Greenwich and Lewisham Antiquarian Society*, 8 (1972—3), 20—6 (pp. 24—5).

以靠近。尽管如此，泰晤士河景点仍然根据其他标准(以后会有更多的标准)被评估为旅游景观。“拜威尔城堡号”和其同类船只在许多方面胜过了“爱丽丝公主号”。

然而，这并不是说泰晤士河不再是一道令人赏心悦目的景观了。19 世纪后期，随着城市工业现代化的不断推进，作为一个为欣欣向荣、繁荣昌盛的大都市里的居民提供田园式宁静和其他乡村魅力的景点，泰晤士河上游地区风景越来越受欢迎。19 世纪 20 年代和 30 年代，轮船曾逆流而上，但与从事更高利润的下游贸易轮船相比，上游轮船的数量仍然相对较少[①]。19 世纪 40 年代，交通日益繁忙，白求恩的草图证明了里士满对中产阶级和工人阶级远足者越来越大的吸引力和亲和力。在星际嘉德酒店露台享受一顿周日午餐，这对于那些能承受得起的人士来说已经成为一种时尚的需求[②]。

当然，蒸汽船彻底改变了陆上和水上的交通方式，铁路也保证了泰晤士河上游的交通畅通无阻。布鲁内尔的西部大铁路于 1838 年到达梅登黑德，1844 年到达牛津，1857 年开通了通往亨里的支线。1844 年《铁路管理法》出台后，火车票价越来越便宜，随后又迎来了银行假日(公共假日)。在这些因素的共同作用下，泰晤士河上游成为维多利亚时代和爱德华时代里伦敦所有社会阶层最受欢迎的休闲景观。19 世纪 80 年代，西南铁路建议购买从滑铁卢到泰

---

① 1828 年之前活跃在泰晤士河上的 34 艘蒸汽船，只有 3 艘去了里士满。Burtt，*Steamers*，pp. 18—19.

② [Bethune]，*London on the Thames*，Vol. ii，pp. 16—17，33—4.

丁顿、金斯顿、汉普顿宫和温莎的一系列便宜的特别优惠票①。铁路交通的特别之处在于它为泰晤士河上游风景的划船度假方式提供了便利，因为度假者乘坐火车一到河畔城镇，就可以租一艘小船用作短期的私人用途。维多利亚时代晚期，牛津索特兄弟这样的公司做小船租赁生意做得非常兴隆，许多小船被租来从牛津沿泰晤士河航行到伦敦（旅程结束后，索特兄弟保证把船运回来）。19世纪90年代，仅在牛津索特兄弟公司就有700艘船、100名员工、12艘船屋，根据约翰·H.索特——索特兄弟里最大的一家公 264
司——记载，该公司可能在一个季度内出租多达900艘船只，这体现了当时对出租船的需求量②。

维多利亚时代晚期，索特等公司的成功得益于泰晤士河上游景观的大受欢迎。这次商业繁荣可以精确地追溯到19世纪80年代，在这10年里，越来越多的民众，尤其是在夏季，去河边度假和周末休闲。1884年，一位泰晤士河看护者告诉议会特别委员会，每年夏季的周日会有2000艘船只经过梅登黑德附近的伯特勒船闸③。同年，伯克希尔郡的首席治安官也在同一个论坛上说过，风景迷人的、泰晤士河边的庞伯恩村挤满了游客，“他们租床单搭帐篷，或者整晚坐在椅子上，因为实在找不到住宿的地方了”④。这些描述都

① R. R. Bolland, *Victorians on the Thames* (Tunbridge Wells, 1974.

② Interview with John H. Salter: *Lock to Lock Times and River Life*, 5 August 1893, 1.

③ Evidence of Sir Gilbert Clayton East, *Select Committee on the Thames River Preservation*, 16 (1884), pp. 206—7.

④ Evidence of Adam Blandy, *Ibid.*, 16 (1884), p. 359.

有官方统计数字的证实。正如泰晤士报管理员的记录所显示的，19 世纪 80 年代，游船为使用这条河而支付的费用大幅增加，从 1879 年的 1647 英镑年上升到 1887 年的 3805 英镑(同期内，驳船的收入从 1779 英镑下降到 1174 英镑，这是一个明显的时代标志)[①]。到爱德华时代晚期，泰晤士河上登记在册的娱乐船只总数接近 15 000 艘，这一数字为历史最高，那以后从未被超过，当然这不包括相当多未登记的船只数量[②]。除了以小船为基础的娱乐活动大量增加外，乘船旅行仍然很受欢迎，在工人阶级中尤其流行，因为他们往往没有很长时间或很多闲钱去休更长的假期。为了满足这一需求，建造了更多的轮船，运营公司也提供了更多的服务。事实上，仅从金斯敦到牛津这一河段的知名度就足以让索特兄弟
265 公司设计和建造四艘汽船，专门满足 1888 年开始的泰晤士河之旅的需要[③]。同样在 19 世纪 80 年代，企业需要为员工提供泰晤士河上的假期之旅，需要租用蒸汽船。汽船旅行也由志愿组织和职业团体安排——从音乐厅艺人、铁路工人和出租车司机，到缩短劳动时间协会和共济会[④]。

泰晤士河上游风景的受欢迎程度大幅增加，旅游指南、地图和文学作品都反映并且进一步激励了这一流行现状。牛津大学摄影师亨利·陶特的开创性作品《新泰晤士河地图》(*New map of the*

① Bolland, *Victorians on the Thames*, p. 14.

② Conservators of the River Thames, *The Thames Conservancy 1857—1957* (London, 1957), p. 77.

③ *Lock to Lock Times*, 5 August 1893, p. 1.

④ P. Burstall, *The golden age of the Thames* (Newton Abbot, 1981), pp. 105—13.

river Thames)在 1872 年首次出版后，多次再版，是关于泰晤士上游最早、最有影响力的地图册①。后来，又出现了《从勒奇代尔到里士满的泰晤士河指南：船夫，钓鱼者，野餐聚会和所有寻求乐子的人士们》(*Thames guide book from Lechdale to Richmond for boating men, anglers, picnic parties and all pleasure seekers*)和《泰晤士河培生闲话指南》(*Pearson's gossipy guide to the Thames*)，只需要 1 先令，忙碌的伦敦绅士们就可以得到一系列建议，比如如何远离伦敦的一切，在平静的海滨度过一天或者几天②。从 1888 年 1 月开始，有专门的报纸针对泰晤士河上游风景的常客。《船闸时报》的定价为 2 便士，包含了河流游客需要的实用信息、赛船会和其他体育赛事、划船和当地新闻、管理员的所作所为，此外还会刊登河流名人的八卦文章，以及介绍泰晤士河流域景观的各种景点的文章。

这些出版物刊登的内容很好地说明了吸引这么多民众来泰晤士河的原因。其中部分吸引力可以归结为不同种类的水上运动。首先，钓鱼活动很受欢迎，尤其是因为到了 19 世纪，伦敦市中心河段几乎不可能找到可食用鱼，因为水污染严重③。根据 1894 年的估计，仅在伦敦就有将近 200 家钓鱼俱乐部，为满足会员需求，泰晤 266

---

① H. W. Taunt, *A new map* (*illustrated with eighty photographs*) *of the river Thames ...taken during the summer of 1871* (Oxford, 1872)

② *Thames guide book from Lechdale to Richmond for boating men, anglers, picnic parties and all pleasure seekers*, 2nd edn (London, 1890[1882]); *Pearson's gossipy guide to the Thames from source to sea* (London, [1902]).

③ B. Luckin, *Pollution and control: A social history of the Thames in the nineteenth century* (Bristol, 1986), pp. 12—16.

士河上游河段就提供了一个方便的钓鱼场所①。钓鱼经常与乘船旅行结合在一起，而垂钓信息经常出现在泰晤士旅游指南和《船闸时报》中。其次，泰晤士河上游地区适合体育竞技活动。大学赛艇的流行是众所周知的，这些年来也见证了大型年度赛船会在许多河畔城镇发展壮大，以俱乐部、公立学校和大学选手为特色——其中在亨里举行的是规模最大、最有声望的。除了赛艇，竞技撑船也很受欢迎，泰晤士河撑船锦标赛每年举行一次。最成功的撑船高手之一是梅登黑德附近塔普洛的格伦菲尔。从1888年到1891年，格伦菲尔连续三年赢得冠军（他年轻时曾两次为牛津大学赢得划船比赛）②。格伦菲尔——后来的德斯伯勒男爵——某种程度上是维多利亚时代晚期和爱德华时代泰晤士河的关键人物。格伦菲尔的妻子埃蒂在塔普洛主持一家时尚沙龙，常在河岸上举办光彩夺目的家庭聚会。格伦菲尔还长期担任泰晤士河保护协会的主席③。他的运动成就和富有魅力的关系使他成为当今男性"肌肉运动"的有效典范（他还曾横渡英吉利海峡八英里；以三条不同的路线攀登马特弘峰）。事实证明，泰晤士河非常适合展现运动精神，自从"汤姆·布朗的学生时代"开始，人们就自然而然地将其与公立学校、

① C. H. Cook, *Thames rights and Thames wrongs*: *A disclosure* (London, 1894), p. 140.

② I. F. W. Beckett, 'Grenfell, William Henry, Baron Desborough (1855—1945)', *Oxford dictionary of national biography*.

③ For Ettie see R. Davenport-Hines, *Ettie*: *The intimate life and dauntless spirit of Lady Desborough* (London, 2008).

牛津大学和剑桥大学的环境联系在一起[1]。毕竟，泰晤士河上的划船比赛、公立学校（尤其是坐落在河上的伊顿公学）和古代大学之 267 间的关系尤为密切，如牛津和剑桥划船比赛和亨里赛船会庆祝活动。这些关联给泰晤士河上游景点增加了一层光环。划船比赛和亨里赛船会成了伦敦的固定比赛项目。上流社会期待着塔普洛或克利夫登的邀请（后者于 1893 年被美国百万富翁华尔道夫·沃特收购，1896 年，威尔士亲王到访）。在一个典型的夏日周末，成千上万的船只上坐满了时髦新潮的社会名流、大佬和考克尼人穿梭其间，让伯特勒船闸成为一个观光和被观光的景点（图 33）。

除了体育和时尚的刺激，景观本身仍然是最重要的。泰晤士河景观的美学和关联对于理解维多利亚晚期和爱德华时代的泰晤士河上游热潮至关重要，这不全是因为条纹上衣和草帽，也不完全出于伦敦和法国的家庭贵妇们喜欢在船上嬉戏的新奇感觉。 268

首先，继续 18 世纪晚期和 19 世纪早期话语中的一些重点，泰晤士河上游是一片宁静的田园风光，景色优美。这一点从视觉艺术的发展趋势中可以明显看出，视觉艺术在更广泛的范围内与旅游和娱乐的发展保持着不断的对话。大约从 19 世纪 70 年代开始，泰晤士河上游就受到富有创造力的人的欢迎，他们涌向老教区教堂、乡村磨坊、寂静的荒僻处和森林河岸。旧世界的村庄，如庞伯恩和马普勒达勒姆，成为摄影师和艺术家的拍摄对象，包括亨利·

[1] For this context, see J. A. Mangan, *Athleticism in the Victorian and Edwardian public school: The emergence and consolidation of the educational ideology* (Cambridge, 1981).

图 33　卢西恩·戴维斯,《去亨里赛船会路上在伯特勒船闸》,出自 1886 年 7 月 3 日《伦敦新闻画报》。照片由 Hulton Archive/ Getty Images 提供。

陶特、维卡特·科尔和乔治·邓洛普·莱斯利。莱斯利在 1888 年说到,戈林和斯特雷利村四处可见"绘画帐篷和白伞……挂在任何有利的位置";在"素描季,'天鹅咖啡馆'的小咖啡屋里到处都是画架和艺术家的工具,村子里挤满了天才画家和他们打扮漂亮的妻子们"①。三年后,两名美国游客感慨,"戈林教堂有深红色的屋顶和灰色的诺曼塔,从泰晤士河上看过去是如此美丽",在"现代英国艺术中,戈林教堂几乎和英国小说中那个孤独的骑士一样为人熟知"②。波尼河段(亨里附近一个僻静的偏僻河段)这样僻静的地

① G. D. Leslie, *Our river* (London, 1888), p. 152.

② J. Pennell and E. R. Pennell, *The stream of pleasure*: *A month on the Thames* (London, 1891), pp. 62—3.

方，也很受画家的欢迎（隐藏在泰晤士河岸的穷乡僻壤显然具有特殊的艺术吸引力，《艺术杂志》在 1883 年就这一主题发表过一系列文章）①。

泰晤士河艺术家和摄影师作品受到大众喜爱反映了一种更普遍的吸引力。像陶特和盖特福特这样的摄影师以人们可以接受的价格出版了几卷装订成册的描绘平静的泰晤士河上游风景的画②。甚至有人用幻灯片专门展示他们的画作。1871 年 1 月，陶特首次向牛津教士联合会发表了题为“从泰晤士河源头到伦敦之旅”的演 269
讲，在此基础上修改后又在伦敦理工大学进行了 200 场演讲③。爱德华·沃尔福德在他的百科全书《大伦敦》（*Greater London*）（1894）中所描述，泰晤士河的“平静和宁静之美”是它之所以在美学家和民众中具有如此大吸引力的主要原因④。1899 年出版的一本旅游指南曾问道：“在当下脑力疲惫、神经紧张的时代，有谁不愿意心甘情愿地求助于善良的老泰晤士河的怀抱，更何况可以在那里随意休息和娱乐呢？”答案是，“药典中可没有像泰晤士河上游庆祝活动那样的康复性神药⑤。”

---

① W. Senior, ‘The backwaters of the Thames’, *Art Journal* (May, July, August, September, October, December 1883).

② J. S. Gatford, *Silvery Thames: Well-known spots, Richmond to Oxford* (London[? 1900]) was priced at 1s.

③ B. Brown (ed.), *The England of Henry Taunt: Victorian photographer* (London, 1973), p. xiii; G. H. Martin and D. Francis, ‘The camera’s eye’, in H. J. Dyos and M. Wolff (eds.), *The Victorian city: Images and realities*, 2 vols. (London, 1977[1973]), Vol. ii, pp. 240—1.

④ E. Walford, *Greater London*, 2 vols. (London, 1894), Vol. i, p. 569.

⑤ *Royal Thames guide* (London, 1899), p. ii.

其他河流，尤其是北美的河流，都能在美丽的风景中看到宁静休憩的希望①。19 世纪后期美国经济的快速发展鼓励城市居民将河流视为娱乐和康复的设施，从快节奏的现代生活压力中解脱出来。镀金时代的芝加哥人正是这样看待威斯康星河的峡谷的，他们称这种宁静的环境所带来的好处是很有价值的②。当然，与泰晤士河相关的英国人也是如此。《索特指南》第 13 版认为，泰晤士河上游宁静的风景是一种独特的标志——在某种程度上，这条河与世界上其他大河不同——而陶特则将戈林和斯特雷利周围的风景描述为“柔和、舒畅的英格兰特色”③。

但即使是现在，泰晤士河的独特魅力“本质上都是英国的”，这
270 在一定程度上也要归功于泰晤士河上游为都市寻欢作乐者提供的美丽与宁静。泰晤士河仍然是一个民族景观，因为它与过去的联系，即使在维多利亚晚期和爱德华时期，这也是泰晤士河吸引力的一个重要的元素。《船闸时报》刊登了一系列关于“新泰晤士河史”的文章，即使是那些低廉的旅游指南也大量刊登名胜古迹，努力地把泰晤士河流域描绘成“英国生活和历史的真正中心”④。《索特指南》也描述了泰晤士河及其腹地包括古老村庄和乡村、著名的学校

---

① See, e. g., Cusack, *Riverscapes*, Chapter 2 (on the Hudson River).

② S. Hoelscher, ‘Viewing the Gilded Age river: Photography and tourism along the Wisconsin Dells’, in T. Zeller (ed.), *Rivers in history: Perspectives on waterways in Europe and North America* (Pittsburgh, 2008), pp. 149—71.

③ J. H. Salter and J. A. Salter, *Salter's guide to the Thames*, 13th edn (Oxford, 1910), pp. 2—3; H. W. Taunt, *Taunt's map of the river Thames, from Lechdale to London* (Oxford, [1881]), p. 13.

④ *Lock to Lock Times*, 22 September 1888, p. 1; *The Thames Valley, from Kew to Oxford*, 2nd edn (Bournemouth, 1904); Salter and Salter, *Salter's Guide*, p. 1.

（伊顿和牛津）、皇家宫殿，以及历史上伟大的首都。这里的景观是“一座历史悠久的博物馆”，展示了“一系列美妙的古代记忆和纪念碑”；“自征服以来”，泰晤士河“没有一个世纪不留下物质遗产和重大事件”[1]。更多的关于这条河的文学描写也强调了它与过去的联系[2]。就像科茨沃尔德东南边界紧挨着的泰晤士河谷一样，那里被认为很有传奇色彩。一位作家这样描述道，“充满了悲戚美，拥有秘而不宣又超凡脱俗的、平静的永恒记忆”，它的平静给人一种“逝去的英格兰生活”[3]的印象。对一些人来说，环境为类似于时间旅行的体验提供了心驰神往的机会，而现代化对这种体验的影响微乎其微。

爱德华·托马斯编辑的“英格兰之心”系列丛书中，希莱尔·贝洛克撰写的《历史上的泰晤士河》（*Historic Thames*）（1907）有力地表达了这种感情：

> 泰晤士河上游有几十个河段，除了柳树、草地和一座乡村教堂塔楼外，什么也看不见；今天它们呈现的面貌和当初建造这座教堂时一模一样。一个15世纪的人身处圣
> 约翰船闸下的水面上，在他来到布斯科特船闸之前，几乎 271
> 感受不到那个时代已经过去了。勒奇代尔尖塔作为一个

① Salter and Salter, *Salter's guide*, p. 4.

② See, e. g., Sir W. Besant, *The Thames* (London, 1903).

③ F. S. Thacker, *The stripling Thames*: *A book of the river above Oxford* (London, 1909), p. 448. For the growing contemporaneous popularity of the Cotswolds as an exemplar of 'Old England', see Brace, 'Looking back'.

> 永久性地标，将永远矗立在田野的另一边。在很远的地方，他曾认识的伊顿·黑斯廷斯教堂在树林上方依然依稀可见①。

这种对英格兰永恒不变的回忆，很容易被解读为对现代化趋势的反抗（贝洛克认为泰晤士河河谷引进铁路是对其“历史传统”的让人悲哀的破坏）②。然而同时，这种情绪也反映了一种方言、一种流行的过去、一种普通人而非伟人的社会经验、一种在农田里而不是在富丽堂皇庄园里的兴趣。尽管这种现象的某些表现是保守的，但它是一种明显的现代化发展、一种与当代思想的民主化趋势密切相关的思想。它体现在格林的新奇的、越来越多的社会历史中、体现在民谣和舞蹈的复兴、对村舍和村舍花园的热情，以及改革前乡村社区的吸引力（这最后一点对推动激进的土地改革计划大有帮助）上。然而，或许与我们这里讨论最相关的是迈尔斯·伯基特·福斯特（1825—1899）等艺术家推广的乡村美学。福斯特是“乡村田园”流派的创始人。他的追随者中比较著名的是约瑟夫·柯克帕特里克（1872—1930）和海伦·阿林厄姆（1848—1926）③。19 世纪末 20 世纪初，阿林厄姆以水彩画的形式描绘了乡村风光，这幅水彩画的价格很高。然而，她的事业并不是简单的怀旧。在某种程度上，出于保护主义者的一种愿望，她希望在风景消

① H. Belloc, *The historic Thames* (Exeter, 1988[1907]), p. 29.

② *Ibid.*, p. 125.

③ M. B. Huish, *Happy England as painted by Helen Allingham* (London, 1903); H. M. Cundall, *Birket Foster* (London, 1986[1906]).

失之前，为有着如画风景的古老乡土建筑绘制一份记录，她的画作有意在“线条和色彩上，记录最有趣，但又不幸正在消失的英格兰本土建筑”。它体现了“旧英格兰的一部分，一旦失去了就算世界 272 上所有的天才和金钱都无法挽回”[1]。此外，虽然她有着乐观的愿望，对乡村穷人困苦表现出明显的视而不见，但阿林厄姆的乡村审美却以平民百姓为中心：贵族、绅士和富有农民在很大程度上不在其视线范围之内。

阿林厄姆相信，“典型的英格兰住宅”可以在乡间的“简陋农舍”中找到，因此她的画作中很少出现较大的房屋，也从没有“乡村绅士的位置”[2]。与伯基特·福斯特一样，她的景观几乎完全被普 273 通人所主导[3]，纪念古老的英格兰，如《在艾德山上》(*On Ide Hill*)(1900)暗示了18世纪末19世纪初圈地运动之前的英格兰(图34)。画中“强壮的英格兰自耕农”，“真正的老约翰·布尔”仍然拥有共同的权利——在这里，小农业主可以自由地把鹅群赶到村里的草地上[4]。

---

① Huish, *Happy England*, p. 118; R. Treble, 'The Victorian picture of the country', in G. E. Mingay (ed.), *The rural idyll* (London, 1989), p. 54. 海伦·阿林厄姆和她的丈夫，爱尔兰诗人威廉·阿林厄姆自己也积极支持萨里郡住宅附近的景观保护活动。比如，1883年，威廉·阿林厄姆向德比勋爵请愿，要求不要在他位于印德黑德附近的财产上封闭路边垃圾：H. Allingham and D. Radford (eds.), *William Allingham's diary*, 2nd edn (Fontwell, 1967), p. 319.

② S. Dick, *the cottage homes of England: Drawn by Helen Allingham and described by Stewart Dick* (London, 1909), pp. 4—8 (p. 8); Huish, *Happy England*, pp. 143—4.

③ For Birket Foster see Cundall, *Birket Foster*.

④ Dick, *Cottage homes of England*, pp. 21, 183.

图 34　海伦·阿林厄姆,《在艾德山上》,纸本水彩,1900 年。出自 Helen Allingham and Marcus B. Huish, *Happy England* (London, 1904)。经 Helen Allingham and Marcus B. Huish, *Happy England* (London, 1904) 许可转载。

从维多利亚时代后期开始,这种对乡村的看法就造就了强烈的文化购买力。阿林厄姆的作品被广泛复制成廉价的版画,她的风格有很多模仿者①。此外,她所倡导的艺术审美,与英格兰旧世界作为游客和周末远足者(到 19 世纪 90 年代,许多人会骑自行车去乡下)②的目的地且越来越受欢迎的情况相吻合。在玛图恩《小

① Wood, *Paradise lost*, p. 131.

② 19 世纪 90 年代的自行车是大多数人能承担得起的交通工具,住在城市的居民(女性和男性)都可以骑着自行车到乡村。D. Rubinstein, 'Cycling in the 1890s', *Victorian Studies*, 21 (1977), 51—2. 为了满足这些骑行爱好者的需求,专门出版的刊物,如《骑自行车的女士》、《漫步者》和《车夫》,以乡村风景的乐趣和趣味性为特色,《漫步者》关于"英格兰纳最漂亮的村庄"系列文章就是其中之一。(*Rambler* 5 February—26 March 1898).

指南》(*Little guides*)、沃德·洛克和鲍登《绘图和描述指南》(*Pictorial and descriptive guides*)等出版物的建议下,度假者可以在英格兰乡村的村舍、教堂和巷子里探寻过去;许多人使用越来越便宜的摄影技术——就像阿林厄姆使用绘画一样——为子孙后代记录下这幅质朴如画的风景[1]。风景明信片的蓬勃发展进一步证明了它与艺术和旅游之间的联系,数以千计的风景明信片都以复制宁静乡村风景的照片和绘画而闻名[2]。阿尔弗雷德·罗伯特·昆顿的水彩画就是一个很好的例子。广泛应用于各大明信片制造商, 274
如约翰·塞尔蒙有限责任公司[3]。

图 35　乔治·普莱斯·鲍伊斯,《牛津郡马普勒达勒姆泰晤士河上的工厂》,1860 年,纸本水彩,不透明色。图片版权归 George Price Boyce 所有。

---

① See Taylor, Dream of England.

② M. Willoughby, *A history of postcards: A pictorial record from the turn of the century to the present day* (London, 1992), pp. 62, 81.

③ *Ibid.*, pp. 79—80; J. Salmon Ltd., *The England of A. R. Quinton: Rural scenes as recorded by a country artist* (Sevenoaks, 1978).

昆顿还为贝洛克的《历史上的泰晤士河》提供了插图。他的作品所代表的对乡村乡土的更广泛的文化热情，在维多利亚后期和爱德华时期关于泰晤士河景观的论述中也多次被提及。正如阿林厄姆在她的萨里郡、苏塞克斯郡和肯特郡的绘画中回避宏大而追求朴素一样，泰晤士河上游的画家们也越来越多地被世俗而非壮丽的自然景色所吸引。尽管泰晤士河流域有许多富丽堂皇的大厦和公园，但最引人注目的却是那些古朴雅致的老工厂、朴实无华的村舍和静谧祥和的偏僻地方。从 19 世纪 60 年代开始，这种向风景如画的乡土发展趋势就很明显，前拉斐尔派画家乔治·普莱斯·鲍伊斯的画作就充分说明了这一点。鲍伊斯在庞伯恩、马普勒达勒姆、惠特彻奇、斯特雷利等村仔细地观察村舍和工厂，这些景象具有一种平静、安详的质朴（图 35）[①]。

后来，这样的场景在其他艺术家中越来越流行[②]。引用最多的
275 可能是伊夫利工厂——一座始建于 11 世纪的风景如画的破旧建筑，坐落在牛津附近的泰晤士河畔（1908 年被烧毁）。《迪肯泰晤士河词典》(*Dickens's dictionary of the Thames*)(1893)在收录伊夫利一词时就提到了这一点，“几乎没有必要去参观伊夫利的工厂，因为它被画在各种各样的媒介中，被拍摄在各种各样的照片中，直到伊夫利工厂像温莎城堡一样为大多数人所熟悉。的确，在美术学院、达德利美术馆或任何水彩画协会里，几乎没有一场画展会缺

---

① C. Newall and J. Egerton, *George Price Boyce* (London, 1987).

② See above, p. 269.

席关于伊夫利工厂的作品①。”

和其他地方一样，艺术偏好的改变与游客品味的改变是有关的。在维多利亚时代晚期和爱德华时代的泰晤士河指南中，人们倾向于赞美乡村的方言。1便士一册的19世纪90年代的《船闸时报》，对戈林、斯特雷利和桑宁等“风景如画的古老村庄”的景点大加赞赏，推荐亨里附近的希普莱克工厂等著名景点，在伊夫利也有大量的“绘画和摄影作品”②。各种媒体倾向于旧世界的家庭生活和河畔的宁静，带有伊丽莎白时代的建筑特征——例如庞伯恩和马普达杜勒姆的山墙——尤其受人尊重③。这类引用在更高雅的语境中也很明显。威廉·莫里斯更喜欢桑宁的乡村建筑，而不是克利夫登周围的贵族景观（“侍从天堂”），1880年8月，他乘船逆流而上，在很大程度上激发了社会主义者乌托邦《乌有乡消息》（*News from Nowhere*）的灵感④。但在主流纯文学作品的描述中也可以发现类似的观点。爱德华时代的代表是J. E. 文森特的《泰晤士河故事》（*Story of the Thames*）（1909）和莫蒂默·门普斯和G. E. 米顿的配有大量插图的《泰晤士河》（*The Thames*）（1906），都对泰晤 276

① C. Dickens, *Dickens's dictionary of the Thames* (Oxford, 1972[London, 1893]), p. 113.

② *'Lock to Lock Times' and 'River Life' pocket guide to the River Thames* (London, [1896]), pp. 10, 17, 21, 23.

③ A. S. Krause, *A pictorial history of the Thames* (London, 1889), pp. 102—8 and *passim*.

④ N. Kelvin (ed.), *The collected letters of William Morris*, Vol. i: 1848—1880 (Princeton, 1984), pp. 581—2; J. M. Baissus 'The expedition of the Ark', *Journal of the William Morris Society*, 3 (1977), 2—11; William Morris, *News from Nowhere* (London, 1891).

士河上游两岸的村舍、村庄和教区教堂进行了热烈的讨论①。

这种对乡村景观的强调——普通人的景观，无论多么理想化——与早期关注富人庄园的描述形成了鲜明的对比。19世纪晚期，在土地所有者和民众之间的分歧日益扩大的情况下②，莫里斯这样的社会主义者也会流露出对民众的蔑视。尽管其他人绝不像莫里斯那样挑剔，但脱离实际的描述和旅游手册对泰晤士河流域的乡村关注却相对缺乏（有些人甚至对温莎城堡印象不深）③。让人惊讶的是，《迪肯泰晤士河词典》中没有收录克利夫登词条或公园广场词条；《泰晤士河上下游》（*Up and down the Thames*）第三版出版时，一份代表泰晤士河轮船公司发行的平装指南对曾备受赞誉的塞恩庄园不屑一顾，称其"既不令人愉快，也不美观的……民族豪宅"④。那些保留了一些人气的乡村评价主要是因为周围的风景，而不是因为它们的建筑或联系。克利夫登之所以受欢迎，不是因为它的房子，而是因为它"地段好"和"大森林"环境——1893年起就拥有该庄园的威廉·华尔道夫·阿斯特竭尽所能地把河上

---

① J. E. Vincent, *The story of the Thames* (London, 1909); M. Menpes and G. E. Mitton[text: Mitton], *The Thames* (London 1906).

② 关于这方面的政治表达，See Readman, *Land and nation*，关于更广范围的文化背景，see P. Mandler, *The fall and rise of the stately home* (New Haven and London, 1997).

③ *Pearson's gossipy guide*, pp. 68—70 (for Windsor).

④ Dickens, *Dickens's dictionary*; *Up and down the Thames, from London Bridge to Hampton Court and Oxford and from London Bridge to the Sea*, 3rd edn (London, [1897]), p. 39. For earlier laudatory commentary, see, e. g., *A new display of the beauties of England*, Vol. ii, pp. 64ff.

的游人挡在视线之外(搭建围墙),不让他们欣赏庄园内的景观①。很少有土地所有者能像阿斯特"建墙"行为这么极端(阿斯特也因此闻名)。比如,努尼汉姆库特奈庄园的伯爵哈考特继续允许公众进入这片绿树成荫的河岸,直到20世纪,努尼汉姆库特奈庄园一直 277
都是非常受欢迎的野餐地点,在每周开放的两天里,参观人数达2万人。然而,即便如此,现在也很少有人赞扬努尼汉姆库特奈庄园(迪肯所能做的最好的事情就是称它"幸运地回避了过度的华丽")②。尽管其庄园吸引了大量的游客,但在一些评论员看来,这里提供的乐趣似乎不合时宜,让人回想起随着民主的推进而黯然失色的贵族时代。正如沃尔特·阿姆斯特朗在他的《从泰晤士河源头到大海》(*Thames from its source to the sea*)(1886)一书中所指出的,努尼汉姆花园的"半人工美"是"日益过时的社会状态的遗迹"③。对于阿姆斯特朗来说,与到此刻的很多人一样,真正的"泰晤士河之美在斯特雷利村达到顶峰",它存在于普通民众的旧世界农舍中,而不是在精英阶层的森林领地中④。

这些19世纪晚期和20世纪早期的偏好与泰晤士河上游作为休闲娱乐场所的受欢迎程度激增有关。它们更普遍地与时代的民主化趋势联系在一起,在扩大议会和地方政府选举特权的背景下,

---

① Vincent, *Story of the Thames*, p. 235; Mandler, *Fall and rise of the stately home*, p 206.

② Krause, *Pictorial history*, p. 66; evidence of Frederick Mair, *Select Committee on the Thames River Preservation*, 16 (1884), p. 391; Dickens, *Dickens's dictionary*, pp. 158—60 (p. 158).

③ W. Armstrong, *The Thames from its source to the sea*, 2 vols. (London, [1886]), Vol. i, p. 62.

④ *Ibid.*, Vol. i, p. 83.

它们符合按照通俗用语定义的民族地位的新理解。越来越多的人认为，英格兰人的身份认同植根于普通人，植根于他们的文化和生活方式(不管这些有时是多么离奇的想象)。这种民族主义的想象在很大程度上激发了各种政治派别的土地改革者，从激进的保守派到社会主义土地国有化主义者。让人们回归土地会破坏或抵消“地主制度”——这是过去贵族议会的产物——让现代英格兰的普通民众(他们决定政府的命运)更多的是在自己祖国的土地上下注[①]。但这种乡土爱国的乡村主义政治效用是其文化货币的一种
278 功能，没有什么比现在提供的泰晤士河流域的新价值更证明其货币的作用了。

具有启示意义的是，许多强调这一景观魅力的出版物经常抱怨当地土地所有者拒绝让民众充分接触[②]。到19世纪80年代，随着风景如画的村庄和上游宁静的偏僻地方越来越受到各阶层远足者的欢迎，河岸所有者和寻求享乐的公众之间的紧张关系越来越明显。报纸上登载了越来越多的“私人”通告，封锁偏僻地区，甚至封锁了沿河拖道和条状土地。1882年，泰晤士河权利协会成立，支持“到河岸所有者错误攻击和威胁的人”，为保护这条河的公众权利而进行的运动。随着争论的加剧，它引起了《泰晤士报》的注意。《泰晤士报》在1883年11月的一篇文章中甚至宣称，土地所有者的自私行为使得“作为休闲胜地的泰晤士河处于危险之中”。《泰晤士报》的干预促使公地保护协会进行调查，调查的结论引起保护主

① Readman, *Land and nation*.

② See, e. g., Leslie, *Our river*, pp. 69, 127; Menpes and Mitton, *The Thames*, pp. 65—6.

义者的警觉。同年晚些时候，一个由公地保护协会和当地的人行道和开放空间委员会代表组成的泰晤士河保护联盟成立了[1]。

公地保护协会的核心是泰晤士河属于民族所有，因此，所有人的通行权都应得到保护和保障。正如泰晤士保护联盟在其目标声明中所说，泰晤士河多年来一直是英格兰最受欢迎的休闲胜地之一……早在《大宪章》中约翰国王统治时期，英国就认可了泰晤士河的兴趣[2]。这一论点类似于正在成功地就城市地区的公共土地提出的论点。例如，在汉普斯特西斯公司这块土地上，公地保护协会认为，虽然古代的公共权利对普通人不再具有任何经济效用，但诸如娱乐场所等新的公共使用价值使得圈地变得毫无道理[3]。在 279
对土地的适当使用作出判决时，这一观点得到了法理规则的进一步支持，公共利益应该是首要考虑的问题。私人财产是合理的，因为拥有的安全鼓励了农业或其他生产形式的最大化，因此，为了公共利益，公共场所的公共访问也应该是合理的。这些地方为日益城市化的民众提供健康的户外休闲和享受自然的机会，有利于公共利益[4]。就泰晤士河而言，公众进入这条河之前是出于经济考虑而合法化的，这条河是贸易的重要动脉，但现在这条河的公共使用价值是它重要的基石——引用《泰晤士报》——泰晤士河是“民族

---

① Sir Robert Hunter papers, Surrey History Centre, 1621/13/1; 'Encroachments on the Thames', *The Times*, 12 November 1883, p. 8.

② 'The Thames Preservation League: Aims and objects', Hunter Papers, 1621/13/1.

③ Readman, 'Preserving'.

④ Readman, *Land and nation*, pp. 113—18.

娱乐之地”[1]。因此，虽然民族在泰晤士河上的利益基础一直是公共利益的最大化，但是泰晤士河能为这一利益作出贡献的方式已经改变。人们普遍认为，如果这条河作为可通航水道，在过去曾是“一项巨大的民族财产”，那么在今天它仍然重要，不是因为通航水道重要，而是因为作为一种健康娱乐场所的新用途，并深受人民喜爱[2]。河岸所有者对这种受欢迎程度的反应是维护他们的私人所有权，通常过分热心，有时甚至热心到非法，被视为对民族在这片土地上合法权益的攻击。1884 年 3 月 22 日《笨拙》刊登了一篇命名为《危险中的泰晤士河》的文章[3]。

公众舆论和公地保护协会的活动引起了议员们的注意，1884 年 3 月，在自由联合主义者、牛津大学矿物学教授内维尔·斯托里-马斯基林的主持下，议会成立了关于泰晤士河保护的特别委员会。委员会的报告肯定了在泰晤士河上行驶船只的公共权利的存在，还敦促沿整条河流建立一条免费的拖道，并建议任何这类设施都应可用作行人道和拖曳道[4]。毫无疑问，这样的结论让公地保护协会
280 会欢欣鼓舞。不太受欢迎的建议也许是应该出台更多的规章制度来规范河上或河附近的行为（一些目击者，当地著名的土地所有者吉尔伯特·伊斯特爵士以及河岸业主组成的委员会主席，都对泰

① ‘Encroachments on the Thames’.

② *Ibid*.; cf. Menpes and Mitton, *The Thames*, Chapter 19: ‘Our national possession’.

③ *Punch*, 22 March 1884, p. 142.

④ *Select Committee on the Thames River Preservation*, 16 (1884), Report.

晤士河上游人的脏话和“不雅”洗澡行为表示了明显的担忧)[①]。当然不太受欢迎的还有委员会的观点——“不可能像现在这样承认捕鱼的普遍权利”:泰晤士河的河水可能是公共财产,但里面的动物却不是[②]。

斯托里-马斯基林的报告促成通过了一项法案,法案旨在“保护泰丁顿水闸上方的泰晤士河,用于公共娱乐和管理水闸上的游乐交通”。根据特别委员会的建议,这一措施——1885 年的《泰晤士河保护法案》——规定,公众上游水域乘船旅行的权利是不可剥夺的,但是,从活动访问人士的角度来看,它远非完美。首先,该法案通过前的 20 年,在现有航行中加入了一项将现存在的障碍物合法化的条款,其效果是永久性地将一些落后地区排除在外。这让罗伯特·亨特等公地保护协会感到失望,也让《泰晤士报》和其他主流舆论机构感到失望[③]。另外,这项措施赋予了泰晤士河的管理

---

① 会议之前,伊斯特声称泰晤士河上的许多骚乱都是由“暴徒”引起的,尤其是伦敦的“艾利”类型(“天生的野蛮人”)。他们的罪行五花八门,不仅“穿着齐膝的短长裤和没有袖子的运动衫”,还使用“恶心”的语言,“到处乱闯,乱扔纸张和瓶子,破坏树木、树篱和建筑物;采摘花朵,射击野生生物,不加区别的游戏”(自然地非法侵入),他们的狗还会威胁牛。更糟糕的是,这些年轻人赤身裸体地在河滨民居如伊斯特能看见的地方沐浴——有的甚至在更加明显的地方——有些人甚至跑到河边的私人草坪上,光着身子跑来跑去,想在劳累之后把身子擦干。更糟糕的是,伊斯特和他的朋友们觉得“河边暴徒”不尊重女士,耳边总充闻着他们的粗鄙的语言。伊斯特强烈批评道,“我曾经坐过帆船,暴徒们绕着帆船说,‘啊,单独和一个女人在一起是多美好的事情啊!’对这种描述作了评论,让人及其不舒服,花了很长时间踢他们,但却踢不到他们。”*Select Committee on the Thames River Preservation*,16 (1884), pp. 205,274—83.

② *Ibid.*,p. xxiii.

③ Robert Hunter:*The Times*,1 August 1885,p. 7;‘The Thames as a pleasure resort’,*The Times*,3 September 1885,p. 5.

281 者广泛的权力，让他们制定河流管理的规章制度。尽管如此，对“不雅”沐浴处以罚款的做法得到了广泛的支持①。有人担心，管理员的权力有利于河岸所有者的利益。无论如何，就目前情况而言，该法案将非法侵入河岸定为刑事犯罪，并禁止游艇在河岸住宅 200 码范围内游荡——民族步行道保护协会的创始人亨利·奥尔纳特认为，这一条款会让“一个人……擦擦眼睛，然后，在当时那个年代，考虑他是否还生活在一个自由的英格兰”②。

然而，尽管这些对《泰晤士河保护法案》的批评一直持续到 19 世纪 90 年代和 20 世纪初③，但是，它仍然是一项具有里程碑意义的市容立法。正如《泰晤士报》在通过法律时所承认的，尽管该法案存在缺陷，但它“坦率地承认了泰晤士河现在是一条快乐之河，必须加以保护和管理”这一点是很有价值的④。为了使对土地“民族所有”的新理解合法化，该法案促进了对被认为阻碍公众进入的私人土地所有者的投诉。在法律支持下，从 19 世纪 80 年代后期开始，这样的抱怨越来越频繁、越来越大胆、越来越激烈。《船闸时报》的社论有报道，纯文学作品中有陈述，甚至在旅游者旅游手册里也出现过⑤。这项立法还有助于激发实际的反抗行为。G. D. 莱斯利在《我们的河》(*Our river*)(1888)中建议，“忽略关于私人水域

---

① Burstall, *Golden age*, pp. 154—5.

② *First Annual Report of the National Footpath Preservation Society*, 1884—5, p. 27.

③ See, e. g., Cook, *Thames rights and Thames wrongs*, esp. pp. 158—64.

④ The Thames as a pleasure resort', *The Times*, 3 September 1885, p. 5.

⑤ 'Rights of way on the Thames', *Lock to Lock Times*, 1 September 1888, pp. 1—2; Menpes and Mitton, *The Thames*, pp. 65—6.

的布告栏”;《泰晤士培生闲话指南》(1902)甚至建议,对于河流度假者来说,“一个非常好的计划是顺着所有的偏僻之处……不要为侵犯权利而烦恼,假定的所有者会来维护它们”[1]。河流使用者似乎已经采纳了这些建议。1891 年,一对美国夫妇在泰晤士河上游划船度过了一个月,他们发现“似乎没人注意私家水域”的标识。事实上,他们“曾听到有人大声喊‘私家水域’,但又立即补充‘哦,没 282
关系。来吧’”[2]。尽管 1885 年的法案将非法侵入私人河岸定为刑事犯罪,但这对那些下了船去泰晤士河边野餐的远足者来说,并没有起到什么帮助。1888 年 9 月,一位远足者告诉《船闸时报》:

> 周日,我在肯普顿公园柳树下最喜欢的一块地方露营吃午饭。像往常一样,一个人走了过来,想问问是不是每个人都知道这是私人领地。我看见很多人给他一个先令——他大概十分钟就能收半英镑。当他来找我时,我没有注意到他。他不停地咆哮,我叫他去找他的主人,告诉他的主人我的名字和地址。他非常激动地去找他的主人,他说他的主人离他只有几步远,很快就会过来。我们舒适地等了一个小时,他和他的主人也没来。收钱的人是谁,他是怎么处理钱的?又怎么称呼那些只是单纯来野餐的人呢[3]?

---

① Leslie, *Our river*, p. 127; *Pearson's gossipy guide*, p. 51 (emphasis in original).

② Pennell and Pennell, *Stream of pleasure*, p. 80.

③ *Lock to Lock Times*, 1 September 1888, p. 10.

这位坚定的野餐者正是杰罗姆·K.杰罗姆。后来,杰罗姆将这段午餐经历写进了小说《三人同舟》,书中三位职员在泰晤士河上度假的故事非常受欢迎,也很滑稽[1]。

也许那个星期天下午和杰罗姆搭讪的是个骗子,并不是土地所有者的代理人,但是即便如此,这位远足者的反应很能说明问题,表明他们决心宣称对泰晤士河景观拥有所有权(某些情况下可
283 能需要经济代价)[2]。这反映了以《泰晤士河保护法》的通过为标志的公众舆论的转变,然而这项措施的细节可能并不完美。随着法律对泰晤士河是"民族财产"这一理念的确认,从其对全体民众的便利价值来看,这条河越来越成为有争议的土地,一个利益冲突的地方。

就像步行道和公地纠纷一样,泰晤士河土地所有者和前来休闲享乐人之间的冲突可以表现为自私与公共利益之间的冲突,私人贪婪与民族利益之间的冲突。这就是公地保护协会的焦点,它在一个令人难以置信的民主公共文化中具有相当大的吸引力。这种观点的流行使得吉尔伯特·伊斯特等河岸地主把泰晤士河上的

---

① See J. K. Jerome, *Three men in a boat* (London 2004[1889]), pp. 58—9. For Jerome's affection for the Thames, and boating activities on it, see J. K. Jerome, *My life and times* (London, 1926), pp. 103—7, 229.

② 在《三人同舟》中,店员们的野餐经历激起了叙述者对河畔地主行为的猛烈抨击:"河岸业主的自私与日俱增,如果这些人为所欲为,他们将完全关闭泰晤士河。他们实际上是沿着小支流和偏僻乡村这样做的。他们把柱子插到河床上,把铁链从一边拉到另一边,在每棵树上钉上巨大的布告板。看到那些告示牌,我的本性中就产生了邪恶的本能。我想把每一个都踹倒,用锤子砸向把它支起来的人的脑袋,把他打死,然后把他埋了,把那块木板当作墓碑挂在坟上。"(Jerome, *Three men in a boat*, p. 59)

远足者描绘成粗鲁、酗酒和不雅的下层民众，认为他们的行为类似于"努比亚人"或"彻头彻尾的野蛮人"，而不是文明的英格兰人（关于裸泳的报道在这里尤其具有启发性）[①]。但这是一种防御性的反应，本身就证明了泰晤士河在各个阶层的人当中广受欢迎。如今，这片土地已成为普通男女感到真正利害攸关的地方，而它在他们心中日益高涨的娱乐人气，也帮助它成为了1885年的立法所承认的"民族财产"。正如《船闸时报》在1888年所写，泰晤士河现在"向所有人免费开放"。因此从这个视角来看，泰晤士河属于整个民族[②]。

随着越来越多的人涌向泰晤士河，这种将泰晤士河视为民族财产的新观念引发了其他紧张局势。自19世纪60年代末以来，人们特别关注蒸汽动力船的影响。在一些人看来，这些船的速度和噪音破坏了环境的宁静，它们的增长干扰了上游的其他使用者，从艺术家到岸边的渔民，尤其是那些在划艇上闲逛以寻求放松的人（图36）[③]。虽然一些抱怨是夸张的，但这个问题是确实存在的，并日益引起泰晤士河管理者的注意——有时甚至是法庭的注意。1876年7月，亨里郡法院对不幸的霍雷肖·纳尔逊·霍尔提出指 284
控，指控他在泰晤士河沿岸的几个地方冒险驾驶汽艇（"飞翔荷兰

① 'Exploring the wilds', *Fun*, 19 July 1876, p. 27; Burstall, *Golden age*, pp. 154—5; *Select Committee on the Thames River Preservation*, 16 (1884), pp. 157, 205, 366.

② *Lock to Lock Times*, 9 June 1888, p. 1.

③ 'The Thames Conservancy', *Saturday Review*, 26 June 1869, 833; *Punch*, 21 August 1869, p. 74; C. Black, *Frederick Walker* (London, [1902]), p. 178; 'Exploring the wilds', *Fun*, 19 July 1876, p. 26.

人号”)。1876 年 5 月 25 日,他的船以每小时 15.5 英里的速度行驶,海浪高达 2.5 英尺,卷走了沃格雷夫附近的一吨泥土和一棵柳树,还损坏了停泊在河边一家酒吧的船只。更糟的是,那天晚上晚些时候,“飞翔荷兰人号”的巨浪淹没了马普勒达勒姆的一艘船,导致一人被淹死[①]。这也许是一个极端的例子,但对蒸汽发动机的担忧确实导致了他们监管的加强。1883 年《泰晤士河法案》和 1885 年《泰晤士河保护法案》要求蒸汽动力船注册,并对纳尔逊·霍尔
285 的不当行为施以更严厉的惩罚,授权保护人员制定管制河溪交通的附例[②]。这些措施并没有结束人们对蒸汽动力船的抱怨,环保人士偶尔仍会因为没有采取足够措施解决他们提出的问题而受到指责[③]。尽管如此,这项立法还是产生了影响。1888 年 7 月,《船闸时报》错误地报道,管理员通常没有对违反有关蒸汽船的规章制度的人提起诉讼[④]。实际上,1883 年 6 月 29 日到 1887 年 12 月 31 日之间,仅根据 1883 年《泰晤士河法案》规定,就对蒸汽动力船提出了 102 项起诉——这是一个很高的数字,因为当时这条河上的这类船只不超过 250 艘[⑤]。

---

① 纳尔逊·霍尔被处以最高刑罚(罚金 30 英镑)。由于有人死亡,还涉及民事诉讼。*Illustrated Police News*, 15 July 1876.

② E. H. Fishbourne, *The Thames Conservancy* (London, 1882).

③ See, e. g., the polemical Cook, *Thames rights and Thames wrongs*, pp. 16ff.

④ *Lock to Lock Times*, 14 July 1888, pp. 1—2.

⑤ Krause, *Pictorial history*, p. 59; *Lock to Lock Times*, 28 July 1888, pp. 1—2. 此外,103 项诉讼中只有 35 项被判有罪,这表明,如果有什么不妥之处的话,那就是保护人员在执行细则时过于热心;任何对无所作为的抱怨都是没有道理的。

CAPTAIN JINKS (OF THE "SELFISH") AND HIS FRIENDS ENJOYING THEMSELVES ON THE RIVER.

图 36 《(“自私的”)金克船长和朋友在泰晤士河寻欢作乐》,出自《笨拙》1869 年 8 月 21 日。经 Syndics of Cambridge University Library:L992. b. 177 许可转载。

在担心蒸汽动力船对泰晤士河环境影响的人士当中还有保护主义者游说团体。在 1883 年提交给伦敦市长的纪念物中,泰晤士河保护联盟提到了“鲁莽的……”对蒸汽动力船和其他船只的管理不善是泰晤士河所遭受的“不可饶恕的错误”之一①。可以把这种情绪理解为对现代世界及其附属物表达了一种更为普遍的敌意。但是,就像英格兰其他地方的有价值的土地,如新森林和湖区一样,与泰晤士河相关的保护活动并不是由现代化的废弃所推动的,

① ‘Memorial to the Mayor of London’, Hunter Papers, 1621/ 13/ 1.

这些景观所带来的便利现在比以往任何时候都重要。这是一种非常现代的冲动，一种对绝大多数英格兰人继续生活在城镇和城市的接受；基于此保护对具有丰富的自然或历史联想的地方的共同访问权是一项至关重要的社会福利——这确实是爱国主义的需
286 要。这是公地保护协会和国民托管组织的立场，也是参与世纪之交从里士满山看泰晤士河谷保护运动的人的立场。这一保护运动在1901年至1902年间达到高潮，地方政府出资购买了一处毗邻河流的土地，通过立法禁止在山区附近的其他土地建造房屋[①]。在主要媒体（尤其是《泰晤士报》）的支持下，人们担心这座山周围的土地会被卖作建筑用途，对那些"把银色的泰晤士河视为圣河的人来说，他们感到如此震惊"[②]。此次运动的一位主要的支持者，小说家乔治·梅雷迪思将这种观点描述为"民族财富之一"；《泰晤士报》认为再没有"比这更能体现英格兰最美好的风景了……然而，在这个广阔而美丽的英格兰，没有任何其他地方的英格兰人能更纯粹、更本质地看待风景；最本能的就是我们的精神家园"[③]。这一观点形成了特纳和雷诺兹等艺术家绘画的主题，也体现在汤姆森、斯科特等人的著作中。它具有丰富的联想价值，被广泛理解为是民族遗产的一部分，或者正如参与这项运动的一名地方议员所说，"这是一

---

① 作为竞选活动的陈述，see Anne Milton-Worssell，'The need for a rural idyll：Preserving the view from Richmond Hill'，*Richmond History*，24 (May 2003)，68—81.

② *Westminster Review*，13 March 1896. *The Times*，28 December 1895，p. 9；and 15 July 1901，p. 9.

③ Letter of George Meredith to *Richmond and Twickenham Times*，15 June 1901，6；*The Times*，15 July 1901，p. 9.

幅画家和诗人长期赞美的、作为民族传家宝传给后人的自然的、生动的图画”①。

里士满山的景色被描述为“民族的传家宝”，许多维多利亚晚期和爱德华时代的英格兰人会认为这一描述更普遍地适用于泰晤士河的景观。这是一个国家的土地，从某种意义上说，这是一个所有人都有利害关系的遗产，因为它在英格兰历史与现在之间提供了联系。泰晤士河上游的世界因唤起了人们对古老的英格兰乡村 287
的回忆而备受赞誉，而泰晤士河下游则因其与英格兰首都的联系和当代伟大的商业而受到重视②。这条河把这两个世界连接起来，它把过去、现在和未来连接起来，它的水流代表着时间的向前流动。泰晤士河成为了历史连续性的具体体现，这一连续性奠定了英格兰的民族认同感。因此，泰晤士河将其上游的“可爱的、英格兰式的”乡村与伦敦的工商业结合在一起，成为英格兰历史的象征③。这是一段鲜活的历史，河流景观暗示了维多利亚晚期和爱德华时代现代性日常生活中固有的真实的过去，而不是被冰冻保存的。《索特的泰晤士河指南》将泰晤士河描述成一个“历史悠久的博物馆”，但它同时也反映了：

---

① Councillor James Hilditch, quoted in *Richmond and Twickenham Times*, 8 June 1901, p. 6.

② 《索特指南》认为“泰晤士河特有的荣耀”在大约 100 英里的范围内，它展示了英格兰风景、历史和现代生活中最具特色的东西。过去的纪念碑，现在平静繁荣的生活，草地、林地和银色森林的宁静田园之美，在这里都能看到，而且都能看到最好的”。Salter and Salter, *Salter's guide*, p. 5.

③ 'The conservancy of the Thames', *London Journal*, 5 October 1872, 212—13; 'The Thames: Its history and scenery', *London Journal*, 1 September 1870, 84—5.

> 博物馆这词可能不恰当，因为泰晤士河只有相对较少的遗迹和废墟。温莎城堡由诺曼国王建造，至今仍是皇家住宅，这是它的特点；牛津大学现在的本科生仍睡在15世纪的卧室里；布雷教区的牧师教堂也仍在加强常规服务。这里曾经被破坏，但一直没有被废弃。一些高贵的修道士死了——大部分已经完全死了——沿街的教堂、城堡、古老的庄园房屋依然存在，没有变成废墟，也没有继续发挥作用。像文物一样，他们不仅是记录过去，还通过服务于一个有用的目的与现在结合起来。把过去变成现在的用途一直是英格兰的骄傲，没有比泰晤士河谷更好体现这一点的了①。

时间就像泰晤士河的水一样，并不是静止不动的，只要历史的连续性仍然根植于生活经验中，它的进步就没有理由令人遗憾。
288 评论家们介绍了约瑟夫·巴泽尔杰特的伟大编织计划，该计划包括在伦敦市中心泰晤士河沿岸修建大型人工堤坝。这并不是什么新鲜事，而是“一种延续，或者说是复兴或政策，最早是由撒克逊人在大约13个世纪前开始的，在随后的每一个时期，在泰晤士河的特定部分进行”②。事实上，正如巴泽尔杰特工程实例所表明的，即使

---

① Salter and Salter, *Salter's guide*, p. 4.

② 'The Thames: Its history and scenery', p. 85; 'The conservancy of the Thames'; W. L. Wyllie and G. Allen, *The tidal Thames: Catalogue of the drawings of Mr W. L. Wyllie exhibited at the Fine Art Society 148 New Bond Street with introductory chapter by Mr Grant Allen* (London, 1892), p. 130. 这里指的是撒克逊人在泰晤士河的萨里郡和肯特郡海岸修筑的堤坝，目的是为了改善土地侵蚀和开垦本来被洪水淹没的土地以发展农业。

是对泰晤士河景观激烈的干预也不会被放弃。在自觉的"美学评论"以及旅游指南和技术陈述中,横跨这条河的许多现代桥梁的视觉效果一直令人赞叹,例如,希林福德桥在建成后不久,就因其在泰晤士河上游优美的风景而受到爱尔兰人的称赞,称其外观"轻盈优雅",为"景观的自然美增添了重要的一笔"①。直到19世纪末20世纪初,泰晤士河的桥还在不断地受到人们的称赞②。1902年在庞伯恩和惠特彻奇之间修建的新铁桥在文学作品中被称赞,成为已经备受重视的地方的吸引力,尽管它取代了一个风景如画的木制结构③。即使是像梅登黑德和里士满这样功利主义色彩浓厚的铁 289
路桥或砖桥,也受到了赞扬④。

除了桥之外,堰是没有受到普遍谴责的特别值得注意的人为干预景观。堰最初的设计是为了方便商业航行,尤其是方便驳船的航行。但自从维多利亚时代中期以来,这类交通逐渐减少,人们便以舒适为理由要求对其进行维护。不仅游船需要一条可通航的

---

① Ireland, *Picturesque views*, Vol. i, p. 144. 横跨这条河的桥梁尤其吸引了爱尔兰人,在他的两卷书中,有52处风景画,其中43处是桥,或者以桥为特色的。

② Nicholls, *Steam-boat companion*, p. 7; 'Bridges on the Thames', *London Journal*, 22 November 1873, 324; A. T. Walmisley, *The bridges over the Thames at London* (London, 1880), p. 8; J. H. Herring, *Thames bridges from London to Hampton Court* (London, 1884); J. Dredge, *Thames bridges, from the Tower to the source*, 2 vols. (London, 1897), Vol. i, pp. 27, 50; *County of London sketches of bridges over the Thames* (London, 1903).

③ "在庞伯恩,老的木制桥被铁制桥取代,新桥设计曲线优美,桥的侧面被漆成白色,整体施工反映了行为人的信誉。"Menpes and Mitton, *The Thames*, p. 63. 莫蒂默·门普斯是一位艺术家,是詹姆·阿伯特·麦克尼尔·惠斯勒的朋友。

④ Herring, *Thames bridges*, n. p.; Menpes and Mitton, *The Thames*, pp. 132—3; Armstrong, *The Thames*, Vol. i, p. 85.

河流，而且堰和它们的船闸也被认为是为了保护美丽的风景。在1864年7月关于牛津和斯坦斯河之间的泰晤士河上游状况报告中，泰晤士河委员会的工程师S. W. 里奇指出，“泰晤士河的这段河段之所以如此美丽，在很大程度上要归功于堰群对河流的维护。船闸是必不可少的一部分。如果这条河变成一条小溪，纽纳姆、巴兹尔登、克利夫登和其他的地点的美丽就会受到严重的损害①。”这有助于确保相对少的反对意见是针对维护和改进堰的项目，甚至是新堰的建造。虽然偶尔有人反对现代堰和船闸的设计②，但是其必要性被普遍接受。人们对泰晤士河“让人想起我们英格兰的过去”的赞赏，可能与人们对现代河流技术的热情是分不开的。现代河流技术体现在泰丁顿堰的铁和花岗岩结构上，建于1871年，耗资近8000英镑③，是风景明信片的流行主题。一些热心的泰晤士河自然和遗产保护者甚至认为应该建造更多的堰。博物学家C. J. 康沃尔是一名强烈的自然保护主义者，他认为泰晤士河应该通过建立国民托管组织来保护，因为它是“我们的民族河流”，“和大英博物馆一样重要”。但是康沃尔在他的书《泰晤士河的博物学家》中
290 建议，应该在更下游的地方安装新的船闸，以便船只随时都能顺流而下，因此从而改善公众接触大自然的机会④。

---

① *Bell's Life in London and Sporting Chronicle*, 25 March 1865, p. 10.《泰晤士报》在对里奇报告的评论中，认同“在这个问题上，艺术品位和效用之间存在完美的和谐”。(15 March 1865, p. 9)

② Cook, *Thames rights and Thames wrongs*, pp. 58—9.

③ ‘The conservancy of the Thames’, p. 213.

④ C. J. Cornish, *The naturalist on the Thames* (London, 1902), pp. 250—1, 254ff.

康沃尔在著作中还抱怨上游游客住宿的质量和数量，建议土地所有者建造更多的度假小屋[1]。这反映了维多利亚时代晚期和爱德华时代旅游消费泰晤士河的一个更广泛的事实：对自然美景和历史传说的热爱——所有那些宁静的偏僻地区和如画的村庄——与享受现代化便利设施的愿望紧密相连。这里和其他地方一样，这两种冲动并非互不相容。在《我们的河》(*Our river*)，艺术家乔治·邓洛普·莱斯利建议游客在城镇(如雷丁)停留过夜，而不是去偏远的村庄，因为在较大的城镇住宿条件会更好，更容易得到报纸等其他供应。城市中心的生活提供了令人惊艳、愉快的感觉，与附近的乡村美景完全不同：

> 在泰晤士河上度过了漫长而孤寂的一天后，城里熙熙攘攘的街道和商店，给人们带来很大的乐趣。星期六晚上，雷丁的市场是一个非常有趣的地方，可以在晚饭后闲逛。江湖药商、流动商贩数量巨大，乡村居民成群结队地围在他们周围[2]。

这样，通过与城市现代化的接触，乡村的宁静被补充和强化，一种经历强化了另一种经历。

莱斯利并不是唯一一个既对泰晤士河上游的乡村风景感兴趣，又对现代化先进附属物感兴趣的艺术家。乔治·维卡·科尔

① C. J. Cornish, *The naturalist on the Thames* (London, 1902), pp. 182—7.

② Leslie, *Our river*, p. 230.

也是这样的人。作为一名对化学和电力感兴趣的皇家学会成员[1]，
291 科尔(1833—1893)不是一个怀旧的保守主义者，事实上，他的许多画作都是他在自己的汽艇上完成的，他很喜欢在河上航行(大家都同意这一点，这并非无足轻重)。虽然他确实是被乡村的景色所吸引，但科尔的许多画作描绘的是流淌的河流，包括那些呈现乡村上游的场景[2]，驳船是他画作的特色。即使是科尔的关于泰晤士河主题的田园风格的作品，比如来自《伊夫利的牛津》(*Oxford from Iffley*)(1884)，也没有一种与时代变迁隔绝的田园主义感。这不仅仅是因为这幅画描绘的是一个在农村正在工作的人——前景中的羊，田间劳作的人——的生活，还描述了一种既具有历史意义又易受变化影响的景观；它不是一个静止的场景，而是充满了生命和运动，展望未来和过去的场景；重点是这幅画对天气变化的侧重，科尔对天空的处理表现得很明显。正如罗伯特·齐格内尔在1898年关于科尔的传记研究所指出的：

> 六月的一天，阳光明媚，照耀着大地。树叶正处于盛夏，天空在诉说着运动和变化；这景色很平静但充满生气。远处是画家所钟爱的城市。有多少夏日照在城市的尖顶和塔楼上？多少代人从城墙中走来，凝望着溪流，观看生命的展开和光影与在大地的游戏！一切都在变化，

① R. Chignell, *The life and paintings of Vicat Cole, R. A.*, 3 vols. (London, 1898), Vol. iii, p. 146.

② *Ibid.*, Vol. iii, pp. 8—10.

> 但是这座城市仍然保留着，它将会见证许多这样辉煌的日子，多年后它仍会是学习的故乡。仍然，大自然自我更新，比人类和人类所有的工作都要长久。溪流映照着天空，就像它几千年来所做的那样，将来也依然会如此。因此，就产生了双重的可变性暗示，自然的日常变化与人类工作的稳定性形成了对比。再一次，作为进一步的思考，自然的内在的永恒被用来与人类所构造的最持久结构的短暂生命相比较①。

科尔用上游场景创作的其他画作也同样充满了变化和活力，比如 292
《伊夫利工厂》(*Iffley Mill*)(1884，图 37)——大风吹过，昏暗的天空下水流穿过水闸，《泰晤士河和伊希斯河在多切斯特交汇》(*The meeting of the Thames and Isis at Dorchester*)(1890)——动态使天空和水面充满活力②。

科尔对泰晤士河的兴趣延伸到其下游，在那里他发现很"英格兰"但又与泰晤士河上游大不相同。《泰晤士河在格林威治的景观》(*View of the Thames at Greenwich*)(1890，图 38)回顾了英国悠久的海军强国传统(请注意坐在前排长凳上的老水手，格林威治医院的居民)以及其他历史关联，尤其是与皇室的关联；对这些人 293

---

① R. Chignell, *The life and paintings of Vicat Cole*, *R. A.*, 3 vols. (London, 1898), Vol. iii, p. 26.

② *Ibid.*, Vol. iii, pp. 31, 40—1.

图 37 乔治·维卡·科尔,《伊夫利工厂》,1884 年,布面油画。图片由 Towneley Hall Art Gallery and Museum, Burnley, Lancashire/ Bridgeman Images 提供。

来说,格林威治既是个人的乐土,也是实施恩惠之乐土[①]。同时,它对远处的工业化大都市给予了应有的重视——高高的烟囱赫然耸立在河的北岸。

科尔的两幅大画作《威斯敏斯特》(*Westminster*)(1892)和《伦

① 正如齐格内尔评论的,图片前景中的西班牙栗树是在公园已发现的许多古老树种中的典型,三个多世纪以来,它们为一代又一代的人遮荫;它们见证过贝丝女王"5 点起床去追鹿"。詹姆斯一世可能在打猎时从树下经过。保皇党和圆颅党,带着他们的妻子和孩子在这里能待上一整天,每个人都有自己的方式,在大树下乘凉……国王威廉三世和玛丽女王或许坐在老树下,讨论把宫殿改造成医院的计划,为在拉霍格角海战中受伤的水手们服务。事实上,整个场景都充满了历史的记忆,其中最感人的是医院本身。(R. Chignell, *The life and paintings of Vicat Cole, R. A.*, 3 vols. (London, 1898), pp. 133—5).

图 38 乔治·维卡·科尔,《泰晤士河在格林威治的景观》,1890 年,布面油画,私人收藏。图片由 Christie's Images/ Bridgeman Images 所有。

敦池》(*The pool of London*)(1888),真实地展示了他对泰晤士河下游的爱国崇拜一直持续到 19 世纪末。《威斯敏斯特》将民族传统与现代性以一种既现实又吸引人的方式结合起来,议会之母和伦敦大教堂与码头和起重机并排而立,满载货物的蒸汽拖船和驳船则漂浮在平日浑浊的泰晤士河上。《艺术杂志》认为,这是一幅"过去和现在愉快地交织在一起的画作,它的伟大之处在于体现了英格兰的信仰、英格兰的商业和英格兰的政府"[①]。齐格内尔认为,这是一种"强烈的英国风格",就像科尔泰晤士河上游的乡村画作一样[②]。《伦敦池》(图 39)描绘了一群密集船只,桅杆林立构成了远处的圣保罗大教堂。这幅画获得了极高的评价,1888 年在皇家学院夏季画展上展出,被广泛誉为杰作。格莱斯顿说他一看到这幅画, 294

① G. R. Kingsley, 'Westminster', *Art Journal*, 55 (February 1893), 34.

② Chignell, *Life and paintings of Vicat Cole*, Vol. iii, pp. 122—3.

就有一种“被击中”的感觉，他“钦佩这个天才，他能够……表现商业繁荣的场景，给人留下深刻印象。这幅图画似乎在说话，‘而今天，在这里看到的是世界上最繁荣的商业现象’”[1]。

图 39　乔治·维卡·科尔，《伦敦池》，1888 年，帆布油画。图片版权归 Tate, London，2017 所有。

当然，不是所有同时代的人都会对泰晤士河的商业繁忙如此青睐。比如，小说家和历史学家沃特·贝桑特就对伦敦池里那些曾让科尔如此开心的船只感到厌恶，认为它们是“用铁做的丑陋的、黑色的、阴郁的东西”[2]。但这样的观点只占少数。这在一定程度上要归功于詹姆斯·阿伯特·麦克尼尔·惠斯勒，他在 19 世纪

① Letter of Gladstone to Chignell, 15 January 1894, reproduced in *ibid.*, pp. 126—7.

② Besant, *The Thames*, p. 105.

60 年代的泰晤士河画作中，把城市商业河流提升为艺术的主题①。295
然而，惠斯勒的夜景画代表了对泰晤士河的先锋派的审美，它的肮脏和阴郁被认为是严肃的美。对于主流艺术家来说，河岸现实具有浪漫的吸引力。威廉·莱昂内尔·怀利，在 19 世纪 80 年代和 90 年代因画了一系列泰晤士河下游和梅德韦河的作品而出名。在这些画作中，《涨潮时的辛劳、闪光、污秽和财富》(*Toil*，*glitter*，*grime and wealth on a flowing tide*)(1883)尤其重要，影响了其他艺术家的作品(不仅是科尔)。

图 40　威廉·莱昂内尔·怀利，《涨潮时的辛劳、闪光、污秽和财富》，1883 年，布面油画。图片版权归 Tate，London，2017 所有。

① P. Ribner，'The Thames in the age of the great stink：Some artistic and literary response to a Victorian environmental crisis'，*British Art Journal*，1 (2000)，38—46.

在美术学会举办的“泰晤士河潮汐”(1884)画展上，这组画(图40)以满载重物的驳船在蒸汽动力的牵引下工作为主题。这幅画和他的其他一些关于下游的画很受欢迎，使人联想到那个时代对粗糙、繁忙的商业场景的图片和民族主义诉求的欣赏。正如1889年一位评论家写道：

> 怀利先生画的泰晤士河就是现在的泰晤士河，带着
> 它所有的污秽和惊奇，体现了它的业务和悲哀，暗示(总
> 296 是正确且生动地)了它的匆忙与休息，它融合了尊严与堕
> 落，是英国霸权与繁荣的物质体现，它极大地证明了煤炭
> 和铸铁时代的黑暗传奇[1]。

怀利把肮脏、繁忙、雾蒙蒙的泰晤士河，连同密密的桅杆和漏斗，成为了作家格兰特·艾伦——泰晤士河上游的狂热崇拜者——笔下的模样，被称为“英国文明的完美缩影”[2]。正如艾伦赞赏“泰晤士河潮汐”系列画作时所说，怀利的作品则将这一河流景观表现为“我们民族中最核心、最重要的事实，我们商业伟大的主要道路”，以及“我们海军霸权的终极起源”[3]。因此，正当人们因上

---

① H. V. Barnett, 'By river and sea', *Magazine of Art*, 7 (1883—4), 312; R. Quarm and J. Wyllie, *W. L. Wyllie: Marine artist*, 1851—1931 (London, 1981), pp. 26, 60—1.

② W. L. Wyllie and G. Allen, *The tidal Thames with twenty full-page photogravure plates* (London, 1892), p. 128.

③ *Ibid.*, pp. 132—3; and see also Wyllie and Allen, *The tidal Thames: Catalogue*.

游与古老的英格兰乡村的联系而珍视它的时候，下游也因在此时此地体现了一种伟大的情感而备受赞誉。这证明了泰晤士河成为连接过去与现在、农村与城市的民族景观。从始至终，这条河一直保持着这种力量。

怀利生动地描绘了泰晤士河作为英国商业海上力量的源泉，这可能暗示着泰晤士河与大英帝国之间的紧密联系。当然，一些学者建议正如伦敦是一个“帝国大都会”，泰晤士河是帝国景观。正如约翰·布罗伊希说的，“泰晤士河，是英国地理中的一个地方，也是帝国空间的一部分[①]。”某种意义上，这是不可否认的事实——事实上，有人可能会说，这在整个19世纪的英国所有地方都必然如此。泰晤士河的爱国英勇与整个时期帝国主义情绪是一致的，更与一个关于民族在全球舞台上的力量和影响力的笼统概念是一致的。事实上，这条河的实体经济与帝国有着密切的联系，例如，在 297
1849年9月17日抵达伦敦港的121艘船中，有52艘来自殖民地，往伦敦运送货物[②]。尽管如此，与其说泰晤士河是一个帝国，不如说它是一条英国的河流，尤其是英格兰的河流。泰晤士河之所以成为一条极其重要的民族河流，很大程度上是因为它与这个民族的悠久历史有着密切的联系，而这个历史在很大程度上仍然是一个孤立的故事。越来越多的人将其作为大众遗产消费，并认为这

---

① J. Broich, 'Colonizing the Thames', *Journal of Colonialism and Colonial History*, 11.3 (2010), https://muse.jhu.edu/ (accessed 24 October 2017); also J. Schneer, *London 1900: The imperial metropolis* (New Haven, 2001).

② T. Howell, *A day's business in the Port of London* (London, 1850), p. 9.

是一种所有人都拥有半所有权的便利。泰晤士河是代表整个英格兰历史的文化景观，是依然延续着的岛屿历史。正如塞缪尔和安娜·霍尔在1859年出版的《泰晤士河之书》(*Book of the Thames*)中观察到的，虽然这条河缺乏“更宏伟的景观特色”，这并不影响其民族意义。霍尔解释道，“它的历史”，

> 是英格兰的历史：不列颠人、罗马人、撒克逊人、丹麦人和诺曼人，反过来，它又成为他们的“战争之所”，或者在它的河岸上，寻求和平的安宁，寻求农业和商业的福祉。在几个世纪的斗争中，它获得了忧郁的名声：战壕营地、城堡、男爵庄园、宅第、别墅，占据着邻近的斜坡，指挥着堡垒，或者装饰着河岸，和谐取代了动荡，宁静取代了冲突①。

正如我们在本章中所看到的，许多人也做了类似的陈述。在这些言论中，最能引起共鸣的是H. G. 威尔斯在小说《托诺-邦吉》(*Tono-Bungay*)(1908)的最后，一艘新型驱逐舰从哈默史密斯驶
298 向公海的旅程。尽管小说的主线充满了忧郁和对未来的不确定，但威尔斯在此处的稳投资证明了泰晤士河作为英格兰象征的力量，英格兰作为民族的历史进程的一部分：

---

① Mr and Mrs S. C. Hall[Samuel Carter Hall and Anna Maria Hall], *The book of the Thames* (London, 1859), pp. 1—2.

顺着泰晤士河而下……就相当于把英格兰书从头到尾翻阅一遍。一开始……仿佛置身于古英格兰的心脏。在我们身后是基尤和汉普顿宫，那里有人们对国王和红衣主教的记忆。我们在富勒姆的圣公会花园派对和赫林厄姆的运动场所之间奔跑，找寻我们民族的运动本能。那里有空地、有古树，还有泰晤士河上游家园的一切美好……然后在一段时间内，新开发的产品就会……直到你出来……朗伯斯的旧宫在你的下方，议会大厦在你的船头出现！……

有一段时间，你可以看到伦敦的精华，有查令十字火车站——世界的心脏——远眺乔治亚和维多利亚建筑路的新酒店北侧的路堤，泥浆、巨大的仓库和工厂，烟囱、炮塔和南方的广告。向北的天际线变得错综复杂，令人赏心悦目……萨默塞特宫很美就像南北战争时期一样，让人再次想起了最初的英格兰，让人在焦躁不安的天空中感受到花边修饰的质感……

然后传统和表面的英格兰完全消失了……出现了伦敦桥，巨大的仓库在你的周围高高耸立着，巨大的起重机在你的周围挥动着臂膀，海鸥在你的耳边盘旋尖叫，大型船只躺在驳船中间，其中一艘正停靠在世界港口①。

---

① H. G. Wells, *Tono-Bungay*, 2 vols. (London, 1908), Vol. ii, pp. 486—8.

穿越整个19世纪，泰晤士河是英格兰民族过去及其延续的有力象征，泰晤士河是英格兰历史的景观。泰晤士河连接着乡村与城市、过去与现在，越来越被所有人甚至整个民族看作休闲景观，泰晤士河景观的确在庆祝着乡村与城市、过去与现在之间的相互关联。
299 以泰晤士河为象征的英格兰特性与英格兰的现代化同步。

结　　论

本书探讨了18世纪末到20世纪初，英格兰景观如何构建英格兰民族认同，以及英格兰人性格塑造过程中的其他影响因素，强调了景观的特殊重要意义。那些因与民族意义相关联而受到特别重视的地方，尤其是和历史意义关联的地方，是英格兰民族认同的关键性决定因素。物理特色和视觉独特性固然重要，但其重要性不及对过去的联想、集体记忆以及与这些地方相关联的人和事。这些关联是将景观与民族粘合在一起的积极成分。在漫长19世纪形成和发展起来的英格兰民族认同的现代观念是建立在民族意识之上的，而这种民族意识有着非常漫长且连绵不断的历史，在社会、文化、政治、技术、人口的巨大变革时期，这种连续性具有巨大的吸引力和影响力。爱国主义认同叙事的来源，包括有记载的历史文字、历史专业的发展、民族赞助的纪念活动，以及其他更为常见的历史文化元素，但学者们认为这并不是全部，这种爱国认同叙事的来源也可以在景观中找到①。本书中探讨的地点展示了景观是如 300
何在民族过去和民族现在之间提供了连接，有助于在19世纪和20

① 比如，甚至丹尼尔的《视野》中也没有提到关于风景在历史上与民族认同的关系。

世纪早期的现代化发展背景下保持英格兰人特色的一致性。

正如在前两章所讨论的，景观帮助定义了民族界限。英格兰地理范围的扩张以及与英格兰以外世界的关系，无论是多佛白崖与欧洲大陆，还是诺森伯兰边界与苏格兰的关系。白崖因与海洋的联系而备受重视，它们是英格兰和英国作为一个岛国历史地位的标志。白崖在英吉利海峡沿岸站岗放哨，在多佛古堡顶上守卫，是数百年来防御和反抗的有力象征，目睹抵抗外来威胁的悠久历史；悬崖的高度常常被夸大，因此人们把它想象成民族的天然防御城墙或壁垒。作为一个熟悉的、历史悠久的家园的稳定概念，由于多佛港长期作为进出英格兰主要通道的地位，它以一种更为和平的方式发挥了令人放心的、不变的回家和归国标志的作用。

在诺森伯兰，虽然与边界景观相连的意义不同，但这里与海峡海岸过去的联系很重要。的确，英格兰边界景观承载着特别沉重的历史，它见证了历史上盎格鲁-苏格兰人之间的敌意。中世纪和现代早期两个民族冲突不断的漫长历史给这两个民族带来了荒无人烟的高地和荒原偏僻的山谷。这一遗产使这片土地成为英格兰特色的独特场所，与建立在宁静田园、南方乡村理想之上的景观迥然不同。它与这一理想的关键区别在于，它支持更广泛的英国特色。边界是苏格兰和英格兰“统一民族主义”表达的重要场所，在民谣文化的帮助下，这片土地上如此明显的冲突遗产被重新设想为浪漫和勇敢的遗产，两个民族——现在幸福地团结在一起——可以自豪地回顾过去的遗产。诺森伯兰边界因此是表现英格兰地域特色的空间，承认苏格兰和英格兰之间的差异，通过
301 其文化景观的历史联系，将这些差异服务于一个更广泛的英国身

份。

正如白崖和诺森伯兰边境所显示的，爱国主义英勇化的英格兰景观与更广泛的英格兰人特色相兼容，而且确实得到了支持（有趣的是，它在很大程度上独立于帝国和帝国主义的话语环境，尽管它们并不对立）。但是，英格兰景观和离散的英格兰民族认同话语之间的特殊联系在其他地方更为明显，在受到保护主义者关注的景观中尤其明显。其中湖区和新森林，本书第二部分展开了讨论。湖区与民族认同的联系似乎是不言自明的：毫无疑问过去是，现在也是这个民族最受重视的景观之一，自古至今，人们对湖区品质的赞扬充满了这样或那样的爱国情绪。特别是在早年，与对湖岸风景独特品质联系在一起——它的景观、它的美丽、它的崇高，等等。但随着时间的推移，景观的联想价值，尤其是过去的内涵，开始得到更强有力的宣传。与此同时，湖区作为民族遗产的一部分，沃茨沃斯将其视为"民族财产"的概念被扩展开来，在满足大众需求和大众旅游增长的背景下，被社会各个阶层所接受。这一发展是景观保护运动兴起的关键因素，这是一场充满爱国主义的运动，19 世纪 80 年代关于铁路和步行道的争论是这一运动的重要催化剂。因此，保护主义起源于湖区和与其景观相关的爱国主义话语。

很大程度上，保护主义的爱国主义言论与新森林有关。与湖区一样，景观焦点表达对公众或民族利益的新的、更具包容性的理解。随着 19 世纪的发展，森林越来越受到重视，因为它古老的美丽，以及它作为一种流行的、独特的英格兰神话遗产的含义——自由。尽管作为皇家财产的一部分，大部分森林都受到公共权利的制约，但在政治民主化的时代以及对私有财产特权的限制有了新 302 认识的背景下，这些权利代表着民族在这片土地上更广泛的利益。很大程度上，这种利害关系是建立在森林环境历史联系的基础上的，从古老的“绿色森林自由”的一般概念，到对特定重要地点的更具体的欣赏，以及对平民权利所体现的地方的平民主张。共同关心保护老树林，渴望维护免费公共空间，新森林的捍卫者提出了美化市容的新想法，这个新想法充满了爱国信念：为了现代英格兰和其居民的福利，森林这样的地方需要得到保护。这一观点与森林专员所阐述的公共事业概念相冲突，但新的想法占据了重要的位置：20 世纪初期，新森林是一个民族景观，这不是因为它作为木质来源可以增加皇家税收，而是因为新森林是英格兰人民，英格兰民族拥有道德主张的地方。让保护主义担忧的新森林、湖区等受保护景观的争论（比如伦敦公地），达成了一种原则性的认识，为后来的发展奠定基础，尤其是国家支持民族公园的建立。

新森林和湖区大部分都是乡村环境，毫无疑问，英格兰的乡村在英格兰民族身份的主流构建中起到了重要的作用。除了与本书中讨论的许多景观相关的文化产品，人们可能还记得维多利亚时代晚期康斯特布尔作为“纯粹而彻底的英格兰”风景画家迅速走红，并在斯图尔山谷创建同名的“康斯特布尔镇”[①]作为旅游景点。虽然阿林厄姆、伯基特·福斯特、阿尔弗雷德·罗伯特·昆顿等人

① Fleming-Williams and Parris, *Discovery of Constable*; E. Helsinger, 'Constable: The making of a national painter', *Critical Inquiry*, 15 (1989), 253—79; Daniels, *Fields of vision*, pp. 210—13; R. and S. Redgrave, *A century of painters of the English school*, 2nd edn (London, 1890), p. 314.

的乡村水彩画的艺术造诣并不高，但这些画作呈现出玫瑰色般的“幸福的英格兰”，充满了旧世界的村舍和村庄，其中许多被维多利亚晚期和爱德华时代的风景明信片的制造商复制或模仿[①]。总之， 303
乡村景观一直强调过去，一个更古老的英格兰；歌颂并维护像湖区、新森林、泰晤士河上游这样的地方，因为这里是变革时期保持民族生活连续性的一种方式，因此，在很大程度上，与过去的关联成为这些地方的民族主义价值。正如大卫·米勒所说，“民族性的一个重要特色在于它是体现历史连续性的认同”，因此，破坏景观或失去本身被认为是历史连续性的景观便引起了爱国主义的关注[②]。

本书的一个重要主张是，虽然“英格兰的意识形态和英格兰人的特性”可能“在很大程度上属于乡村”[③]，但是乡村并不是民族认同的主要地理形态。“英格兰的本质”不仅出现在英格兰的乡村地区，也以不同的形式出现在不同的地区。这是英格兰特色力量的关键来源之一。南方乡村的理想无疑对民族主义话语做出了实质性的贡献，但是到20世纪初，“北方城镇完全被工业化淹没，因此在那个英格兰和英格兰人被普遍认为是反工业和反现代的时代，北方不再具有代表性，这种观点是错误的。……这个民族，在文化和地理上被重新定义，缩小到南部的、孤立的、更具体真实的地点如

---

① Huish, *Happy England*; Cundall, *Birket Foster*. Salmon Ltd, *The England of A. R. Quinton*.

② Miller, *On nationality*, p. 23.

③ Howkins, 'Discovery of rural England', p. 85.

康沃尔"①。通过第五章对曼彻斯特工业(后来的商业)景观的探索,我们可以看到,人们对英格兰和英格兰人特色的普遍理解不仅来自于乡村,也来自于城市——北方城市。尽管曼彻斯特是维多利亚时代"震撼之城"的精髓,也是人们关注工业化负面影响的焦
304 点,但它依然是英格兰地理的重要组成部分。它的企业建筑不仅可以被艺术家美化,还被旅游人士追捧,这也体现了一种强烈的民间爱国主义情绪。当地人对这片由工厂、仓库、自信的公共建筑和熙熙攘攘的街道构成的景观感到自豪,这是包容而非排斥城市和工业的、更狂野的英格兰特色的相互支持。的确,曼彻斯特是一个典型的例子,证明了英格兰的民族身份在很大程度上是根植于当地或地区环境并通过这种环境自我调节的。像沃特豪斯市政厅这样的建筑有力地体现了地方和历史——公民爱国主义——也表达了更广泛的民族认同感,以及随着时间的推移曼彻斯特对这一身份发展的贡献②。类似地,这一点也可以参考本书中讨论的其他景观。它也适用于不同的文化领域:20 世纪早期的一个例子就是对再现历史盛会的狂热,这场文化运动见证了英格兰各个社区将戏剧性历史的再现与对民族更广泛的叙述融合在一起③。和欧洲大

---

① D. P. Corbett, Y. Holt and F. Russell, 'Introduction', in D. P. Corbett, Y. Holt and F. Russell (eds.), *The geographies of Englishness* (New Haven and London, 2002), p. xi.

② 关于这方面的有见地的评论,关于曼彻斯特市政厅, see Whyte, 'Building the nation in the town'.

③ Readman, 'Place of the past'; also Hulme, 'A nation of town criers', and M. Freeman, '"Splendid display; pompous spectacle": Historical pageants in twentieth-century Britain', *Social History*, 38 (2013), 423—55.

陆的其他地方一样(尤其是德国,有着强烈的民族自豪文化)①,在英格兰,在漫长的19世纪,民族认同的建立是与地方和区域归属感的表达相辅相成的,而不是相反的。

当然,伦敦的意义也很重要。在伦敦市和其周围的景观——尤其是和泰晤士河相关的景观——是本书最后一章的主题。长期以来,泰晤士河和其河岸一直因与首都的联系、有教养的品位和英格兰商业的伟大而被视为爱国自豪感的源泉——在日益民主化的时代,这一观点进一步加强了其民族主义内涵。泰晤士河从源头到 305
大海的航线将过去的乡村与现在的大都市联系在一起,泰晤士河成为了民族历史延续的强有力象征。泰晤士河的上游河段让人们相信,英国人的古老气质并没有让他们无法接触(给目前大城市的人一个安慰),而下游的景色则充分证明了当代英格兰的活力和繁荣。

伦敦和曼彻斯特景观让人们在民族认同建设重新审视了过去的争论,英格兰人的意识形态不知何故陷入了一片对完全绿色和宜人土地的无比怀念之中。城市地理形态与英格兰的民族想象融合在一起。值得强调的是,"乡村"式的英格兰风格尽管它因与地方相关的历史联系而自豪,但这不一定代表文化(或政治)上的保守。无论乡村的意识形态如何复杂,它都可以被看作是现代社会不可或缺的一部分,随着社会的城市化和工业化程度的增强,乡村的文化参与程度也在不断增加。正是对英格兰乡村及其与过去的联系的关注,以及对民族历史的长期延续的关注,使英格兰人得以

① Confino, *Nation as a local metaphor*; Applegate, *A nation of provincials*; T. M. Lekan, *Imagining the nation in nature*: *Landscape preservation and German identity*, 1885— 1945 (*Cambridge*, *MA*, 2004).

适应现代变化的步伐。乡村愿景——过去的愿景——是与现代性相辅相成、相互适应的，并非对立。尽管这些愿景涉及神话或理想化，但它们在当时对人们具有现实意义，是民族认同感一致性的重要支撑。随着民族主义话语的内容更为普遍，将其视为“虚构的传统”、精英阶层对过去的重塑和操纵的观点是一种误导。这些愿景定位不同，产生目的不同，但它们对英格兰民族都有真实的意义，
306 这种文化代表的作用与它们对国家及其历史的规范的、预先存在的理解一致①。

这种景观和民族观念的流行是流行的英格兰人意识的新的表达——英格兰人的特性是包容，并意识到他们在民族领域的利益。在政治民主化的背景下，景观越来越受到重视，也越来越具有民族意义，它们被认为是属于全体人民的。这并不是说贵族景观被19

---

① 对“传统发明”的范式批判及其对历史写作的影响，see Vandrei，*Queen Boudica and historical culture*. 安东尼·D. 史密斯在“传统发明”范式应用于民族主义话语的问题上尤其雄辩。正如之前写的，“民族主义按照自己的意愿书写历史吗？还是受到传统和它所记录的过去的约束？当然，也有一些简单明了的纯粹的发明——捏造的意义上——就像历史上所有时期一样……但是大多数情况下，民族主义者精心编造的神话故事并不是杜撰的，而是对从史诗、编年史、文献和实物制品中提取的传统主题和神话进行了重新组合，这些主题和神话可能未经分析。”A. D. Smith，*The ethnic origins of nations* (Oxford，1986)，pp. 177—8. See also Smith，*Myths*；*Miller*，*On nationality*，esp. pp. 35—6；and，with reference to the English case in particular，Readman，‘Place of the past’. 此外，即使我们确实认为民族主义神话是虚构的，它们的文化使它们像其他任何思想一样“真实”。“表象、图像、知识、狂热是高度具体的东西，而不仅仅是对世界的反思或扭曲（通过镜像或失真可能是他们宣称的目标），作为世界的真正组成部分。”这种观点的价值，并不一定要我们成为名副其实的后现代主义者。D. Matless，‘An occasion for geography：Landscape，representation，and Foucault's corpus’，*Environment and Planning D*：*Society and Space*，10(1992)，41—56 (p. 44).

世纪的英格兰文化彻底蔑视，而是为了强调这种转变的力量，即从艺术史学家伊丽莎白·赫尔辛格所称的“财产景观”——在18世纪更为排外的文化生活中占据主导地位[①]——转变。这种转变可以追溯到人们对湖和泰晤士河谷景观态度的改变，随着时间的推移，人们对绅士客气地改善景观的赞赏逐渐消退。保护主义者关注的是步行道、公共场所和其他开放空间，而国民托管组织在1914年之前对乡间庄园兴趣寥寥[②]。更为普遍地，它还可以追溯到艺术和旅游偏好，随着时间的推移，开放的民族和乡村方言证明比庄园更受欢迎。比如，在《德比郡旅游指南》(*Tourists' guide to Derbyshire*)(1887)中，J. 查尔斯·考克斯牧师对查兹沃思公园赞不绝口，说那里景色宜人。就像第六章中提到的19世纪晚期去泰晤士河努尼汉姆库特奈庄园的游客一样，他对庄园和其花园并不感兴趣。他觉得“大量的建筑”极不协调。这种类型的宫殿永远不可能与这里的风景自然和谐……建筑的整体特征，包括它的“附属建筑、花园和庭院，本质上都是正式的、方形的和人造的”[③]。 307

我们不应夸大康斯特布尔等人的艺术评论家所称的“谦逊朴实”英格兰景观以及英格兰“不是宫廷的，而是人民的”[④]的文化内涵。直到1914年，贵族阶层对英格兰的政治和社会仍然保持着重

---

① E. K. Helsinger, 'Land and national representation in Britain', in M. Rosenthal, C. Payne, S. Wilcox et al. (eds.), *Prospects for the nation: Recent essays in British landscape 1750—1880* (*New Haven and London*, 1997), p. 19.

② 只有一座乡村庄园，萨默塞特的巴林顿宫1914年之前被国民托管组织收购，为此次收购的募捐很困难。National Trust, *Annual Report* (1905—6), pp. 7, 56.

③ Revd J. C. Cox, *Tourists' guide to Derbyshire*, 3rd edn (London, 1887), p. 94.

④ Dick, *Cottage homes of England*, p. 264.

要的控制[1]，但他们的控制力的确正在减弱。本书中讨论的许多景观相关的爱国言论恰好提供了其控制力正在减弱的证据[2]。部分原因是他们的通俗特性——他们对英格兰人民的关注——这些论述也可能为19世纪的漫长建设过程提供证据；另一部分原因是独特的英格兰文化民族主义。人们通常认为，文化民族主义在英格兰没有多少存在。而英格兰人的爱国主义和地方精神——在欧洲
308 大陆（在殖民和后殖民时期），在离家乡更近的英格兰“凯尔特边缘”，可以找到丰富的物质支持。罗伯特·科尔斯和菲利普·多德在2014年指出，“完全不愿意把英国人当作民族主义者来讨论[3]”，但在民族主义方面沉默是错误的，英格兰并不像人们通常认为的那样与众不同。拉斐尔·塞缪尔提出，可能是“一场英格兰民族复兴运动……歌颂英格兰人的运动，不是以成功者或征服者的种族……而是一个民族”，这在维多利亚晚期和爱德华时期取得了成果[4]。塞缪尔想到的发展包括重新发现当地的风俗和传统、民谣和舞蹈、花园城市和工艺美术运动，以及阿林厄姆和其他人的绘画普及的乡村美学。他的观察也可以扩展到本书所讨论的更广泛的景

---

① D. Cannadine, *The decline and fall of the British aristocracy* (New Haven, 1992); A. Adonis, *Making aristocracy work: The peerage and the political system in Britain, 1884—1914* (Oxford, 1993).

② 在文化背景下的下滑，see Mandler, *Fall and rise of the stately home*. 19世纪末某类贵族政治的失败案例，see P. Readman, 'Conservatives and the politics of land: Lord Winchilsea's National Agricultural Union, 1893—1901', *English Historical Review*, 121 (2006), 25—69.

③ Colls and Dodd, *Englishness*, preface, p. xi.

④ Samuel, *Island stories*, p. 64 (emphases in original).

观研究领域。从诺森伯兰到曼彻斯特，再到新森林，英格兰历史悠久的土地，在日益自信地表达民族认同的背景下，尤其是在大不列颠王国的其他三个民族，收获了一种新的强大的爱国意义。当然，与其他国家的文化民族主义不同，英格兰的文化民族主义与任何集中的民众动员运动都没有联系。和爱尔兰不一样，它通常与政治或民族的不满无关①。就文化民族主义的定义而言，它的目标是“民族社会的道德复兴，而不是实现一个自治国家”②。从这些方面来理解这本书所描绘的风景和民族语言是有一定价值的。正如我们所看到的，这是一种过去在景观中发挥了特别重要作用的语言。“这种对过去的呼唤……必须以积极的态度看待——面向现在和未来——文化民族主义者寻求的不是倒退到世外桃源，而是激励 309
其社区发展到更高的阶段③。”英格兰的文化民族主义在与城市和乡村的珍贵景观的接触中得到了展现和激发，它顺应了现代化的特点，将当代与传统、过去与现在融为一体④。从这方面说，至少在1914年之前，文化民族主义是非常成功的。 310

① Billig, *Banal nationalism*. For the example of Ireland, see J. Hutchinson, *The dynamics of cultural nationalism: The Gaelic Revival and the creation of the Irish nationstate* (London, 1987).

② Hutchinson, *Dynamics of cultural nationalism*, p. 9; also his more recent general survey, 'Cultural nationalism', in J. Breuilly (ed.), *The Oxford handbook of the history of nationalism* (Oxford, 2013), pp. 75—94.

③ Hutchinson, *Dynamics of cultural nationalism*.

④ cf. *ibid*., esp. Chapter 1.

参考文献

由于篇幅的限制，本书所引用的著作不能完整列入参考书目。这里详细介绍的书目包括许多已被证明是提供了特别有帮助的信息、洞察力和灵感的。这不是一个详尽的文献资料，任何一个书目的列入（或排除）不应被视为作者的特殊的价值判断。总的来说，研究基于已发表的材料，也采用了一些档案资料。关于这些以及本书引用的其他资料的详细信息，请参阅脚注。

主要参考文献

官方出版物

British Parliamentary Papers
Hansard's Parliamentary Debates

期刊

Art Journal
A Beautiful World
Blackwood's Edinburgh Magazine
Bow Bells
Builder
Climbers' Club Journal
Contemporary Review
Cornhill Magazine
Country Life
Dover Observer

Economist
Edinburgh Review
English lakes Visitor and Keswick Guardian
Fortnightly Review
Gentleman's Magazine
History of the Berwickshire Naturalists'Club
Independent Review
Lock to Lock Times
London Society
Macmillan's Magazine
Magazine of Art
Manchester of Faces and Places
Manchester Guardian
Monthly Chronicle of North-Country Lore and Legend
National Review
Nature Notes
Nineteenth Century
North of England Magazine
Northern Counties Magazine
Pall Mall Gazette
Punch
Saga-book of the Viking Club
Saturday Magazine
Saturday Review
Spectator
The Times
Westminster Review

书籍和文章

Aiken, J. , *England delineated; or, A geographical description of every county in England and Wales*, 2nd edn (London, 1790)

Allison, J. , *Allison's northern tourist's guide to the Lakes*, 7th edn (Penrith, 1837)

Andrews, C. B. (ed.), *The Torrington diaries: Containing the tours through England and Wales of the Hon. John Byng* (later fifth viscount Torrington) between the years 1781 and 1794, 4 vols (London, 1934—8)

Aston, J., *The Manchester guide: A brief historical description of the towns of Manchester and Salford, the public buildings, and the charitable and literary institutions* (Manchester, 1804)

[Axon, W. E. A.], *Guide to the new town hall* (Manchester, [1878])

Baddeley, M. J. B., *Black's shilling guide to the English Lakes*, 20th edn (London, 1896)

The thorough guide to the English Lake District, 1st edn (London, 1880)

Baedeker, K., *Great Britain* (Leipzig and London, 1887)

Bates, C. J., *The border holds of Northumberland*, Vol. i (Newcastle-upon-Tyne, 1891)

Belloc, H., *The historic Thames* (Exeter, 1988[1907])

Black's guide to Kent (Edinburgh, 1878)

Black's guide to Manchester and Salford (Edinburgh, 1868)

Bradley, A. G., *The romance of Northumberland* (London, 1908)

Bradshaw, G., *Bradshaw's hand-book to the manufacturing districts of Great Britain* (London, [1854])

Brayley, E. W., J. Britton, T. Maiden, J. Harris, B. Crosby *et al.*, *The beauties of England and Wales*, 18 vols. (London, 1801—15)

Bullock, T. A., *Bradshaw's illustrated guide to Manchester and surrounding districts* (Manchester, 1857)

Burke, E., *A philosophical enquiry into the origin of our ideas of the sublime and beautiful* (Oxford, 1990[2nd edn, London, 1759 (1757)])

Catt, G. R., *The pictorial history of Manchester* (London[? 1845])

Chignell, R., *The life and paintings of Vicat Cole, R. A.*, 3 vols. (London, 1898)

Cobbett, W., *Rural rides*, ed. I. Dyck (Harmondsworth, 2001[1830])

Collingwood, W. G., *The Lake counties*, 1st edn (London, 1902)

[Combe, W.], *An history of the principal rivers of Great Britain*, 2 vols. (London, 1794)

Cook, C. H., *Thames rights and Thames wrongs: A disclosure* (London, 1894)

Cornish's stranger's guide to Liverpool and Manchester (London, 1838)

Creighton, M., *The story of some English shires* (London, 1897)

Darbyshire, A., *A booke of olde Manchester and Salford* (Manchester, 1887)

Defoe, D., *A tour thro' the whole island of Great Britain*, 2 vols. (London, 1968 [1724—6])

Dibdin, C., *Observations on a tour through almost the whole of England*, 2 vols.

(London,1801)

Dick, S. , *The cottage homes of England: Drawn by Helen Allingham and described by Stewart Dick* (London,1909)

Dickens, C. , *Dickens's dictionary of the Thames* (Oxford,1972[London,1893])

Duffield, H. G. , *The stranger's guide to Manchester* (Swinton,1984[Manchester, 1850])

Ferguson, R. , *The northmen in Cumberland and Westmoreland* (London,1856)

Gaskell, E. , *North and south* (Harmondsworth,1970[1854—5])

Gilpin, W. , *Observations on the coasts of Hampshire, Sussex, and Kent, relative chiefly to picturesque beauty: Made in the summer of the year 1774* (London, 1804)

Observations, relative chiefly to picturesque beauty, made in the year 1772, on several parts of England: Particularly the mountains, and lakes of Cumberland, and Westmoreland, 2 vols. (Londn,1786)

Remarks on forest scenery, and other woodland views (relative chiefly to picturesque beauty) illustrated by the scenes of New-Forest in Hampshire, 3 *vols*. (London,1791)

Graham, P. A. , *Highways and byways in Northumbria* (London,1920)

Gray, T. , *A supplement to the tour through Great-Britain, containing a catalogue of the antiquities, houses, parks, plantations, scenes, and situations, in England and Wales* (London,1787)

Grindon, L. H. , *Manchester walks and wild-flowers* (London and Manchester, [1859])

Hare, A. J. C. , *The story of two noble lives*, 3 vols. (London,1893)

Harper, C. G. , *The Kentish coast* (London,1914)

Head, G. , *A home tour through the manufacturing districts of England in the summer of 1835* (London,1836)

Heath, F. G. , *Our English woodlands* (London,1878)

Heywood, A. , *Heywood's pictorial guide to Manchester and companion to the Art Treasures Exhibition* (Manchester,1857)

Heywood, J. , *John Heywood's illustrated guide to Dover* (London[1894])

Hill, O. , 'Natural beauty as a national asset', *Nineteenth Century*, 58 (December 1905), 935—41

Octavia Hill's letters to fellow workers, 1872—1911, ed. R. Whelan (London, 2005)

Hodgson, J. , *A history of Northumberland* (Newcastle-upon-Tyne, 1820—58)
Howitt, W. , *Visits to remarkable places* (London, 1840)
Huish, M. B. , *Happy England as painted by Helen Allingham* (London, 1903)
Hunter, R. , 'Places of interest and things of beauty', *Nineteenth Century*, 43 (April 1898), 570—89
The preservation of places of interest or beauty (Manchester, 1907)
Hutchinson, H. G. , *The New Forest* (London, 1904)
Hutchinson, W. , *A view of Northumberland*, 2 vols. (Newcastle-upon-Tyne, 1778)
Ireland, S. , *Picturesque views on the river Thames from its source in Glocestershire to the Nore*, 2 vols. (London, 1792)
Jenkinson, H. I. , *Jenkinson's practical guide to the English Lake District* (London, 1872)
Jenkinson's practical guide to the English Lake District, 4th edn (London, 1879)
Jerome, J. K. , *Three men in a boat* (London, 2004[1889])
Kay, J. P. , *The moral and physical condition of the working classes employed in the cotton manufacture in Manchester*, 2nd edn (London, 1832)
Knight, R. P. , *The landscape, a didactic poem ... Addressed to Uvedale Price*, Esq. , 2nd edn (London, 1793)
Krause, A. S. , *A pictorial history of the Thames* (London, 1889)
Lascelles, G. , *Thirty-five years in the New Forest* (London, 1915)
Leslie, G. D. , *Our river* (*London*, 1888)
Measom, G. , *The official illustrated guide to the North-Western Railway ... Including descriptions of the most important manufactories in the large towns on the line* (London, 1859)
Menpes, M. and G. E. Mitton, *The Thames* (London, 1906)
Mudie, R. , Hampshire: *Its past and present condition and future prospects*, 3 vols. (Winchester, [1838])
National Trust, *Annual reports*
Neville, H. M. , *Under a border tower: Sketches and memories of Ford Castle, Northumberland* (Newcastle-upon-Tyne, 1896)
The new Manchester guide (Manchester, 1815)
Nicholls, T. , *The steam-boat companion* (London, 1823)
Ogden, J. , *A description of Manchester* (Manchester, 1783)
Ousby, I. (ed.), *James Plumptre's Britain: The journals of a tourist in the* 1790s

(London,1992)

Pearson's gossipy guide to the Thames from source to sea (London,[1902])

Pennell,J. and E. R. Pennell, *The stream of pleasure: A month on the Thames* (London,1891)

Price,U. ,*An essay on the picturesque* (London,1794)

Pyne,W. H. , *Lancashire illustrated,in a series of views* (London,1829—31)

Radcliffe,A. , *A journey made in the summer of 1794,through Holland and the western frontier of Germany, with a return down the Rhine: To which are added observations during a tour to the lakes of Lancashire, Westmoreland, and Cumberland*,2 vols. ,2nd edn (London,1795)

Rawlinson,W. G. , *The engraved work of J. M. W. Turner*, 2 vols. (London, 1908)

Rawnsley,H. D. ,*By fell and dale at the English Lakes* (Glasgow,1911) 'Foot-path preservation: A national need', *Contemporary Review*, 50 (September 1886),373—86

Round the Lake country (Glasgow,1909)

Reach,A. B. [Angus Bethune], *London on the Thames*,2 vols. (London,[1848])

[Redding,C.], *An illustrated itinerary of the county of Lancaster* (London, 1842)

Rogers,W. H. , *Guide to the New Forest*,5th edn (Southampton,[1894])

Ruskin,J. ,*Library edition of the works of John Ruskin*, ed. E. T. Cook and A. Wedderburn,39 vols. (London,1903—12)

Salter,J. H. and J. A. Salter, *Salter's guide to the Thames*, 13th edn (Oxford, 1910)

Scott,W. ,*Marmion:A tale of Flodden Field* (Edinburgh,1808)

Minstrelsy of the Scottish border, 3 vols. (Kelso,1802—3)

Shaw,W. A. ,*Manchester old and new*,3 vols. (London,1894)

Shaw Lefevre,G. [Lord Eversley],*English commons and forests: The story of the battle during the last thirty years for public rights over the commons and forests of England and Wales* (London,1894)

Skrine,H. ,*A general account of all the rivers of note in Great Britain* (London, 1801)

Taunt,H. W. ,*A new map (illustrated with eighty photographs) of the river Thames ... taken during the summer of 1871* (Oxford,1872)

Tomlinson,W. ,*The pictorial record of the Royal Jubilee Exhibition,Manches-*

ter, 1887 (Manchester, 1887)

Tomlinson, W. W., *Comprehensive guide to the county of Northumberland*, 10th edn (London, 1923[1889])

Vincent, J. E., *The story of the Thames* (London, 1909)

Walker, A. [Adam], *Remarks made in a tour from London to the Lakes of Westmoreland and Cumberland, in the summer of* 1791 (London, 1792)

Warner, R., *A tour through the northern counties of England, and the borders of Scotland*, 2 vols. (Bath, 1802)

West, T., *A guide to the Lakes in Cumberland, Westmorland and Lancashire* (London, 1778)

Westall, W. and S. Owen, *Picturesque tour of the River Thames* (London, 1828)

Wise, J. R., *The New Forest: Its history and its scenery*, 4th edn (London, 1883 [1863])

Wordsworth, W., *A description of the scenery of the lakes in the north of England*, 3rd edn (London, 1822)

Wyllie, W. L. and G. Allen, *The tidal Thames: Catalogue of the drawings of Mr W. L. Wyllie exhibited at the Fine Art Society* 148 *New Bond Street with introductory chapter by Mr Grant Allen* (London, 1884)

The tidal Thames with twenty full-page photogravure plates (London, 1892)

二级参考文献

Andrews, M., *The search for the picturesque: Landscape aesthetics and tourism in Britain, 1760—1800* (Aldershot, 1989)

Archer, J. H. G. (ed.), *Art and architecture in Victorian Manchester* (Manchester, 1985)

Baigent, E. and B. Cowell (eds.), '*Nobler imaginings and mightier struggles*': *Octavia Hill, social activism and the remaking of British society* (London, 2016)

Bate, J., *Romantic ecology: Wordsworth and the environmental tradition* (London, 1991)

Behrman, C. F., *Victorian myths of the sea* (Athens, OH, 1977)

Bolland, R. R., *Victorians on the Thames* (Tunbridge Wells, 1974)

Brace, C., 'Finding England everywhere: Regional identity and the construction of national identity, 1890—1940', *Ecumene*, 6 (1998), 90—109

'Looking back: The Cotswolds and English national identity, c. 1890—1950', *Journal of Historical Geography*, 25 (1999), 502—16

Brett, D., *The construction of heritage* (Cork, 1996)

Briggs, A., *Victorian cities*, 2nd edn (Harmondsworth, 1968[1963])

Burstall, P., *The golden age of the Thames* (Newton Abbot, 1981)

Cannadine, D, *The decline and fall of the British aristocracy* (New Haven and London, 1992)

Colley, L., *Britons: Forging the nation, 1707—1837*, 2nd edn (New Haven and London, 2009[1994])

Colls, R., *Identity of England* (Oxford, 2002)

(ed.), *Northumbria: History and identity 547—2000* (Chichester, 2007)

Colls, R. and P. Dodd (eds.), *Englishness: Politics and culture 1880—1920*, 2nd edn (London, 2014[1986])

Cosgrove, D. and S. Daniels (eds.), *The iconography of landscape: Essays on the symbolic representation, design, and use of past environments* (Cambridge, 1988)

Crook, J. M., 'Northumbrian Gothick', *Journal of the Royal Society of Arts*, 121 (April 1973), 271—83

Daniels, S., *Fields of vision: Landscape imagery and national identity in England and the United States* (Cambridge, 1994)

Daunton, M. and B. Rieger (eds.), *Meanings of modernity: Britain from the late-Victorian era to World War II* (Oxford and New York, 2001)

Dellheim, C., *The face of the past: The preservation of the medieval inheritance in Victorian England* (Cambridge, 1982)

Dennis, R., *Cities in modernity: Representations and productions of metropolitan space, 1840—1930* (Cambridge, 2008)

Hartwell, C., *Manchester* (New Haven and London, 2002)

Hill, D., Turner in the north: *A tour through Derbyshire, Yorkshire, Durham, Northumberland, the Scottish borders, the Lake District, Lancashire and Lincolnshire* (New Haven and London, 1996)

Turner on the Thames: River journeys in the year *1805* (New Haven and London, 1993)

Howard, P., 'Painters' preferred places', *Journal of Historical Geography*, 11 (1985), 138—54

Howard, P. J., 'Changing taste in landscape art: An analysis based on works exhibited at the Royal Academy, 1769—1980, and depictions of Devonshire landscape', Ph. D. dissertation (University of Exeter, 1983)

Hunt, T., *Building Jerusalem: The rise and fall of the Victorian city* (London, 2004)

Joyce, P., *Visions of the people: Industrial England and the question of class, 1840—1914* (Cambridge, 1991)

Kern, S. *The culture of time and space, 1880—1918*, 2nd edn (Cambridge, MA, 2003)

Kidd, A. J., *Manchester: A history* (Lancaster, 2006)

Klingender, F. D., *Art and the Industrial Revolution*, 2nd edn (Chatham, 1968 [1947])

Kumar, K., *The making of English national identity* (Cambridge, 2003)

Layton-Jones, K., *Beyond the metropolis: The changing image of urban Britain, 1780—1880* (Manchester, 2016)

Lees, A., *Cities perceived: Urban society in European and American thought, 1820—1940* (Manchester, 1985)

Lowenthal, D., 'British national identity and the English landscape', *Rural History*, 2 (1991), 205—30

The past is a foreign country (Cambridge, 2015[1986])

Luckin, B., *Pollution and control: A social history of the Thames in the nineteenth century* (Bristol, 1986)

Mandler, P., 'Against "Englishness": English culture and the limits to rural nostalgia, 1850—1940', *Transactions of the Royal Historical Society*, 6th *series*, 7 (1997), 155—75

The English national character: The history of an idea from Edmund Burke to Tony Blair (New Haven and London, 2006)

The fall and rise of the stately home (New Haven and London, 1997)

History and national life (London, 2002)

Marsh, J., *Back to the land: The pastoral impulse in England, from* 1880 *to 1914* (London, 1982)

Marshall, J. D. and J. K. Walton, *The Lake counties from* 1830 *to the mid twentieth century: A study in regional change* (Manchester, 1981)

Massey, D., *Space, place and gender* (Cambridge, 1994)

Meinig, D. W. (ed.), *The interpretation of ordinary landscapes* (Oxford, 1979)

Melman, B., *The culture of history: English uses of the past 1800—1953*

(Oxford, 2006)

Moir, E., *The discovery of Britain: The English tourists 1540—1840* (London, 1964)

Nead, L., *Victorian Babylon: People, streets and images in Victorian London* (New Haven and London, 2000)

Påhlsson, C., *The Northumbrian burr: A sociolinguistic study* (Lund, 1972)

Pevsner, N. and I. Richmond, *Northumberland* (New Haven and London, 2002)

Readman, P., *Land and nation in England: Patriotism, national identity and the politics of land, 1880—1914* (Woodbridge, 2008)

'The place of the past in English culture, *c.* 1890—1914', *Past & Present*, 186 (2005), 147—99

'Preserving the English landscape, 1870—1914', *Cultural and Social History*, 5 (2008), 197—218

Reed, J., *The border ballads* (Stocksfield, 1991)

Ritvo, H., *The dawn of green: Manchester, Thirlmere, and modern environmentalism* (Chicago, 2009)

Roberts, M. J. D., 'Gladstonian Liberalism and environment protection, 1865—76', *English Historical Review*, 128 (2013), 292—322

Samuel, R., *Theatres of memory*, Vol. i: *Past and present in contemporaryculture* (London, 1994)

Theatres of memory, Vol. ii: *Island stories: Unravelling Britain* (London, 1998)

Schneer, J., *The Thames* (New Haven and London, 2005)

Smith, A. D., *The ethnic origins of nations* (Oxford, 1986)

Myths and memories of the nation (Oxford, 1999)

Spirn, A. W., *The language of landscape* (New Haven and London, 1998)

Stewart, C., *The stones of Manchester* (London, 1956)

Stilgoe, J. R., *What is landscape?* (Cambridge, MA, 2015)

Sweet, R., *The English town, 1680—1840*: Government, society and culture (Harlow, 1999)

Taylor, H., *A claim on the countryside: A history of the British outdoor movement* (London, 1997)

Townnd, M., *The Vikings and Victorian Lakeland: The Norse medievalism of W. G. Collingwood and his contemporaries* ([Kendal], 2009)

Tuan, Y.-F., *Space and place* (Minneapolis, 2008[1977])

Vandrei, M. , *Queen Boudica and historical culture in Britain since 1600: An image of truth* (Oxford, 2018)

Victoria and Albert Museum, *The discovery of the Lake District: A northern Arcadia and its uses* (London, 1984)

Wheeler, M. (ed.), *Ruskin and the environment* (Manchester, 1995)

Wiener, M. J. , *English culture and the decline of the industrial spirit, 1850—1980* (Cambridge, 1981)

Williams, R. , *The country and the city* (London, 1973)

Winter, J. , *Secure from rash assault: Sustaining the Victorian environment* (Berkeley, 1999)

索　　引

（页码系原版书页码，在本书中为边码）

图书在版编目(CIP)数据

传奇的风景:景观与英国民族认同的形成/(英)保罗·雷德曼著;卢超译.—北京:商务印书馆,2021
ISBN 978-7-100-18255-3

Ⅰ.①传… Ⅱ.①保…②卢… Ⅲ.①景观—建筑艺术—研究—英国 Ⅳ.①TU-865.61

中国版本图书馆CIP数据核字(2020)第050133号

传奇的风景:景观与英国民族认同的形成
〔英〕保罗·雷德曼 著
卢 超 译

商 务 印 书 馆 出 版
(北京王府井大街36号 邮政编码100710)
商 务 印 书 馆 发 行
北京中科印刷有限公司印刷
ISBN 978-7-100-18255-3

2021年2月第1版　　开本710×1000 1/16
2021年2月北京第1次印刷　　印张27
定价:98.00元